KB102279

2020
새 출제기준
합격을 기원합니다!
지게차 운전기능사

박광암 편저

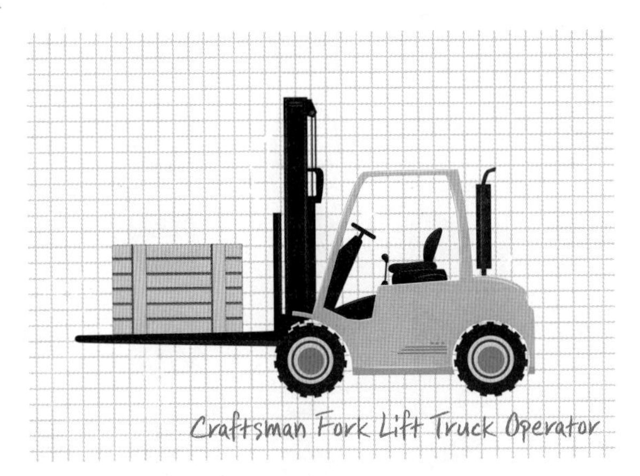
Craftsman Fork Lift Truck Operator

일진사

교통안전표지 일람표

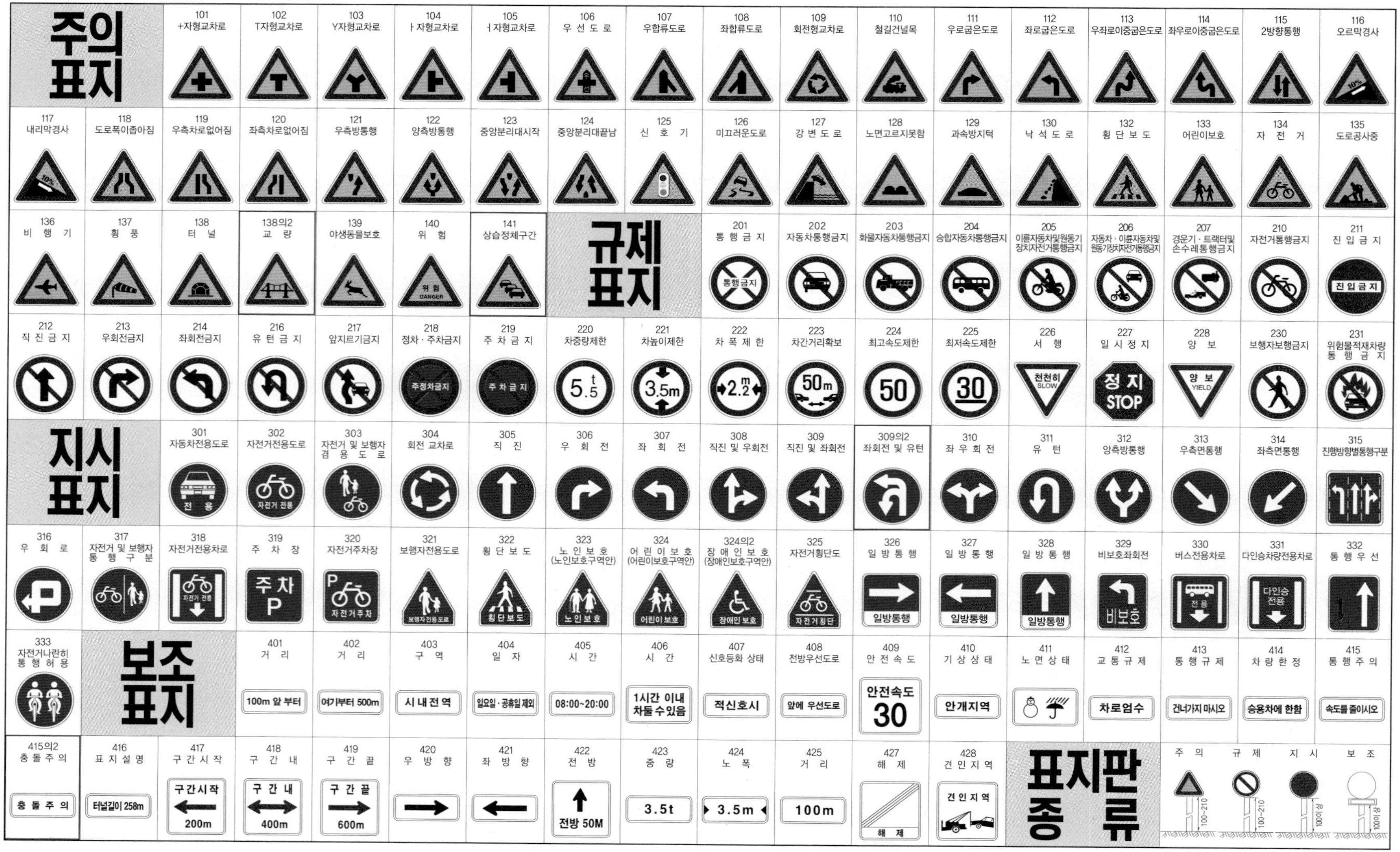

주의표지		101 +자형교차로	102 T자형교차로	103 Y자형교차로	104 ㅏ자형교차로	105 ㅓ자형교차로	106 우선도로	107 우합류도로	108 좌합류도로	109 회전형교차로	110 철길건널목	111 우로굽은도로	112 좌로굽은도로	113 우좌로이중굽은도로	114 좌우로이중굽은도로	115 2방향통행	116 오르막경사 (10%)
117 내리막경사 (10%)	118 도로폭이좁아짐	119 우측차로없어짐	120 좌측차로없어짐	121 우측방통행	122 양측방통행	123 중앙분리대시작	124 중앙분리대끝남	125 신호기	126 미끄러운도로	127 강변도로	128 노면고르지못함	129 과속방지턱	130 낙석도로	132 횡단보도	133 어린이보호	134 자전거	135 도로공사중
136 비행기	137 횡풍	138 터널	138의2 교량	139 야생동물보호	140 위험 (위험 DANGER)	141 상습정체구간	규제표지		201 통행금지 (통행금지)	202 자동차통행금지	203 화물자동차통행금지	204 승합자동차통행금지	205 이륜자동차및원동기장치자전거통행금지	206 자동차·이륜자동차및원동기장치자전거통행금지	207 경운기·트랙터및손수레통행금지	210 자전거통행금지	211 진입금지 (진입금지)
212 직진금지	213 우회전금지	214 좌회전금지	216 유턴금지	217 앞지르기금지	218 정차·주차금지 (주정차금지)	219 주차금지 (주차금지)	220 차중량제한 (5.5t)	221 차높이제한 (3.5m)	222 차폭제한 (2.2m)	223 차간거리확보 (50m)	224 최고속도제한 (50)	225 최저속도제한 (30)	226 서행 (천천히 SLOW)	227 일시정지 (정지 STOP)	228 양보 (양보 YIELD)	230 보행자보행금지	231 위험물적재차량 통행금지
지시표지		301 자동차전용도로 (전용)	302 자전거전용도로 (자전거 전용)	303 자전거 및 보행자 겸용도로	304 회전교차로	305 직진	306 우회전	307 좌회전	308 직진 및 우회전	309 직진 및 좌회전	309의2 좌회전 및 유턴	310 좌우회전	311 유턴	312 양측방통행	313 우측면통행	314 좌측면통행	315 진행방향별통행구분
316 우회로	317 자전거 및 보행자 통행구분	318 자전거전용차로 (자전거 전용)	319 주차장 (주차 P)	320 자전거주차장 (P 자전거주차)	321 보행자전용도로 (보행자전용도로)	322 횡단보도 (횡단보도)	323 노인보호 (노인보호구역안) (노인보호)	324 어린이보호 (어린이보호구역안) (어린이보호)	324의2 장애인보호 (장애인보호구역안) (장애인 보호)	325 자전거횡단도 (자전거횡단)	326 일방통행 (일방통행)	327 일방통행 (일방통행)	328 일방통행 (일방통행)	329 비보호좌회전 (비보호)	330 버스전용차로 (전용)	331 다인승차량전용차로 (다인승 전용)	332 통행우선
333 자전거나란히 통행허용	보조표지		401 거리 (100m 앞 부터)	402 거리 (여기부터 500m)	403 구역 (시내전역)	404 일자 (일요일·공휴일제외)	405 시간 (08:00~20:00)	406 시간 (1시간 이내 차둘 수 있음)	407 신호등화 상태 (적신호시)	408 전방우선도로 (앞에 우선도로)	409 안전속도 (안전속도 30)	410 기상상태 (안개지역)	411 노면상태	412 교통규제 (차로엄수)	413 통행규제 (건너가지 마시오)	414 차량한정 (승용차에 한함)	415 통행주의 (속도를 줄이시오)
415의2 충돌주의 (충돌주의)	416 표지설명 (터널길이 258m)	417 구간시작 (구간시작 200m)	418 구간내 (구간내 400m)	419 구간끝 (구간끝 600m)	420 우방향	421 좌방향	422 전방 (전방 50M)	423 중량 (3.5t)	424 노폭 (3.5m)	425 거리 (100m)	427 해제 (해제)	428 견인지역 (견인지역)	표지판 종류	주의 (100~210)	규제 (100~210)	지시 (100이상)	보조 (100이상)

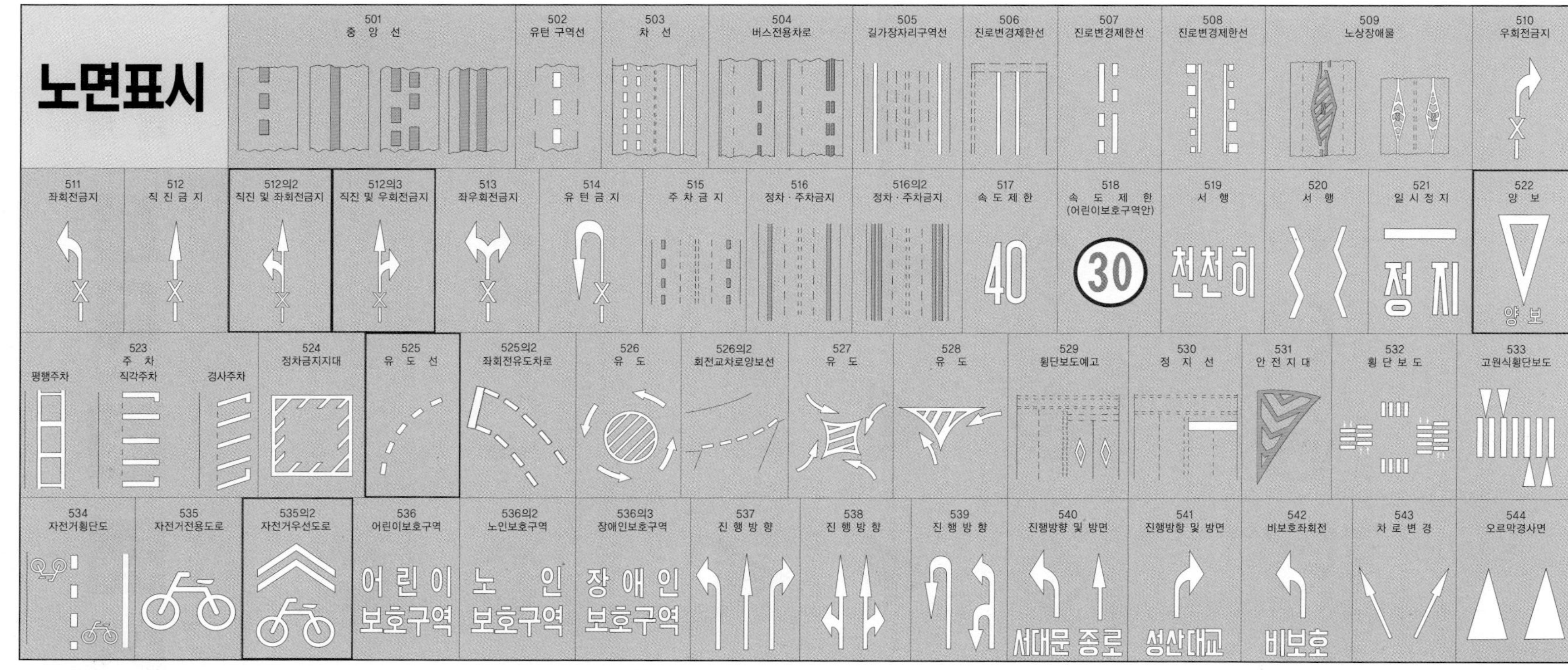

노면표시
501 중 앙 선
502 유턴 구역선
503 차 선
504 버스전용차로
505 길가장자리구역선
506 진로변경제한선
507 진로변경제한선
508 진로변경제한선
509 노상장애물
510 우회전금지
511 좌회전금지
512 직 진 금 지
512의2 직진 및 좌회전금지
512의3 직진 및 우회전금지
513 좌우회전금지
514 유 턴 금 지
515 주 차 금 지
516 정차 · 주차금지
516의2 정차 · 주차금지
517 속 도 제 한
40
518 속 도 제 한 (어린이보호구역안)
30
519 서 행
천천히
520 서 행
521 일 시 정 지
정지
522 양 보
양 보
523 주 차
평행주차
직각주차
경사주차
524 정차금지지대
525 유 도 선
525의2 좌회전유도차로
526 유 도
526의2 회전교차로양보선
527 유 도
528 유 도
529 횡단보도예고
530 정 지 선
531 안 전 지 대
532 횡 단 보 도
533 고원식횡단보도
534 자전거횡단도
535 자전거전용도로
535의2 자전거우선도로
536 어린이보호구역
어린이 보호구역
536의2 노인보호구역
노 인 보호구역
536의3 장애인보호구역
장애인 보호구역
537 진 행 방 향
538 진 행 방 향
539 진 행 방 향
540 진행방향 및 방면
서대문 종로
541 진행방향 및 방면
성산대교
542 비보호좌회전
비보호
543 차 로 변 경
544 오르막경사면

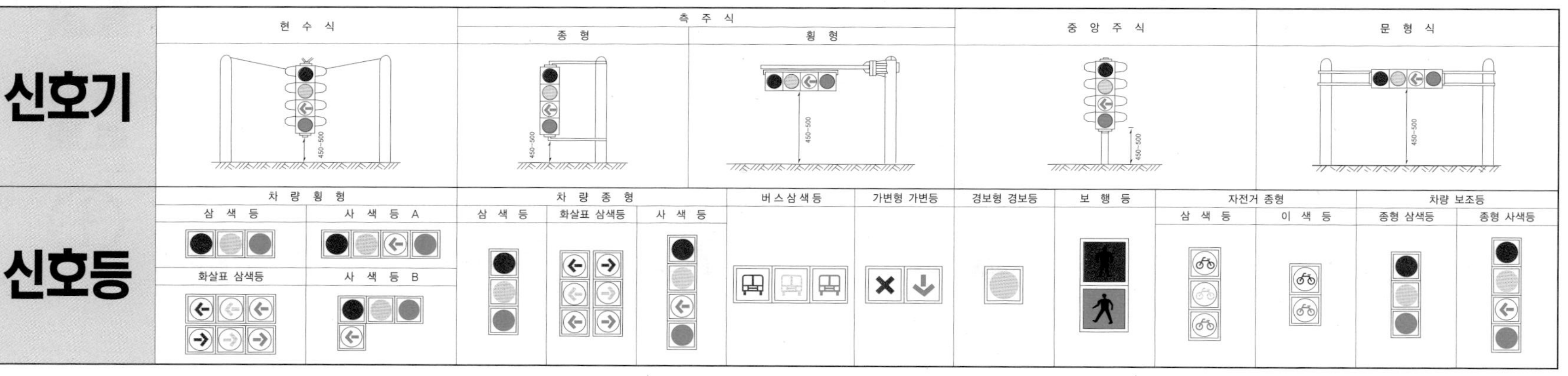

신호기
현 수 식
측 주 식
종 형
횡 형
중 앙 주 식
문 형 식
450~500
신호등
차 량 횡 형
삼 색 등
사 색 등 A
화살표 삼색등
사 색 등 B
차 량 종 형
삼 색 등
화살표 삼색등
사 색 등
버스삼색등
가변형 가변등
경보형 경보등
보 행 등
자전거 종형
삼 색 등
이 색 등
차량 보조등
종형 삼색등
종형 사색등

산업안전 표지

금지 표지

출입 금지

차량 통행 금지

금연

탑승 금지

보행 금지

사용 금지

화기 금지

물체 이동 금지

경고 표지

인화성 물질 경고

산화성 물질 경고

폭발성 물질 경고

급성 독성 물질 경고

부식성 물질 경고

유해 물질 경고

방사성 물질 경고

고압 전기 경고

매달린 물체 경고

낙화물 경고

고온 경고

저온 경고

몸균형 상실 경고

레이저 광선 경고

위험 장소 경고

지시 표지

보안경 착용

방독 마스크 착용

방진 마스크 착용

보안면 착용

안전모 착용

귀마개 착용

안전화 착용

안전 장갑 착용

안전복 착용

안내 표지

안전 제일

응급 구호 표시

들 것

세안 장치

비상구

좌측 비상구

우측 비상구

비상용 기구

코스운전 및 작업

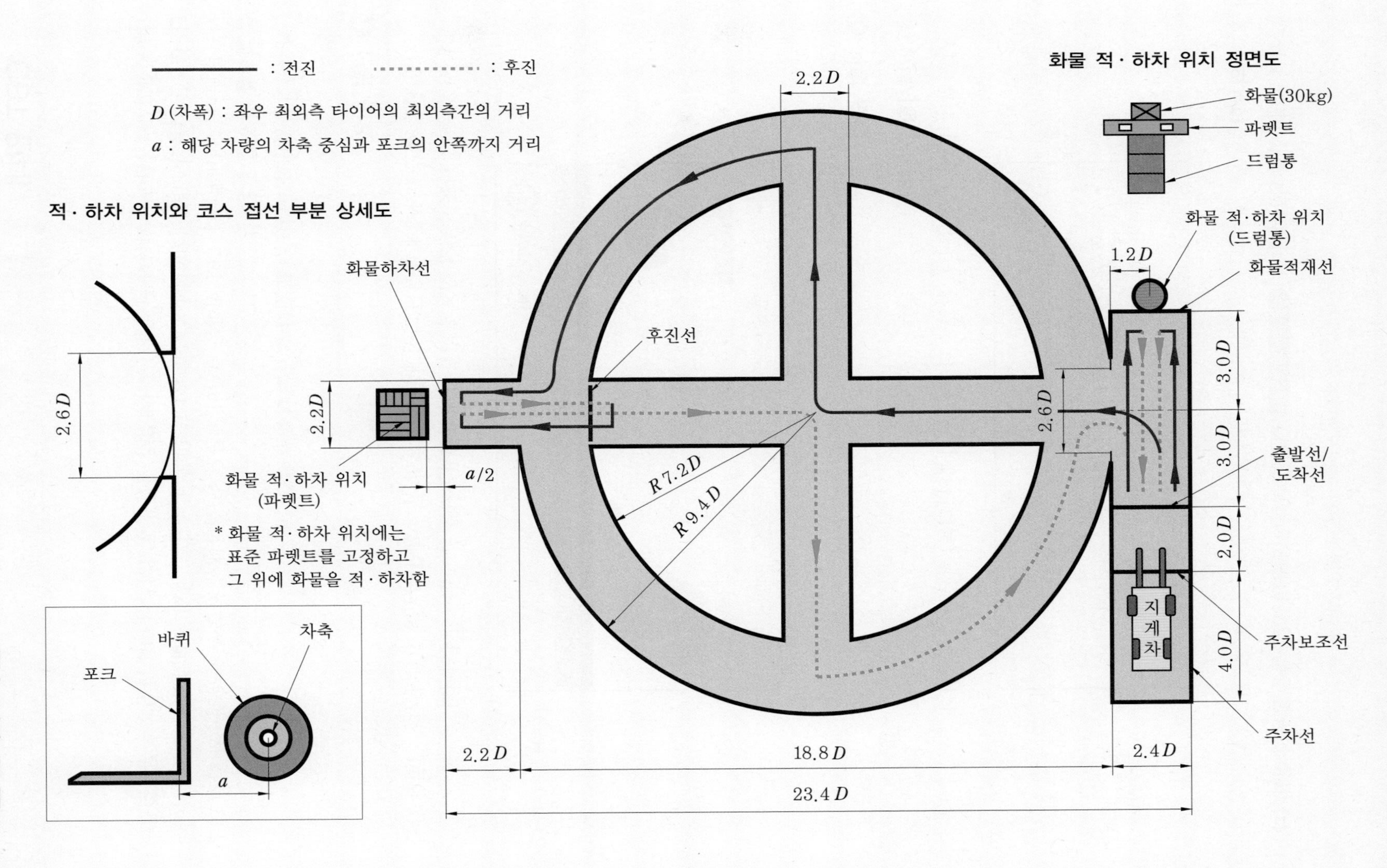

: 전진
: 후진
D(차폭) : 좌우 최외측 타이어의 최외측간의 거리
a : 해당 차량의 차축 중심과 포크의 안쪽까지 거리
적·하차 위치와 코스 접선 부분 상세도
2.6D
화물하차선
후진선
2.2D
화물 적·하차 위치 (파렛트)
a/2
* 화물 적·하차 위치에는 표준 파렛트를 고정하고 그 위에 화물을 적·하차함
R7.2D
R9.4D
포크
바퀴
차축
a
2.2D
18.8D
23.4D
2.6D
화물 적·하차 위치 정면도
화물(30kg)
파렛트
드럼통
화물 적·하차 위치 (드럼통)
1.2D
화물적재선
3.0D
3.0D
출발선/도착선
2.0D
지게차
4.0D
주차보조선
주차선
2.4D

CBT 안내

한국산업인력공단에서 시행하는 국가기술자격검정 기능사 필기시험이 CBT 방식으로 달라졌습니다. CBT란 컴퓨터 기반 시험(Computer-Based Testing)의 약자로, 종이 시험지 없이 컴퓨터상에서 시험을 본다는 의미입니다. CBT 시험은 답안이 제출된 뒤 현장에서 바로 본인의 점수와 합격 여부를 확인할 수 있습니다.

Q-net에서 안내하는 CBT 시험 진행 절차는 다음과 같습니다.

신분 확인

시험 시작 전 수험자에게 배정된 좌석에 앉아 있으면 신분 확인 절차가 진행됩니다. 시험장 감독위원이 컴퓨터에 나온 수험자 정보와 신분증이 일치하는지를 확인하는 단계입니다.

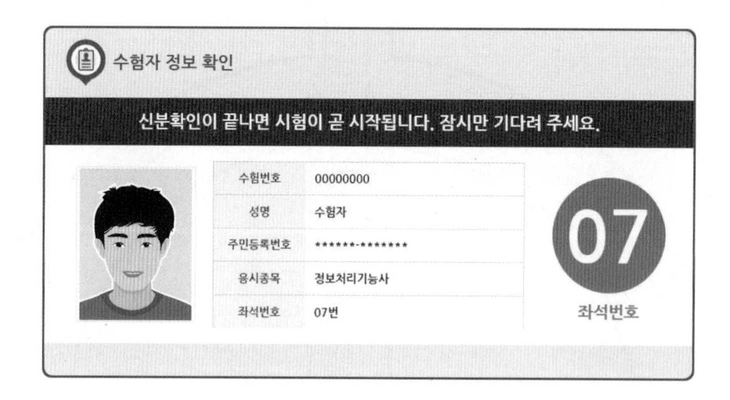

시험 준비

1. 안내사항

시험 안내사항을 확인합니다. 확인을 다하신 후 아래의 [다음] 버튼을 클릭합니다.

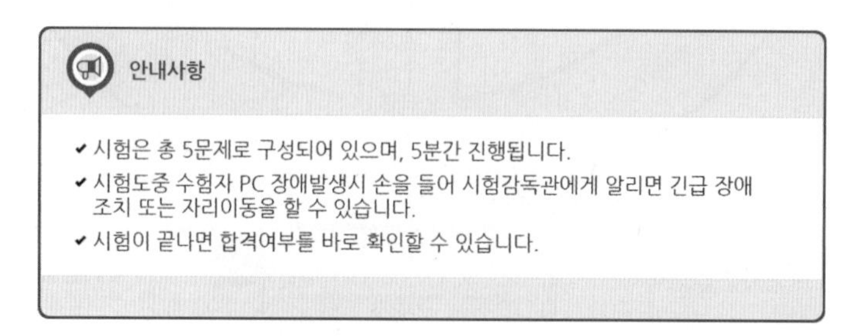

2. 유의사항

시험 유의사항을 확인합니다. [다음 유의사항 보기▶] 버튼을 클릭하여 유의사항 3쪽을 모두 확인합니다.

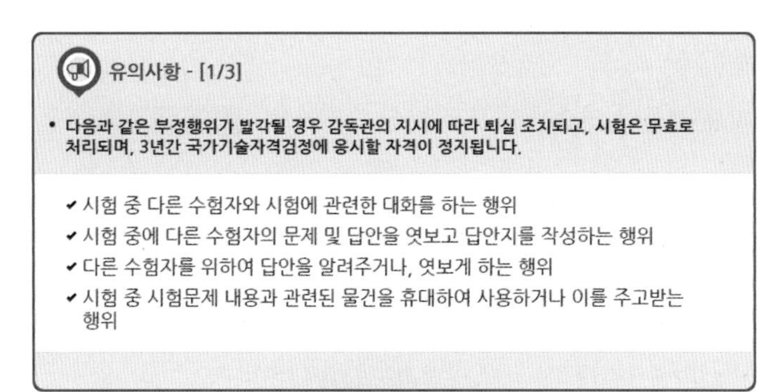

다음 유의사항 보기 ▶

3. 메뉴 설명

문제풀이 메뉴 설명을 확인하고 기능을 숙지합니다. 각 메뉴에 관한 모든 설명을 확인하신 후 아래의 [다음] 버튼을 클릭해 주세요.

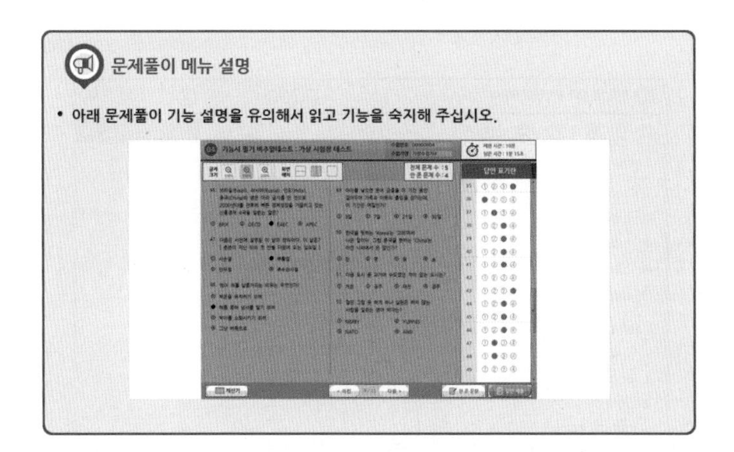

4. 문제풀이

자격검정 CBT 문제풀이 연습 버튼을 클릭하여 실제 시험과 동일한 방식의 문제풀이 연습을 준비합니다.

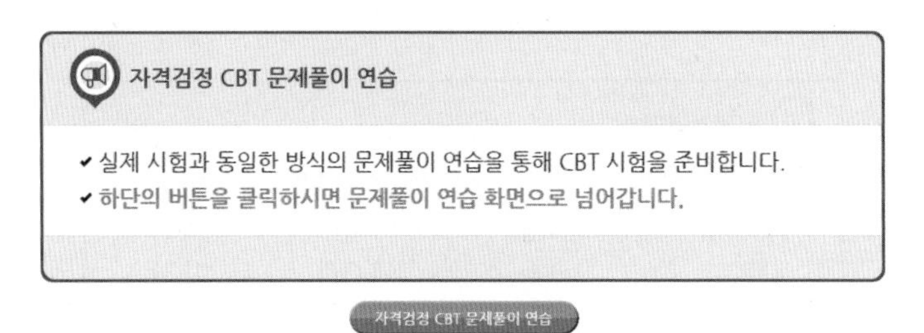

※ 조금 복잡한 자격검정 CBT 프로그램 사용법을 충분히 배웠습니다. [확인] 버튼을 클릭하세요.

5. 시험 준비 완료

시험 안내사항 및 문제풀이 연습까지 모두 마친 수험자는 시험 준비 완료 버튼을 클릭한 후 잠시 대기 합니다.

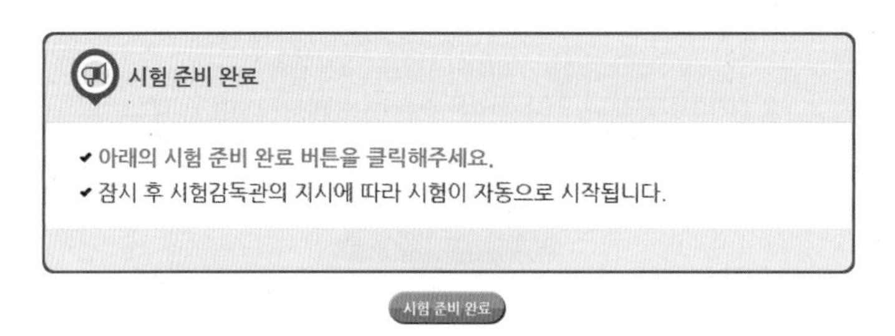

시험 시작

문제를 꼼꼼히 읽어보신 후 답안을 작성하시기 바랍니다. 시험을 다 보신 후 답안 제출 버튼을 클릭하세요.

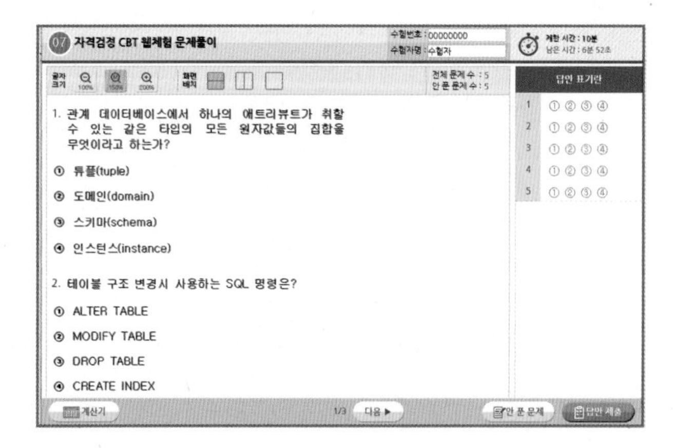

시험 종료

본인의 득점 및 합격 여부를 확인할 수 있습니다.

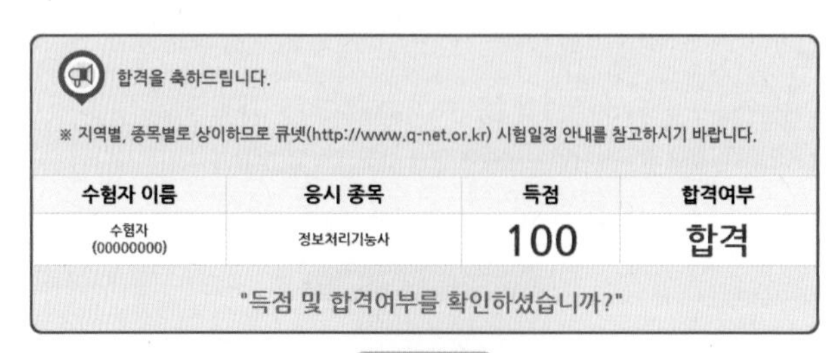

머리말

건설 산업 현장에서 건설기계는 그 효율성이 매우 높기 때문에 국가 산업 발전뿐만 아니라 각종 해외 공사에서까지 막대한 역할을 수행하고 있다.

최근 건설 및 토목 등의 분야에서 각종 건설기계가 다양하게 사용되고 있으며, 건설기계의 구조 및 성능도 날로 발전하고 있다.

이에 따라 건설 산업 현장에서 건설기계 조종사가 많이 필요하게 되었으나 현재는 이 기술 인력이 절대적으로 부족한 실정이다. 따라서 건설기계 조종사 면허증에 대한 효용 가치가 그만큼 높아졌으며, 유망 직종으로 부각되고 있다.

이 책은 지게차운전기능사 필기시험을 준비하는 수험생들을 위해 2020년 새로 개정된 출제기준에 따라 짧은 시간 내에 마스터할 수 있도록 하는 데 중점을 두었으며, 다음과 같은 특징으로 구성하였다.

첫째, 개정된 출제기준에 맞추어 단원을 구성함으로써 수험생이 이해하기 쉽고 편리하도록 집필하였다.

둘째, 지금까지 출제된 기출문제들을 분석하여 각 단원별로 정리하였다.

셋째, 시험에 자주 출제되는 문제들의 핵심적인 내용을 정리하여 수록함으로써 시험 출제 경향을 파악할 수 있도록 하였다.

넷째, 부록으로 모의고사 문제를 수록하여 수험생들이 스스로 실력을 평가할 수 있도록 하였다.

끝으로 수험생 여러분들의 앞날에 합격의 기쁨과 발전이 있기를 기원하며, 부족한 점은 여러분들의 조언으로 계속하여 수정 · 보완할 것을 약속드린다. 또한 이 책이 세상에 나오기까지 물심양면으로 도와주신 **일진사** 직원 여러분께 깊은 감사의 말씀을 전한다.

저자 씀

지게차운전기능사 출제기준(필기)

직무 분야	건설	중직무 분야	건설기계운전	자격 종목	지게차운전기능사	적용 기간	2020.1.1.~ 2022.12.31.
○ 직무내용 : 지게차를 사용하여 작업현장에서 화물을 적재 또는 하역하거나 운반하는 직무이다.							
필기 검정방법	객관식	문제 수	60	시험시간	1시간		

필기과목명	주요항목	세부항목	세세항목
지게차 주행, 화물적재, 운반, 하역, 안전관리	1. 안전관리	1. 안전보호구 착용 및 안전장치 확인	1. 안전보호구 2. 안전장치
		2. 위험요소 확인	1. 안전표시 2. 안전수칙 3. 위험요소
		3. 안전운반 작업	1. 장비사용설명서 2. 안전운반 3. 작업안전 및 기타 안전 사항
		4. 장비 안전관리	1. 장비 안전관리 2. 일상 점검표 3. 작업요청서 4. 장비 안전관리 교육 5. 기계 · 기구 및 공구에 관한 사항
	2. 작업 전 점검	1. 외관 점검	1. 타이어 공기압 및 손상 점검 2. 조향장치 및 제동장치 점검 3. 엔진 시동 전 · 후 점검
		2. 누유 · 누수 확인	1. 엔진 누유 점검 2. 유압 실린더 누유 점검 3. 제동장치 및 조향장치 누유 점검 4. 냉각수 점검
		3. 계기판 점검	1. 게이지 및 경고등, 방향지시등, 전조등 점검
		4. 마스트 · 체인 점검	1. 체인 연결부위 점검 2. 마스트 및 베어링 점검
		5. 엔진시동 상태 점검	1. 축전지 점검 2. 예열장치 점검 3. 시동장치 점검 4. 연료계통 점검
	3. 화물 적재 및 하역 작업	1. 화물의 무게중심 확인	1. 화물의 종류 및 무게중심 2. 작업장치 상태 점검 3. 화물의 결착 4. 포크 삽입 확인
		2. 화물 하역작업	1. 화물 적재상태 확인 2. 마스트 각도 조절 3. 하역작업
	4. 화물 운반작업	1. 전 · 후진 주행	1. 전 · 후진 주행 방법
		2. 화물 운반작업	1. 유도자의 수신호 2. 출입구 확인

필기 과목명	주요항목	세부항목	세세항목
	5. 운전시야 확보	1. 운전시야 확보	1. 적재물 낙하 및 충돌사고 2. 접촉사고 예방
		2. 장비 및 주변상태 확인	1. 운전 중 작업장치 성능 확인 2. 이상 소음 3. 운전 중 장치별 누유 · 누수
	6. 작업 후 점검	1. 안전 주차	1. 주기장 선정 2. 주차 제동장치 체결 3. 주차 시 안전조치
		2. 연료 상태 점검	1. 연료량 및 누유 점검
		3. 외관 점검	1. 휠 볼트, 너트 상태 점검 2. 그리스 주입 점검 3. 윤활유 및 냉각수 점검
		4. 작업 및 관리일지 작성	1. 작업일지 2. 장비관리일지
	7. 도로주행	1. 교통법규 준수	1. 도로주행 관련 도로교통법 2. 주행 시 포크의 위치 3. 도로표지판
		2. 안전운전 준수	1. 도로주행 시 안전운전
		3. 건설기계관리법	1. 건설기계 등록 및 검사 2. 면허 · 벌칙
	8. 응급 대처	1. 고장 시 응급처치	1. 고장표시판 설치 2. 고장내용 점검 3. 고장유형별 응급 조치
		2. 교통사고 시 대처	1. 교통사고 유형별 대처 2. 교통사고 응급조치 및 긴급구호
	9. 장비 구조	1. 엔진 구조 익히기	1. 엔진본체 구조와 기능 2. 윤활장치 구조와 기능 3. 연료장치 구조와 기능 4. 흡배기장치 구조와 기능 5. 냉각장치 구조와 기능
		2. 전기장치 익히기	1. 시동장치 구조와 기능 2. 충전장치 구조와 기능 3. 등화 및 계기장치 구조와 기능 4. 퓨즈 및 계기장치 구조와 기능
		3. 전 · 후진 주행장치 익히기	1. 조향장치의 구조와 기능 2. 변속장치의 구조와 기능 3. 동력전달장치 구조와 기능 4. 제동장치 구조와 기능 5. 주행장치 구조와 기능
		4. 유압장치 익히기	1. 유압펌프 구조와 기능 2. 유압 실린더 및 모터 구조와 기능 3. 컨트롤 밸브 구조와 기능 4. 유압탱크 구조와 기능 5. 유압유 6. 기타 부속장치
		5. 작업장치 익히기	1. 마스트 구조와 기능 2. 체인 구조와 기능 3. 포크 구조와 기능 4. 가이드 구조와 기능 5. 조작레버 장치 구조와 기능 6. 기타 지게차의 구조와 기능

차 례

제1편 장비 구조

제1장 엔진 구조 익히기 ··· 18

1-1 엔진 본체 구조와 기능 ··· 18
■ 출제 예상 문제 ··· 22
1-2 연료장치 구조와 기능 ··· 30
■ 출제 예상 문제 ··· 33
1-3 냉각장치 구조와 기능 ··· 40
■ 출제 예상 문제 ··· 42
1-4 윤활장치 구조와 기능 ··· 48
■ 출제 예상 문제 ··· 51
1-5 흡 · 배기장치 구조와 기능 ··· 55
■ 출제 예상 문제 ··· 56

제2장 전기장치 익히기 ··· 59

2-1 시동장치 구조와 기능 ··· 59
■ 출제 예상 문제 ··· 60
■ 출제 예상 문제 ··· 65
■ 출제 예상 문제 ··· 73
2-2 충전장치 구조와 기능 ··· 77
■ 출제 예상 문제 ··· 79
2-3 계기 및 등화장치 구조와 기능 ··· 82
■ 출제 예상 문제 ··· 84

제3장 전 · 후진 주행장치 익히기 ··· 87

3-1 동력전달장치 ··· 87
3-2 지게차 조향장치의 구조와 기능 ··· 91
3-3 지게차 제동장치 구조와 기능 ··· 92
3-4 타이어(tire) ··· 93
■ 출제 예상 문제 ··· 95

제4장 유압장치 익히기 ··· 104

4-1 파스칼의 원리 ··· 104
4-2 유압장치의 장점 및 단점 ··· 104
4-3 유압 펌프 구조와 기능 ··· 105
■ 출제 예상 문제 ··· 109
4-4 유압 실린더 및 모터 구조와 기능 ··· 114
■ 출제 예상 문제 ··· 116
4-5 제어밸브(control valve) 구조와 기능 ·· 120
■ 출제 예상 문제 ··· 123
4-6 유압 탱크 구조와 기능 ··· 128
■ 출제 예상 문제 ··· 129
4-7 유압유(작동유) ··· 130
■ 출제 예상 문제 ··· 132
4-8 그 밖의 부속장치 ··· 137
■ 출제 예상 문제 ··· 141

제5장 작업장치 익히기 ··· 148

5-1 작업장치에 따른 지게차의 분류 ··· 148
5-2 지게차 작업장치의 구성 ··· 151
■ 출제 예상 문제 ··· 153

제2편 작업 전 점검

제1장 외관 점검 ······ 160
1-1 타이어 공기압 및 손상 점검 ······ 160
1-2 조향장치 및 제동장치 점검 ······ 162
1-3 엔진 시동 전 · 후 점검 ······ 163
제2장 누유 · 누수 확인 ······ 164
2-1 엔진 누유 점검 ······ 164
2-2 유압 실린더 누유 점검 ······ 164
2-3 제동장치 및 조향장치 누유 점검 ······ 165
2-4 냉각수 점검 ······ 165
제3장 계기판 점검 ······ 166
3-1 게이지 및 경고등, 방향지시등, 전조등 점검 ······ 166
제4장 마스트 · 체인 점검 ······ 168
4-1 체인 연결 부위 점검 ······ 168
4-2 마스트 및 베어링 점검 ······ 168
제5장 엔진 시동 상태 점검 ······ 169
5-1 축전지 점검 ······ 169
5-2 예열장치 점검 ······ 170
5-3 시동장치 점검 ······ 170
5-4 지게차 난기운전 ······ 170
■ 출제 예상 문제 ······ 171

제3편 화물 적재 및 하역작업

제1장 화물의 무게중심 확인 ······ 180
1-1 화물의 종류 및 무게중심 ······ 180
1-2 작업장치 상태 점검 ······ 180
1-3 화물의 결착 ······ 181
1-4 포크 삽입 확인 ······ 182
제2장 화물 하역작업 ······ 184
■ 출제 예상 문제 ······ 185

제4편 화물 운반작업 및 운전시야 확보

제1장 화물 운반작업 ······ 190
1-1 전 · 후진 주행방법 ······ 190
1-2 화물 운반작업 ······ 192
제2장 운전시야 확보 ······ 194
2-1 운전시야 확보 ······ 194
2-2 지게차 및 주변상태 확인 ······ 195
■ 출제 예상 문제 ······ 196

제5편 작업 후 점검

제1장 안전 주차 ······ 202

제2장 연료 상태 점검 ······ 203

- 출제 예상 문제 ······ 204

제6편 건설기계관리법 및 도로주행

제1장 건설기계관리법 ······ 208

1-1 건설기계관리법의 목적 ······ 208
1-2 건설기계 사업 ······ 208
1-3 건설기계의 신규 등록 ······ 208
1-4 등록사항 변경신고 ······ 209
1-5 건설기계 등록말소 사유 ······ 209
1-6 건설기계 조종사 면허 ······ 209
1-7 등록번호표 ······ 210
1-8 건설기계 임시운행 사유 ······ 211
1-9 건설기계 검사 ······ 211
1-10 건설기계의 구조변경을 할 수 없는 경우 ······ 212
1-11 건설기계 사후 관리 ······ 213
1-12 건설기계 조종사 면허취소 사유 ······ 213
1-13 벌칙 ······ 214
1-14 특별표지판 부착대상 건설기계 ······ 214
- 출제 예상 문제 ······ 215

제2장 교통법규 준수 ······ 233

2-1 도로교통법의 목적 ······ 233
2-2 안전표지의 종류 ······ 233
2-3 이상 기후일 경우의 운행속도 ······ 235
2-4 앞지르기 금지장소 ······ 235
2-5 주차 및 정차 금지장소 ······ 235
2-6 교통사고 발생 후 벌점 ······ 236

제3장 안전운전 준수 ······ 237

3-1 차량 사이의 안전거리 확보 ······ 237
3-2 철길 건널목 통과 방법 ······ 237
3-3 도로를 주행할 때 보행자 보호 및 양보운전 ······ 238
3-4 노면의 장애물 확인 및 안전표지를 준수하여 안전운전 ······ 239
- 출제 예상 문제 ······ 240

제7편 응급대처

제1장 고장이 발생하였을 때의 응급처지 ··· 254

1-1 제동장치가 고장 났을 때 ······ 254
1-2 타이어 펑크 및 주행장치가 고장 났을 때 ······ 254
1-3 마스트 유압 라인이 고장 났을 때 ······ 254
1-4 지게차 응급 견인방법 ······ 255

제2장 교통사고가 발생하였을 때의 대처 … 256
2-1 인명사고가 발생하였을 때 응급조치 후 긴급구호 요청 …… 256
2-2 소화기 …… 257
2-3 교통사고가 발생하였을 때 2차사고 예방 …… 258
2-4 교통사고에 대처하기 …… 259
■ 출제 예상 문제 …… 260

제8편 안전관리

제1장 안전보호구 착용 및 안전장치 확인 · 266
1-1 안전사고 발생의 개요 …… 266
1-2 안전보호구 …… 266
1-3 안전장치 …… 269

제2장 위험 요소 확인 …… 270
2-1 안전표시 …… 270
2-2 안전수칙 …… 271
2-3 위험 요소 …… 271

제3장 안전운반 작업 …… 274
3-1 지게차 사용설명서 …… 274
3-2 안전운반 …… 274
3-3 작업안전 및 기타 안전사항 …… 275

제4장 지게차 안전관리 …… 277
4-1 지게차 안전관리 …… 277
4-2 일상점검 사항 …… 278
4-3 작업요청서 …… 278
4-4 지게차 안전관리 교육 …… 279
4-5 기계 · 기구 및 공구에 관한 사항 …… 281
■ 출제 예상 문제 …… 284

부록 모의고사

▣ 모의고사 1 …… 302
▣ 모의고사 2 …… 309
▣ 모의고사 3 …… 316
▣ 모의고사 정답 및 해설 …… 323

지게차
운전기능사

제 1 편

장비 구조

제1장 엔진 구조 익히기

제2장 전기장치 익히기

제3장 전 · 후진 주행장치 익히기

제4장 유압장치 익히기

제5장 작업장치 익히기

지게차
운전기능사

제 1 장

엔진 구조 익히기

1-1 엔진 본체 구조와 기능

1 엔진의 개요

(1) 엔진(engine)의 정의

엔진(열기관)이란 열에너지를 기계적 에너지로 변환시키는 장치이다.

(2) 4행정 사이클 디젤엔진의 작동 과정

① 피스톤이 흡입 → 압축 → 동력(폭발) → 배기의 4행정을 할 때 크랭크축은 2회전하여 1사이클을 완성한다.

② 피스톤 행정이란 피스톤이 상사점(TDC)에서 하사점(BDC) 또는 하사점에서 상사점으로 이동한 거리이다.

2 엔진의 본체

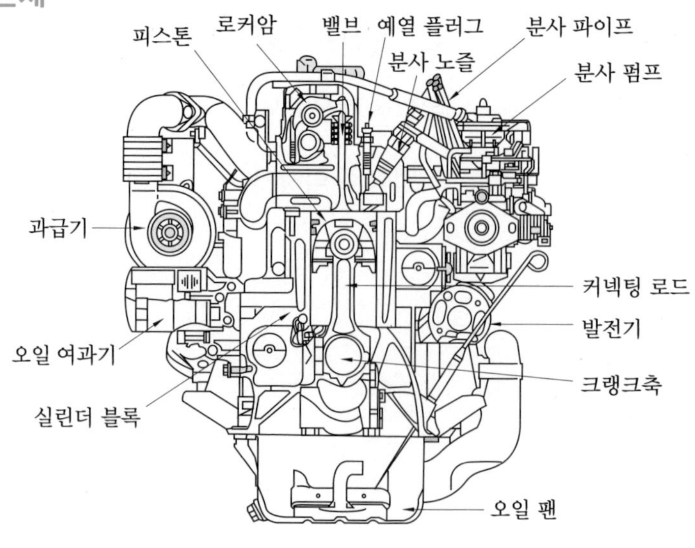

디젤엔진 본체의 구조

(1) 실린더 헤드(cylinder head)

① **실린더 헤드의 구조 :** 헤드 개스킷을 사이에 두고 실린더 블록에 볼트로 설치되며, 피스톤, 실린더와 함께 연소실을 형성한다.

② **디젤엔진의 연소실 :** 연소실의 종류에는 단실식인 직접분사실식과 복실식인 예연소실식, 와류실식, 공기실식 등이 있다.

③ **헤드 개스킷(head gasket) :** 실린더 헤드와 블록 사이에 삽입하여 압축과 폭발가스의 기밀을 유지하고 냉각수와 엔진오일의 누출을 방지한다.

(2) 실린더 블록(cylinder block)

① **일체형 실린더**

㈎ 실린더 블록과 같은 재질로 실린더를 일체로 제작한 형식이다.

㈏ 부품 수가 적고 무게가 가벼우며, 강성 및 강도가 크고, 냉각수 누출 우려가 적다.

② **실린더 라이너(cylinder liner) :** 실린더 블록과 라이너(실린더)를 별도로 제작한 후 라이너를 실린더 블록에 끼우는 형식으로 습식(라이너 바깥둘레가 냉각수와 직접 접촉함)과 건식이 있다.

(3) 피스톤(piston)

① **피스톤의 구비조건**

㈎ 중량이 작고, 고온 · 고압가스에 견딜 수 있을 것

㈏ 블로바이(blow by ; 실린더 벽과 피스톤 사이에서의 가스 누출)가 없을 것

㈐ 열전도율이 크고, 열팽창률이 적을 것

② **피스톤 간극**

㈎ 피스톤 간극이 작을 때의 영향 : 엔진 작동 중 열팽창으로 인해 실린더와 피스톤 사이에서 고착(소결)이 발생한다.

㈏ 피스톤 간극이 클 때의 영향

㉮ 엔진 시동성능이 저하되고, 엔진 출력이 감소한다.

㉯ 피스톤 링의 기능 저하로 엔진오일이 연소실에 유입되어 소비가 많아진다.

㉰ 연료가 엔진오일에 떨어져 희석되어 수명이 단축된다.

㉱ 피스톤 슬랩(piston slap)이 발생한다.

㉲ 블로바이에 의해 압축압력이 낮아진다.

③ **피스톤 링(piston ring)**

㈎ 피스톤 링의 작용

㉮ 기밀작용(밀봉작용)

㉯ 오일 제어 작용(실린더 벽의 오일 긁어내리기 작용)
㉰ 열전도 작용(냉각작용)

(나) 피스톤 링이 마모되었을 때의 영향 : 엔진오일이 연소실로 올라와 연소하며, 배기가스 색깔은 회백색이 된다.

(4) 크랭크축(crank shaft)

① 피스톤의 직선운동을 회전운동으로 변환시키는 장치이다.
② 메인 저널, 크랭크 핀, 크랭크 암, 밸런스 웨이트(평형추) 등으로 구성되어 있다.

(5) 플라이휠(fly wheel)

엔진의 맥동적인 회전을 관성력을 이용하여 원활한 회전으로 바꾸어 준다.

(6) 밸브 기구(valve train)

① 캠축과 캠(cam shaft & cam)

(가) 크랭크축으로부터 동력을 받아 흡입 및 배기밸브를 개폐시키는 작용을 한다.
(나) 4행정 사이클 엔진의 크랭크축 기어와 캠축 기어의 지름비율은 1 : 2이고 회전비율은 2 : 1이다.

② 유압식 밸브 리프터(hydraulic valve lifter) : 엔진의 작동온도 변화에 관계없이 밸브 간극을 0으로 유지시키는 방식으로 특징은 다음과 같다.

(가) 밸브 간극 조정이 자동으로 조절된다.
(나) 밸브 개폐 시기가 정확하다.
(다) 밸브 기구의 내구성이 좋다.
(라) 밸브 기구의 구조가 복잡하다.

③ 흡입 및 배기밸브(intake & exhaust valve)

(가) 밸브의 구비조건
㉮ 열에 대한 저항력이 클 것
㉯ 무게가 가볍고, 열팽창률이 작을 것
㉰ 고온과 고압가스에 잘 견딜 것
㉱ 열전도율이 좋을 것

㈏ 밸브의 구조

㉮ 밸브 헤드(valve head) : 고온 · 고압가스에 노출되며, 특히 배기밸브는 열부하가 매우 크다.

㉯ 밸브 페이스(valve face) : 밸브 시트(seat)에 밀착되어 연소실 내의 기밀작용을 한다.

㉰ 밸브 스템(valve stem) : 밸브 가이드 내부를 상하 왕복운동하며 밸브 헤드가 받는 열을 가이드를 통해 방출하고, 밸브의 개폐를 돕는다.

㉱ 밸브 가이드(valve guide) : 밸브의 상하운동 및 시트와 밀착을 바르게 유지하도록 밸브 스템을 안내한다.

㉲ 밸브 스프링(valve spring) : 밸브가 닫혀 있는 동안 밸브 시트와 밸브 페이스를 밀착시켜 기밀을 유지시킨다.

㈐ 밸브 간극(valve clearance)

㉮ 밸브 간극이 작으면 밸브가 열려 있는 기간이 길어지므로 실화(miss fire)가 발생할 수 있다.

㉯ 밸브 간극이 너무 크면 정상 작동온도에서 밸브가 완전히 열리지 못한다.

지게차 운전기능사

출제 예상 문제

01. 열기관이란 어떤 에너지를 어떤 에너지로 바꾸어 유효한 일을 할 수 있도록 한 기계인가?

① 열에너지를 기계적 에너지로
② 전기적 에너지를 기계적 에너지로
③ 위치 에너지를 기계적 에너지로
④ 기계적 에너지를 열에너지로

해설 열기관(엔진)이란 열에너지(연료의 연소)를 기계적 에너지(크랭크축의 회전)로 변환시켜 주는 장치이다.

02. 디젤엔진의 장점으로 볼 수 없는 것은?

① 압축압력과 폭압압력이 크기 때문에 마력당 중량이 크다.
② 유해 배기가스 배출량이 적다.
③ 열효율이 높다.
④ 흡입행정 시 펌핑손실을 줄일 수 있다.

해설 디젤엔진은 압축압력, 폭압압력이 크기 때문에 마력당 중량이 큰 단점이 있다.

03. 디젤엔진의 일반적인 특징으로 가장 거리가 먼 것은?

① 소음이 크다.
② 마력당 무게가 무겁다.
③ 회전수가 높다.
④ 진동이 크다.

해설 디젤엔진은 가솔린 엔진보다 최고 회전수(rpm)가 낮다.

04. 공기만을 실린더 내로 흡입하여 고압축비로 압축한 후 압축열에 연료를 분사하는 작동원리의 디젤엔진은?

① 압축착화 엔진
② 전기점화 엔진
③ 외연엔진
④ 제트엔진

해설 디젤엔진은 흡입행정에서 공기만을 실린더 내로 흡입하여 고압축비로 압축한 후 압축열에 연료를 분사하여 자기 착화하는 압축착화 엔진이다.

05. 4행정 사이클 엔진은 피스톤이 흡입 → 압축 → 동력 → 배기의 4행정을 하면서 1사이클을 완료하며 크랭크축은 몇 회전하는가?

① 1회전 ② 2회전
③ 3회전 ④ 4회전

해설 4행정 사이클 엔진은 크랭크축이 2회전하고, 피스톤은 흡입 → 압축 → 동력(폭발) → 배기의 4행정을 하여 1사이클을 완성한다.

06. 엔진에서 피스톤의 행정이란?

① 피스톤의 길이이다.
② 실린더 벽의 상하 길이이다.
③ 상사점과 하사점과의 총면적이다.
④ 상사점과 하사점과의 거리이다.

해설 피스톤의 행정이란 상사점(TDC)과 하사점(BDC)까지의 거리이다.

정답 01 ① 02 ① 03 ③ 04 ① 05 ② 06 ④

07. 4행정 사이클 엔진의 행정순서로 옳은 것은?

① 압축 → 흡입 → 동력 → 배기
② 흡입 → 압축 → 동력 → 배기
③ 압축 → 동력 → 흡입 → 배기
④ 흡입 → 동력 → 압축 → 배기

08. 4행정 사이클 디젤엔진에서 흡입행정 시 실린더 내에 흡입되는 것은?

① 혼합기 ② 공기
③ 스파크 ④ 연료

해설 디젤엔진은 흡입행정에서 공기만 흡입한다.

09. 디젤엔진의 압축비가 높은 이유는?

① 연료의 무화를 양호하게 하기 위하여
② 공기의 압축열로 착화시키기 위하여
③ 엔진과열과 진동을 적게 하기 위하여
④ 연료의 분사를 높게 하기 위하여

해설 디젤엔진의 압축비가 높은 이유는 공기의 압축열로 자기 착화시키기 위함이다.

10. 디젤엔진에서 실린더의 압축압력이 저하하는 주요 원인으로 틀린 것은?

① 실린더 벽이 마멸되었을 때
② 피스톤 링의 탄력이 부족할 때
③ 헤드 개스킷이 파손되어 누설이 있을 때
④ 연소실 내부에 카본이 누적되었을 때

해설 연소실 내부에 카본이 누적되면 엔진이 과열하기 쉽다.

11. 4행정 사이클 디젤엔진에서 흡입밸브와 배기밸브가 모두 닫혀 있는 행정은?

① 흡입행정과 압축행정
② 압축행정과 동력행정
③ 흡입행정과 배기행정
④ 동력행정과 배기행정

해설 흡입밸브와 배기밸브가 모두 닫혀있는 행정은 압축행정과 동력(폭발)행정이다.

12. 엔진에서 폭발행정 말기에 배기가스가 실린더 내의 압력에 의해 배기밸브를 통해 배출되는 현상은?

① 블로바이 ② 블로백
③ 블로다운 ④ 블로업

해설 블로다운(blow down)이란 폭발행정 말기, 즉 배기행정 초기에 배기밸브가 열려 실린더 내의 압력에 의해서 배기가스가 배기밸브를 통해 스스로 배출되는 현상이다.

13. 2행정 사이클 디젤엔진의 흡입과 배기행정에 관한 설명으로 틀린 것은?

① 피스톤이 하강하여 소기포트가 열리면 예압된 공기가 실린더 내로 유입된다.
② 압력이 낮아진 나머지 연소가스가 압출되어 실린더 내는 와류를 동반한 새로운 공기로 가득 차게 된다.
③ 연소가스가 자체의 압력에 의해 배출되는 것을 블로바이라고 한다.
④ 동력행정의 끝 부분에서 배기밸브가 열리고 연소가스가 자체의 압력으로 배출이 시작된다.

해설 연소가스가 자체의 압력에 의해 배출되는 것을 블로다운이라고 한다.

14. 2행정 사이클 엔진에만 해당되는 과정(행정)은?

① 동력행정 ② 소기행정
③ 흡입행정 ④ 압축행정

정답 07 ② 08 ② 09 ② 10 ④ 11 ② 12 ③ 13 ③ 14 ②

해설 소기행정은 실린더 내의 잔류가스를 내보내고 새로운 공기를 실린더 내에 공급하는 행정이며, 2행정 사이클 엔진에만 해당된다.

15. **2행정 사이클 디젤엔진의 소기방식에 속하지 않는 것은?**

① 루프 소기방식 ② 횡단 소기방식
③ 복류 소기방식 ④ 단류 소기방식

해설 소기방식에는 단류 소기방식, 횡단 소기방식, 루프 소기방식이 있다.

16. **디젤엔진에서 실화(miss fire)할 때 나타나는 현상으로 옳은 것은?**

① 엔진회전이 불량해진다.
② 냉각수가 유출된다.
③ 엔진이 과랭한다.
④ 연료소비가 감소한다.

해설 실화가 발생하면 엔진의 회전이 불량해진다.

17. **디젤엔진의 연소실 형상과 관련이 적은 것은?**

① 엔진출력 ② 공전속도
③ 열효율 ④ 운전 정숙도

해설 엔진의 연소실 형상에 따라 엔진출력, 열효율, 운전 정숙도, 노크발생 빈도 등이 달라진다.

18. **다음 [보기]에 나타낸 것은 엔진에서 어느 구성부품을 형태에 따라 구분한 것인가?**

보기
직접분사식, 예연소실식, 와류실식, 공기실식

① 동력전달장치 ② 연소실
③ 점화장치 ④ 연료분사장치

해설 디젤엔진 연소실은 단실식인 직접분사식과 복실식인 예연소실식, 와류실식, 공기실식 등으로 나누어진다.

19. **엔진 연소실이 갖추어야 할 조건으로 가장 거리가 먼 것은?**

① 압축 끝에서 혼합기의 와류를 형성하는 구조일 것
② 연소실 내에 돌출 부분이 없을 것
③ 화염전파 거리가 짧을 것
④ 연소실 내의 표면적은 최대가 되도록 할 것

해설 연소실 내의 표면적은 최소가 되도록 하여야 한다.

20. **디젤엔진의 연소실 중 연료소비율이 낮으며 연소압력이 가장 높은 연소실 형식은?**

① 예연소실식 ② 와류실식
③ 직접분사실식 ④ 공기실식

해설 직접분사실식은 열효율이 높고, 연료소비율이 낮으며 연소압력이 가장 높다.

21. **디젤엔진에서 직접분사식 연소실의 장점이 아닌 것은?**

① 냉간 시동이 용이하다.
② 연소실 구조가 간단하다.
③ 연료소비율이 낮다.
④ 저질 연료사용이 가능하다.

해설 직접분사실식은 사용연료 변화에 매우 민감하므로 저질 연료사용이 어려운 단점이 있다.

22. **예연소실식 연소실에 대한 설명으로 틀린 것은?**

① 연료의 분사압력이 낮다.

정답 15 ③ 16 ① 17 ② 18 ② 19 ④ 20 ③ 21 ④ 22 ④

② 예열플러그가 필요하다.
③ 예연소실은 주연소실보다 작다.
④ 사용연료의 변화에 민감하다.

해설 예연소실식 연소실은 사용연료의 변화에 둔감하다.

23. 실린더 헤드와 블록 사이에 삽입하여 압축과 폭발가스의 기밀을 유지하고 냉각수와 엔진오일이 누출되는 것을 방지하는 역할을 하는 것은?

① 헤드 워터재킷
② 헤드 개스킷
③ 헤드 오일 통로
④ 헤드 볼트

해설 헤드 개스킷은 실린더 헤드와 블록 사이에 삽입하여 압축과 폭발가스의 기밀을 유지하고 냉각수와 엔진오일이 누출되는 것을 방지한다.

24. 실린더 헤드 개스킷에 대한 구비조건으로 틀린 것은?

① 기밀유지가 좋을 것
② 내열성과 내압성이 있을 것
③ 복원성이 적을 것
④ 강도가 적당할 것

해설 헤드 개스킷은 복원성이 있어야 한다.

25. 엔진에서 사용되는 일체형 실린더의 특징이 아닌 것은?

① 냉각수 누출 우려가 적다.
② 라이너 형식보다 내마모성이 높다.
③ 부품수가 적고 중량이 가볍다.
④ 강성 및 강도가 크다.

해설 일체형 실린더는 부품수가 적고 중량이 가벼우며, 강성 및 강도가 크고 냉각수 누출 우려가 적으나 라이너 형식보다 내마모성이 다소 낮다.

26. 실린더 라이너(cylinder liner)에 대한 설명으로 틀린 것은?

① 종류는 습식과 건식이 있다.
② 슬리브(sleeve)라고도 한다.
③ 냉각효과는 습식보다 건식이 더 좋다.
④ 습식은 냉각수가 실린더 안으로 들어갈 염려가 있다.

해설 라이너의 냉각효과는 냉각수가 라이너 바깥둘레와 직접 접촉하는 습식이 더 좋다.

27. 엔진 실린더(cylinder) 벽에서 마멸이 가장 크게 발생하는 부위는?

① 중간 부근 ② 하사점 이하
③ 하사점 부근 ④ 상사점 부근

해설 실린더 벽의 마멸은 상사점 부근(윗부분)이 가장 크다.

28. 실린더의 내경이 행정보다 작은 엔진을 무엇이라고 하는가?

① 스퀘어 엔진 ② 단행정 엔진
③ 장행정 엔진 ④ 정방행정 엔진

해설 장행정 엔진은 실린더 내경이 피스톤 행정보다 작은 형식이다.

29. 엔진의 실린더 수가 많을 때의 장점이 아닌 것은?

① 가속이 원활하고 신속하다.
② 연료소비가 적고 큰 동력을 얻을 수 있다.
③ 저속회전이 용이하고 큰 동력을 얻을 수 있다.
④ 엔진의 진동이 적다.

해설 실린더 수가 많으면 연료소비가 많아진다.

정답 23 ② 24 ③ 25 ② 26 ③ 27 ④ 28 ③ 29 ②

30. 디젤엔진에서 실린더가 마모되었을 때 발생할 수 있는 현상이 아닌 것은?

① 윤활유 소비량이 증가한다.
② 연료 소비량이 증가한다.
③ 압축압력이 증가한다.
④ 블로바이(blow-by) 가스의 배출이 증가한다.

해설 실린더 벽이 마모되면 압축압력이 낮아진다.

31. 피스톤의 구비조건으로 틀린 것은?

① 고온 · 고압에 견딜 것
② 피스톤 중량이 클 것
③ 열팽창률이 적을 것
④ 열전도가 잘될 것

해설 피스톤은 중량이 적어야 한다.

32. 피스톤의 형상에 의한 종류 중에 측압부의 스커트 부분을 떼어 내 경량화하여 고속엔진에 많이 사용되는 피스톤은 어느 것인가?

① 슬리퍼 피스톤
② 풀 스커트 피스톤
③ 스플릿 피스톤
④ 솔리드 피스톤

해설 슬리퍼 피스톤은 측압부의 스커트 부분을 떼어 내 경량화하여 고속엔진에 많이 사용한다.

33. 디젤엔진의 피스톤이 고착되는 원인으로 틀린 것은?

① 엔진이 과열되었을 때
② 엔진오일이 부족하였을 때
③ 압축압력이 너무 낮을 때
④ 냉각수량이 부족할 때

해설 **피스톤이 고착되는 원인** : 피스톤 간극이 적을 때, 엔진오일이 부족하였을 때, 엔진이 과열되었을 때, 냉각수량이 부족할 때

34. 다음 [보기]에서 피스톤과 실린더 벽 사이의 간극이 클 때 미치는 영향을 모두 나타낸 것은?

보기
㉮ 마찰열에 의해 소결되기 쉽다. ㉯ 블로바이에 의해 압축압력이 낮아진다. ㉰ 피스톤 링의 기능 저하로 인하여 오일이 연소실에 유입되어 오일 소비가 많아진다. ㉱ 피스톤 슬랩 현상이 발생되며, 엔진 출력이 저하된다.

① ㉮, ㉯, ㉰
② ㉰, ㉱
③ ㉯, ㉰, ㉱
④ ㉮, ㉯, ㉰, ㉱

해설 피스톤 간극이 작으면 마찰열에 의해 소결되기 쉽다.

35. 피스톤 링의 구비조건으로 틀린 것은?

① 고온에서도 탄성을 유지할 것
② 열팽창률이 적을 것
③ 피스톤 링이나 실린더 마모가 적을 것
④ 피스톤 링 이음 부분의 압력을 크게 할 것

해설 피스톤 링은 실린더 벽 재질보다 다소 경도가 낮고, 링 이음 부분의 압력이 작아야 한다.

36. 디젤엔진에서 피스톤 링의 작용으로 틀린 것은?

① 기밀작용

정답 30 ③ 31 ② 32 ① 33 ③ 34 ③ 35 ④ 36 ②

② 완전연소 억제 작용
③ 열전도 작용
④ 오일 제어 작용

해설 피스톤 링의 작용은 기밀작용(밀봉작용), 오일 제어 작용, 열전도 작용이다.

37. 엔진오일이 연소실로 올라오는 주된 이유는?

① 커넥팅 로드가 마모되었을 때
② 피스톤 핀이 마모되었을 때
③ 피스톤 링이 마모되었을 때
④ 크랭크축이 마모되었을 때

해설 피스톤 링이 마모되면 엔진오일이 연소실로 올라와 연소하므로 오일의 소모가 증가하며 이때 배기가스 색이 회백색이 된다.

38. 건설기계 디젤엔진에서 크랭크축의 역할은?

① 원활한 직선운동을 하는 장치이다.
② 상하운동을 좌우운동으로 변환시키는 장치이다.
③ 엔진의 진동을 줄이는 장치이다.
④ 직선운동을 회전운동으로 변환시키는 장치이다.

해설 크랭크축은 피스톤의 직선운동을 회전운동으로 변환시키는 장치이다.

39. 건설기계 엔진에서 크랭크축(crank shaft)의 구성품이 아닌 것은?

① 메인 저널(main journal)
② 플라이휠(fly wheel)
③ 크랭크 암(crank arm)
④ 크랭크 핀(crank pin)

해설 크랭크축 메인 저널, 크랭크 핀, 크랭크 암, 평형추 등으로 구성되어 있다.

40. 크랭크축은 플라이휠을 통하여 동력을 전달해 주는 역할을 하는데 회전균형을 위해 크랭크 암에 설치되어 있는 것은?

① 크랭크 베어링 ② 메인 저널
③ 밸런스 웨이트 ④ 크랭크 핀

해설 밸런스 웨이트(balance weight)는 크랭크축의 회전균형을 위하여 크랭크 암에 설치되어 있다.

41. 크랭크축의 위상각이 180°이고 5개의 메인 베어링에 의해 크랭크 케이스에 지지되는 엔진은?

① 2실린더 엔진 ② 3실린더 엔진
③ 4실린더 엔진 ④ 5실린더 엔진

해설 4실린더 엔진은 크랭크축의 위상각이 180°이고 5개의 메인 베어링에 의해 크랭크 케이스에 지지된다.

42. 크랭크축의 비틀림 진동에 대한 설명으로 틀린 것은?

① 강성이 클수록 크다.
② 크랭크축이 길수록 크다.
③ 각 실린더의 회전력 변동이 클수록 크다.
④ 회전 부분의 질량이 클수록 크다.

해설 크랭크축에서 비틀림 진동은 크랭크축의 강도와 강성이 작을수록 크다.

43. 엔진의 크랭크축 베어링의 구비조건으로 틀린 것은?

① 추종 유동성이 있을 것
② 내피로성이 클 것
③ 매입성이 있을 것
④ 마찰계수가 클 것

해설 크랭크축 베어링은 마찰계수가 작아야 한다.

정답 37 ③ 38 ④ 39 ② 40 ③ 41 ③ 42 ① 43 ④

44. **공회전 상태의 엔진에서 크랭크축의 회전과 관계없이 작동되는 기구는?**

① 워터 펌프 ② 스타트 모터
③ 발전기 ④ 캠 샤프트

해설 스타트 모터(기동전동기)는 축전지의 전류로 작동된다.

45. **엔진의 맥동적인 회전 관성력을 원활한 회전으로 바꾸어 주는 역할을 하는 것은?**

① 플라이휠 ② 커넥팅 로드
③ 크랭크축 ④ 피스톤

해설 플라이휠은 엔진의 맥동적인 회전을 관성력을 이용하여 원활한 회전으로 바꾸어 준다.

46. **엔진의 동력을 전달하는 계통의 순서를 바르게 나타낸 것은?**

① 피스톤 → 클러치 → 크랭크축 → 커넥팅 로드
② 피스톤 → 크랭크축 → 커넥팅 로드 → 클러치
③ 피스톤 → 커넥팅 로드 → 크랭크축 → 클러치
④ 피스톤 → 커넥팅 로드 → 클러치 → 크랭크축

해설 실린더 내에서 폭발이 일어나면 피스톤 → 커넥팅 로드 → 크랭크축 → 플라이휠(클러치) 순서로 전달된다.

47. **4행정 사이클 디젤엔진에서 크랭크축 기어와 캠축 기어와의 지름의 비율 및 회전비율은 각각 얼마인가?**

① 1 : 2 및 2 : 1
② 2 : 1 및 1 : 2
③ 1 : 2 및 1 : 2
④ 2 : 1 및 2 : 1

해설 4행정 사이클 디젤엔진에서 크랭크축 기어와 캠축 기어와의 지름의 비율은 1 : 2 이고, 회전비율은 2 : 1 이다.

48. **유압식 밸브 리프터의 장점이 아닌 것은?**

① 밸브 기구의 내구성이 좋다.
② 밸브 구조가 간단하다.
③ 밸브 간극 조정은 자동으로 조절된다.
④ 밸브 개폐 시기가 정확하다.

해설 유압식 밸브 리프터는 밸브 기구의 구조가 복잡한 단점이 있다.

49. **흡입과 배기밸브의 구비조건이 아닌 것은?**

① 열에 대한 저항력이 작을 것
② 열전도율이 좋을 것
③ 열에 대한 팽창률이 적을 것
④ 가스에 견디고 고온에 잘 견딜 것

해설 흡입과 배기밸브는 열에 대한 저항력이 커야 한다.

50. **엔진의 밸브장치 중 밸브 가이드 내부를 상하 왕복운동하며 밸브 헤드가 받는 열을 가이드를 통해 방출하고, 밸브의 개폐를 돕는 부품의 명칭은?**

① 밸브 페이스
② 밸브 시트
③ 밸브 스프링
④ 밸브 스템

해설 밸브 스템은 밸브 가이드 내부를 상하 왕복운동하며 밸브 헤드가 받는 열을 가이드를 통해 방출하고, 밸브의 개폐를 돕는다.

정답 44 ② 45 ① 46 ③ 47 ① 48 ② 49 ① 50 ④

51. **엔진의 밸브가 닫혀 있는 동안 밸브 시트와 밸브 페이스를 밀착시켜 기밀이 유지되도록 하는 것은?**

① 밸브 가이드
② 밸브 리테이너
③ 밸브 스프링
④ 밸브 스템

해설 밸브 스프링은 밸브가 닫혀 있는 동안 밸브 시트와 밸브 페이스를 밀착시켜 기밀을 유지시킨다.

52. **엔진의 밸브 간극이 너무 클 때 발생하는 현상에 관한 설명으로 올바른 것은?**

① 정상온도에서 밸브가 확실하게 닫히지 않는다.
② 정상온도에서 밸브가 완전히 개방되지 않는다.
③ 푸시로드가 변형된다.
④ 밸브 스프링의 장력이 약해진다.

해설 밸브 간극이 너무 크면 정상작동 온도에서 밸브가 완전히 개방되지 않는다.

53. **밸브 간극이 작을 때 일어나는 현상으로 옳은 것은?**

① 엔진이 과열된다.
② 밸브 시트의 마모가 심하다.
③ 실화가 일어날 수 있다.
④ 밸브가 적게 열리고 닫히기는 꽉 닫힌다.

해설 밸브 간극이 작으면 실화가 발생할 수 있다.

54. **건설기계 엔진의 압축압력 측정방법으로 틀린 것은?**

① 엔진의 분사노즐을 모두 제거한다.
② 습식시험을 먼저하고 건식시험을 나중에 한다.
③ 엔진을 정상온도로 작동시킨다.
④ 축전지의 충전상태를 점검한다.

해설 습식시험이란 건식시험을 실시한 후 분사노즐 설치구멍으로 엔진오일을 10cc 정도 넣고 1분 후에 다시 하는 시험이며, 밸브 불량, 실린더 벽 및 피스톤 링, 헤드 개스킷 불량 등의 상태를 판단하기 위함이다.

정답 51 ③ 52 ② 53 ③ 54 ②

1-2 연료장치 구조와 기능

1 디젤엔진 연료장치의 개요

(1) 디젤엔진 연료의 구비조건

① 연소속도가 빠르고, 점도가 적당할 것
② 자연발화점이 낮을 것(착화가 쉬울 것)
③ 세탄가가 높고, 발열량이 클 것
④ 카본의 발생이 적을 것
⑤ 온도변화에 따른 점도변화가 적을 것

(2) 연료의 착화성

디젤엔진 연료(경유)의 착화성은 세탄가로 표시한다.

(3) 디젤엔진의 연소과정

착화지연기간 → 화염전파기간 → 직접연소기간 → 후 연소기간으로 구성된다.

(4) 디젤엔진의 노크(노킹, knock or knocking)

착화지연기간이 길 때 연소실에 누적된 연료가 많아 일시에 연소되어 실린더 내의 압력상승이 급격하게 되어 발생하는 현상이다.

2 기계제어 디젤엔진 연료장치

(1) 연료탱크(fuel tank)

연료탱크는 주행 및 작업에 필요한 연료를 저장하는 용기이며, 겨울철에는 공기 중의 수증기가 응축하여 물이 되어 들어가므로 작업 후 연료를 탱크에 가득 채워 두어야 한다.

(2) 연료 여과기(fuel filter)

연료 중의 수분 및 불순물을 걸러 주며, 오버플로 밸브, 드레인 플러그, 여과망(엘리먼트), 중심파이프, 케이스로 구성된다.

(3) 연료공급 펌프(feed pump)

① 연료탱크 내의 연료를 연료여과기를 거쳐 분사 펌프의 저압 부분으로 공급한다.

② 연료계통의 공기빼기 작업에 사용하는 프라이밍 펌프(priming pump)가 설치되어 있다.

(4) 분사 펌프(injection pump)

연료공급 펌프에서 보내 준 저압의 연료를 압축하여 분사 순서에 맞추어 고압의 연료를 분사노즐로 압송시키는 것으로 조속기와 타이머가 설치되어 있다.

(5) 분사노즐(injection nozzle, 인젝터)

① 분사 펌프에서 보내온 고압의 연료를 미세한 안개 모양으로 연소실 내에 분사한다.
② 연료 분사의 3대 조건은 무화(안개 모양), 분산(분포), 관통력이다.

3 전자제어 디젤엔진 연료장치(커먼레일 장치)

(1) 전자제어 디젤엔진의 연료장치

커먼레일 디젤엔진의 연료장치는 연료탱크, 연료여과기, 저압연료 펌프, 고압연료 펌프, 커먼레일, 인젝터로 구성되어 있다.

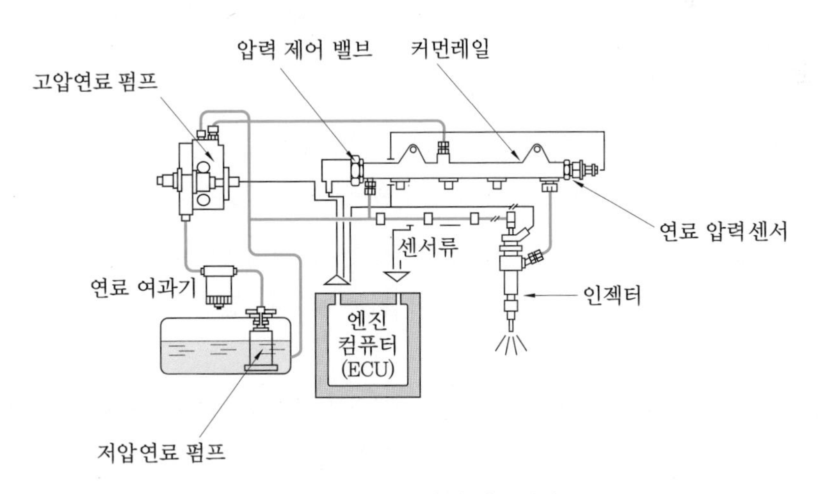

전자제어 디젤엔진의 연료장치

(2) ECU(컴퓨터)의 입력요소(각종 센서)

① **공기유량센서(AFS, air flow sensor) :** 열막(hot film) 방식을 사용하며, 주요 기능은 EGR(exhaust gas recirculation, 배기가스 재순환) 피드백(feed back) 제어이다. 또 다른 기능은 스모그(smog) 제한 부스트 압력제어(매연 발생을 감소시키는 제어)이다.

② **흡기온도센서(ATS, air temperature sensor)** : 부특성 서미스터를 사용하며, 연료 분사량, 분사시기, 시동할 때 연료 분사량 제어 등의 보정신호로 사용된다.

③ **연료온도센서(FTS, fuel temperature sensor)** : 부특성 서미스터를 사용하며, 연료온도에 따른 연료 분사량 보정신호로 사용된다.

④ **수온센서(WTS, water temperature sensor)** : 부특성 서미스터를 사용하며, 엔진온도에 따른 연료 분사량을 증감하는 보정신호로 사용되며, 엔진의 온도에 따른 냉각팬 제어신호로도 사용된다.

⑤ **크랭크축 위치센서(CPS, crank position sensor)** : 크랭크축과 일체로 되어 있는 센서 휠(톤 휠)의 돌기를 검출하여 크랭크축의 각도 및 피스톤의 위치, 엔진 회전속도 등을 검출한다.

⑥ **가속페달 위치센서(APS, Accelerator sensor)** : 운전자가 가속페달을 밟은 정도를 ECU로 전달하는 센서이며, 센서 1에 의해 연료 분사량과 분사시기가 결정되고, 센서 2는 센서 1을 감시하는 기능으로 차량의 급출발을 방지하기 위한 것이다.

⑦ **연료압력센서(RPS, rail pressure sensor)** : 반도체 피에조 소자(압전소자)를 사용한다. 이 센서의 신호를 받아 ECU는 연료 분사량 및 분사시기 조정신호로 사용한다.

(3) ECU(컴퓨터)의 출력요소

① **압력제한밸브** : 커먼레일에 설치되어 커먼레일 내의 연료압력이 규정 값보다 높아지면 ECU의 신호에 의해 열려 연료의 일부를 연료탱크로 복귀시킨다.

② **인젝터(injector)** : 인젝터는 고압연료 펌프로부터 송출된 연료가 커먼레일을 통하여 인젝터로 공급되며, 연료를 연소실에 직접 분사한다. 인젝터의 점검항목은 저항, 연료 분사량, 작동음이다.

③ **EGR 밸브** : EGR(배기가스 재순환) 밸브는 엔진에서 배출되는 가스 중 질소산화물(NOx) 배출을 억제하기 위한 밸브이다.

지게차
운전기능사

출제 예상 문제

01. 디젤엔진에서 사용하는 연료의 구비조건으로 옳은 것은?

① 착화점이 높을 것
② 황(S)의 함유량이 많을 것
③ 발열량이 클 것
④ 점도가 높고 약간의 수분이 섞여 있을 것

해설 연료는 착화점이 낮고, 발열량이 크고, 황(S)의 함유량이 적고, 연소속도가 빠르고, 점도가 알맞고 수분이 섞여 있지 않아야 한다.

02. 디젤엔진에서 연료의 착화성을 표시하는 것은?

① 세탄가
② 부탄가
③ 프로판가
④ 옥탄가

해설 연료의 세탄가란 착화성을 표시하는 수치이다.

03. 디젤엔진 연소과정 중 연소실 내에 분사된 연료가 착화될 때까지의 지연되는 기간으로 옳은 것은?

① 화염전파기간
② 착화지연기간
③ 직접연소기간
④ 후 연소시간

해설 착화지연기간은 연소실 내에 분사된 연료가 착화될 때까지의 지연되는 기간으로 약 1/1000~4/1000초 정도이다.

04. 착화지연기간이 길어져 실린더 내에 연소 및 압력상승이 급격하게 일어나는 현상은?

① 디젤엔진 노크
② 조기점화
③ 가솔린 엔진 노크
④ 정상연소

해설 디젤엔진 노크는 착화지연기간이 길어져 실린더 내의 연소 및 압력상승이 급격하게 일어나는 현상이다.

05. 디젤엔진에서 노킹을 일으키는 원인으로 맞는 것은?

① 연료에 공기가 혼입되었을 때
② 연소실에 누적된 연료가 많아 일시에 연소할 때
③ 흡입공기의 온도가 높을 때
④ 착화지연기간이 짧을 때

해설 디젤엔진의 노킹은 연소실에 누적된 연료가 많아 일시에 연소할 때 발생한다.

06. 디젤엔진의 노크 발생 원인과 가장 거리가 먼 것은?

① 세탄가가 높은 연료를 사용하였을 때
② 엔진이 과도하게 냉각되었을 때
③ 착화지연기간 중 연료 분사량이 많을 때
④ 분사노즐의 분무상태가 불량할 때

해설 디젤엔진의 노크는 세탄가가 낮은 연료를 사용하였을 때 발생한다.

정답 01 ③ 02 ① 03 ② 04 ① 05 ② 06 ①

07. 디젤엔진에서 노크 방지 방법으로 틀린 것은?

① 착화성이 좋은 연료를 사용한다.
② 연소실 벽 온도를 높게 유지한다.
③ 압축비를 낮춘다.
④ 착화지연기간 중의 연료 분사량을 적게 한다.

해설 디젤엔진에서 노크를 방지하려면 압축비를 높여야 한다.

08. 노킹이 발생되었을 때 디젤엔진에 미치는 영향이 아닌 것은?

① 배기가스의 온도가 상승한다.
② 연소실 온도가 상승한다.
③ 엔진에 손상이 발생할 수 있다.
④ 출력이 저하된다.

해설 노킹이 발생되면 엔진 회전속도 저하, 흡기효율 저하, 엔진출력 저하, 엔진의 과열, 엔진에 손상이 발생한다.

09. 엔진에서 발생하는 진동의 억제 대책이 아닌 것은?

① 캠 샤프트를 사용한다.
② 밸런스 샤프트를 사용한다.
③ 플라이휠을 사용한다.
④ 댐퍼 풀리를 사용한다.

해설 캠 샤프트는 흡입 및 배기밸브를 개폐시키는 작용을 한다.

10. 디젤엔진에서 엔진 회전 중 진동이 발생하는 원인으로 옳지 않은 것은?

① 크랭크축 중량이 불평형인 경우
② 분사압력 및 분사시기가 틀린 경우
③ 과급기를 설치한 경우
④ 연료계통 내에 공기가 유입된 경우

해설 **디젤엔진의 진동 원인** : 크랭크축에 불균형이 있을 때, 연료계통에 공기가 유입되었을 때, 연료 분사량의 불균형이 있을 때, 분사압력 및 분사시기에 불균형이 있을 때

11. 디젤엔진의 연료탱크에서 분사노즐까지 연료의 순환 순서로 옳은 것은?

① 연료탱크 → 연료공급 펌프 → 연료여과기 → 분사 펌프 → 분사노즐
② 연료탱크 → 연료여과기 → 분사 펌프 → 연료공급 펌프 → 분사노즐
③ 연료탱크 → 연료공급 펌프 → 분사 펌프 → 연료여과기 → 분사노즐
④ 연료탱크 → 분사 펌프 → 연료여과기 → 연료공급 펌프 → 분사노즐

해설 연료공급 순서는 연료탱크 → 연료공급 펌프 → 연료여과기 → 분사 펌프 → 분사노즐이다.

12. 디젤엔진 연료여과기에 설치된 오버플로 밸브(over flow valve)의 기능이 아닌 것은?

① 여과기 각 부분을 보호한다.
② 인젝터의 연료분사시기를 제어한다.
③ 연료공급 펌프의 소음 발생을 억제한다.
④ 운전 중 공기배출 작용을 한다.

해설 **연료여과기의 오버플로 밸브 기능** : 여과기 각 부분 보호, 연료공급 펌프 소음 발생 억제, 운전 중 공기배출 작용

13. 디젤엔진 연료장치에서 연료여과기의 공기를 배출하기 위해 설치되어 있는 것으로 가장 적합한 것은?

① 코어 플러그 ② 글로 플러그
③ 벤트 플러그 ④ 오버플로 밸브

정답 07 ③ 08 ① 09 ① 10 ③ 11 ① 12 ② 13 ③

해설 **벤트 플러그와 드레인 플러그**
㉠ 벤트 플러그 : 공기를 배출하기 위해 사용하는 플러그
㉡ 드레인 플러그 : 액체를 배출하기 위해 사용하는 플러그

14. 연료탱크의 연료를 분사 펌프 저압 부분까지 공급하는 장치는?

① 인젝션 펌프
② 로터리 펌프
③ 연료분사 펌프
④ 연료공급 펌프

해설 연료공급 펌프는 연료탱크 내의 연료를 연료여과기를 거쳐 분사 펌프의 저압 부분으로 공급한다.

15. 디젤엔진 연료공급 펌프에 설치된 프라이밍 펌프의 사용 시기는?

① 엔진의 출력을 증가시키고자 할 때
② 연료계통의 공기배출을 할 때
③ 연료의 양을 가감할 때
④ 연료의 분사압력을 측정할 때

해설 프라이밍 펌프(priming pump)는 연료계통의 공기를 배출할 때 사용한다.

16. 프라이밍 펌프를 이용하여 디젤엔진 연료장치 내에 있는 공기를 배출하기 어려운 곳은?

① 연료공급 펌프 ② 연료 여과기
③ 분사 펌프 ④ 분사노즐

해설 프라이밍 펌프로는 연료공급 펌프, 연료 여과기, 분사 펌프 내의 공기를 빼낼 수 있다.

17. 디젤엔진에서 연료계통에 공기가 혼입되었을 때 발생하는 현상으로 가장 적절한 것은?

① 엔진부조 현상이 발생된다.
② 노크가 일어난다.
③ 연료 분사량이 많아진다.
④ 분사압력이 높아진다.

해설 연료에 공기가 흡입되면 엔진회전이 불량해진다. 즉 엔진이 부조를 일으킨다.

18. 디젤엔진 연료라인에 공기빼기를 하여야 하는 경우가 아닌 것은?

① 예열이 안 되어 예열플러그를 교환한 경우
② 연료호스나 파이프 등을 교환한 경우
③ 연료탱크 내의 연료가 결핍되어 보충한 경우
④ 연료필터의 교환, 분사 펌프를 탈·부착한 경우

해설 **공기빼기를 하여야 하는 경우** : 연료호스나 파이프 등을 교환한 경우, 연료탱크 내의 연료가 결핍되어 보충한 경우, 연료필터의 교환, 분사 펌프를 탈·부착한 경우

19. 디젤엔진에서 연료장치 공기빼기 순서로 옳은 것은?

① 연료여과기 → 연료공급 펌프 → 분사 펌프
② 연료여과기 → 분사 펌프 → 연료공급 펌프
③ 연료공급 펌프 → 분사 펌프 → 연료여과기
④ 연료공급 펌프 → 연료여과기 → 분사 펌프

해설 연료장치 공기빼기 순서는 연료공급 펌프 → 연료여과기 → 분사 펌프이다.

정답 14 ④ 15 ② 16 ④ 17 ① 18 ① 19 ④

20. 디젤엔진에서 부조 발생의 원인이 아닌 것은?

① 거버너의 작용이 불량할 때
② 발전기가 고장 났을 때
③ 분사시기의 조정이 불량할 때
④ 연료의 압송이 불량할 때

해설 엔진에서 부조가 발생하는 원인은 연료의 압송 불량, 연료 분사량 불량, 분사시기 조정 불량, 거버너(조속기) 작용 불량 등이다.

21. 디젤엔진 연료계통의 고장으로 엔진이 부조를 하다가 시동이 꺼졌을 때 그 원인이 될 수 없는 것은?

① 연료 파이프 연결이 불량할 때
② 연료탱크 내에 오물이 연료장치로 유입되었을 때
③ 연료필터가 막혔을 때
④ 프라이밍 펌프가 불량할 때

해설 프라이밍 펌프는 연료계통의 공기빼기 작업을 할 때만 사용한다.

22. 디젤엔진에 공급하는 연료의 압력을 높이는 것으로 조속기와 분사시기를 조절하는 장치가 설치되어 있는 것은?

① 유압 펌프
② 프라이밍 펌프
③ 분사 펌프
④ 트로코이드 펌프

해설 분사 펌프는 연료를 압축하여 분사 순서에 맞추어 노즐로 압송시키는 것으로 조속기(연료 분사량 조정)와 분사시기를 조절하는 장치(타이머)가 설치되어 있다.

23. 디젤엔진의 연료분사 펌프에서 연료 분사량 조정은?

① 리밋 슬리브를 조정한다.
② 프라이밍 펌프를 조정한다.
③ 플런저 스프링의 장력을 조정한다.
④ 컨트롤 슬리브와 피니언의 관계위치를 변화하여 조정한다.

해설 각 실린더별로 연료 분사량에 차이가 있으면 분사 펌프 내의 컨트롤 슬리브와 피니언의 관계위치를 변화하여 조정한다.

24. 디젤엔진 인젝션 펌프에서 딜리버리 밸브의 기능으로 틀린 것은?

① 역류 방지 ② 후적 방지
③ 잔압 유지 ④ 유량 조정

해설 딜리버리 밸브는 연료의 역류를 방지하고, 후적을 방지하며, 잔압을 유지시킨다.

25. 디젤엔진의 부하에 따라 자동적으로 연료 분사량을 가감하여 최고 회전속도를 제어하는 것은?

① 거버너 ② 타이머
③ 플런저 펌프 ④ 캠축

해설 거버너(조속기)는 분사 펌프에 설치되어 있으며, 엔진의 부하에 따라 자동적으로 연료 분사량을 가감하여 최고 회전속도를 제어한다.

26. 디젤엔진에서 각 인젝터 사이의 연료 분사량이 일정하지 않을 때 나타나는 현상은?

① 연소 폭발음의 차이가 있으며 엔진은 부조를 한다.
② 출력은 향상되나 엔진은 부조를 한다.
③ 연료 분사량에 관계없이 엔진은 순조로운 회전을 한다.
④ 연료소비에는 관계가 있으나 엔진 회전에는 영향은 미치지 않는다.

정답 20 ② 21 ④ 22 ③ 23 ④ 24 ④ 25 ① 26 ①

해설 각 인젝터(분사노즐) 사이의 연료 분사량이 일정하지 않으면 연소 폭발음의 차이가 있으며 엔진은 부조를 한다.

27. 디젤엔진에서 타이머의 역할로 가장 적당한 것은?

① 연료 분사량을 조절한다.
② 자동변속기 단계를 조절한다.
③ 연료 분사시기를 조절한다.
④ 엔진 회전속도를 조절한다.

해설 타이머(timer)는 엔진의 회전속도에 따라 자동적으로 분사시기를 조정하여 운전을 안정되게 한다.

28. 디젤엔진에서 고압의 연료를 연소실에 분사하는 것은?

① 인젝션 펌프 ② 프라이밍 펌프
③ 분사노즐 ④ 조속기

해설 분사노즐은 분사 펌프에 보내준 고압의 연료를 연소실에 안개 모양으로 분사하는 부품이다.

29. 디젤엔진 분사노즐의 연료분사 3대 요건이 아닌 것은?

① 착화 ② 분포
③ 무화 ④ 관통력

해설 연료분사의 3대 요소는 무화(안개화), 분포(분산), 관통력이다.

30. 직접분사실식 연소실에 가장 적합한 분사노즐은?

① 개방형 노즐 ② 구멍형 노즐
③ 스로틀형 노즐 ④ 핀틀형 노즐

해설 구멍형 노즐은 직접분사실식 연소실에서 사용한다.

31. 연료 분사노즐 테스터로 노즐을 시험할 때 점검하지 않는 것은?

① 연료분포상태
② 연료분사 개시압력
③ 연료분사 시간
④ 연료 후적 유무

해설 노즐 테스터로 점검할 수 있는 항목은 분포(분무)상태, 분사각도, 후적 유무, 분사개시압력 등이다.

32. 디젤엔진의 가동을 정지시키는 방법으로 가장 적합한 것은?

① 초크밸브를 닫는다.
② 기어를 넣어 엔진을 정지한다.
③ 연료공급을 차단한다.
④ 축전지를 분리시킨다.

해설 디젤엔진을 정지시킬 때에는 연료공급을 차단한다.

33. 엔진을 점검하는 요소 중 디젤엔진과 관계없는 것은?

① 연료 ② 연소
③ 예열 ④ 점화

해설 가솔린 엔진에서는 전기불꽃으로 점화한다.

34. 커먼레일 디젤엔진의 연료장치 구성품이 아닌 것은?

① 분사 펌프
② 커먼레일
③ 고압연료 펌프
④ 인젝터

해설 커먼레일 디젤엔진의 연료장치는 연료탱크, 연료여과기, 저압연료 펌프, 고압연료 펌프, 커먼레일, 인젝터로 구성되어 있다.

정답 27 ③ 28 ③ 29 ① 30 ② 31 ③ 32 ③ 33 ④ 34 ①

35. 커먼레일 연료분사장치의 저압계통이 아닌 것은?

① 저압연료 펌프
② 연료 스트레이너
③ 커먼레일
④ 연료여과기

해설 커먼레일은 고압연료 펌프로부터 이송된 고압의 연료를 저장하는 부품이다.

36. 커먼레일 연료분사장치에서 인젝터의 점검항목이 아닌 것은?

① 작동온도 ② 연료 분사량
③ 저항 ④ 작동소음

해설 인젝터의 점검항목은 저항, 연료 분사량, 작동소음이다.

37. 커먼레일 디젤엔진의 압력제한밸브에 대한 설명 중 틀린 것은?

① 기계방식 밸브가 많이 사용된다.
② 운전조건에 따라 커먼레일의 압력을 제어한다.
③ 연료압력이 높으면 연료의 일부분이 연료탱크로 되돌아간다.
④ 커먼레일과 같은 라인에 설치되어 있다.

해설 압력제한밸브는 커먼레일에 설치되어 커먼레일 내의 연료압력이 규정 값보다 높아지면 ECU의 신호에 의해 열려 연료의 일부를 연료탱크로 복귀시킨다.

38. 커먼레일 디젤엔진에서 크랭킹은 되는데 엔진이 시동되지 않을 때 점검부위로 틀린 것은?

① 연료탱크 유량
② 분사 펌프 딜리버리 밸브
③ 인젝터
④ 커먼레일 압력

해설 분사 펌프 딜리버리 밸브는 기계제어 방식에서 사용한다.

39. 엔진에서 연료압력이 너무 낮은 원인이 아닌 것은?

① 연료여과기가 막혔다.
② 리턴호스에서 연료가 누설된다.
③ 연료 펌프의 공급압력이 누설된다.
④ 연료압력 레귤레이터에 있는 밸브의 밀착이 불량하여 리턴포트 쪽으로 연료가 누설되었다.

해설 리턴호스는 연소실에 분사되고 남은 연료가 연료탱크로 복귀하는 호스이므로 연료압력에는 영향을 주지 않는다.

40. 커먼레일 디젤엔진의 연료압력센서(RPS)에 대한 설명 중 맞지 않는 것은?

① 반도체 피에조 소자방식이다.
② 이 센서가 고장 나면 엔진의 시동이 꺼진다.
③ RPS의 신호를 받아 연료 분사량을 조정하는 신호로 사용한다.
④ RPS의 신호를 받아 연료 분사시기를 조정하는 신호로 사용한다.

해설 연료압력센서(RPS)가 고장 나면 페일 세이프(fail safe)로 진입하여 비상 운행을 가능하게 한다.

41. 커먼레일 디젤엔진의 공기유량센서(AFS)에 대한 설명 중 옳지 않은 것은?

① 연료량 제어 기능을 주로 한다.
② 스모그 제한 부스터 압력제어용으로 사용한다.

정답 35 ③ 36 ① 37 ① 38 ② 39 ② 40 ② 41 ①

③ EGR 피드백 제어 기능을 주로 한다.
④ 열막 방식을 사용한다.

해설 공기유량센서는 열막(hot film) 방식을 사용한다. 이 센서의 주요 기능은 EGR 피드백 제어이며, 또 다른 기능은 스모그 제한 부스트 압력제어(매연 발생을 감소시키는 제어)이다.

42. 커먼레일 디젤엔진의 흡기온도센서(ATS)에 대한 설명으로 틀린 것은?

① 부특성 서미스터이다.
② 연료 분사량 제어 보정신호로 사용된다.
③ 분사시기 제어 보정신호로 사용된다.
④ 주로 냉각팬 제어신호로 사용된다.

해설 흡기온도센서는 부특성 서미스터를 이용하며, 분사시기와 연료량 제어 보정신호로 사용된다.

43. 전자제어 디젤엔진의 회전속도를 검출하여 분사순서와 분사시기를 결정하는 센서는?

① 가속페달 센서
② 냉각수 온도센서
③ 엔진오일 온도센서
④ 크랭크축 위치센서

해설 크랭크축 위치센서(CPS, CKP)는 크랭크축과 일체로 되어 있는 센서 휠의 돌기를 검출하여 크랭크축의 각도 및 피스톤의 위치, 엔진 회전속도 등을 검출한다.

44. 커먼레일 디젤엔진의 센서에 대한 설명이 아닌 것은?

① 연료온도센서는 연료온도에 따른 연료량 보정신호로 사용된다.
② 크랭크 포지션 센서는 밸브개폐시기를 감지한다.
③ 수온센서는 엔진의 온도에 따른 냉각팬 제어신호로 사용된다.
④ 수온센서는 엔진온도에 따른 연료량을 증감하는 보정신호로 사용된다.

45. 커먼레일 디젤엔진의 가속페달 포지션 센서에 대한 설명 중 옳지 않는 것은?

① 가속페달 포지션 센서는 운전자의 의지를 전달하는 센서이다.
② 가속페달 포지션 센서 1은 연료량과 분사시기를 결정한다.
③ 가속페달 포지션 센서 2는 센서 1을 감시하는 센서이다.
④ 가속페달 포지션 센서 3은 연료 온도에 따른 연료량 보정 신호를 한다.

해설 가속페달 위치센서는 운전자의 의지를 컴퓨터로 전달하는 센서이며, 센서 1에 의해 연료 분사량과 분사시기가 결정되며, 센서 2는 센서 1을 감시하는 기능으로 차량의 급출발을 방지하기 위한 것이다.

46. 커먼레일 디젤엔진의 연료장치에서 출력요소는?

① 공기유량센서 ② 인젝터
③ 엔진 ECU ④ 브레이크 스위치

해설 인젝터는 엔진 ECU의 신호에 의해 연료를 분사하는 출력요소이다.

47. 엔진의 운전 상태를 감시하고 고장진단할 수 있는 기능은?

① 윤활 기능 ② 제동 기능
③ 조향 기능 ④ 자기진단 기능

해설 자기진단 기능은 엔진의 운전 상태를 감시하고 고장진단할 수 있는 기능이다.

정답 42 ④ 43 ④ 44 ② 45 ④ 46 ② 47 ④

1-3 냉각장치 구조와 기능

1 냉각장치의 개요

엔진의 정상작동 온도는 실린더 헤드 물 재킷 내의 냉각수 온도로 나타내며 약 75~95℃이다.

2 수랭식 엔진의 냉각방식

① 엔진 내부의 연소를 통해 일어나는 열에너지가 기계적 에너지로 바뀌면서 뜨거워진 엔진을 냉각수로 냉각하는 방식이다.
② 자연순환방식, 강제순환방식, 압력순환방식(가압 방식), 밀봉압력방식 등이 있다.

3 수랭식의 주요 구조와 그 기능

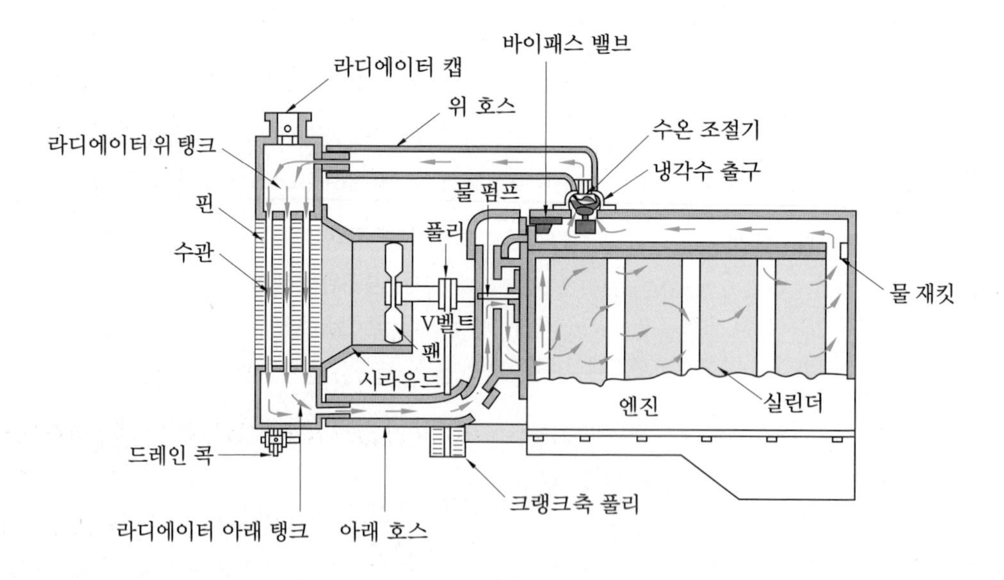

수랭식 냉각장치의 구조

(1) 물 재킷(water jacket)

실린더 헤드 및 블록에 일체 구조로 된 냉각수가 순환하는 물 통로이다.

(2) 물 펌프(water pump)

팬벨트를 통하여 크랭크축에 의해 구동되며, 실린더 헤드 및 블록의 물 재킷 내로 냉각수를 순환시키는 원심력 펌프이다.

(3) 냉각 팬(cooling fan)

라디에이터를 통하여 공기를 흡입하여 라디에이터 통풍을 도와주며, 냉각 팬이 회전할 때 공기가 향하는 방향은 라디에이터이다.

(4) 팬벨트(drive belt or fan belt)

크랭크축 풀리, 발전기 풀리, 물 펌프 풀리 등을 연결 구동하며, 팬벨트는 각 풀리의 양쪽 경사진 부분에 접촉되어야 한다.

(5) 라디에이터(radiator ; 방열기)

① 라디에이터의 구비조건

㈎ 가볍고 작으며, 강도가 클 것
㈏ 단위면적당 방열량이 클 것
㈐ 공기 흐름저항이 적을 것
㈑ 냉각수 흐름저항이 적을 것

② 라디에이터 캡(radiator cap) : 냉각장치 내의 비등점(비점)을 높이고, 냉각범위를 넓히기 위하여 압력식 캡을 사용하며, 압력밸브와 진공밸브로 되어 있다.

(6) 수온 조절기(thermostat ; 정온기)

실린더 헤드 물 재킷 출구 부분에 설치되어 냉각수 온도에 따라 냉각수 통로를 개폐하여 엔진의 온도를 알맞게 유지한다.

4 부동액(anti freezer)

메탄올(알코올), 글리세린 에틸렌글리콜이 있으며, 에틸렌글리콜을 주로 사용한다.

지게차 운전기능사

출제 예상 문제

01. 엔진 온도계가 표시하는 온도는 어느 것인가?

① 연소실 내의 온도
② 작동유 온도
③ 엔진오일 온도
④ 냉각수 온도

해설 엔진의 온도는 실린더 헤드 물 재킷 부분의 냉각수 온도로 나타낸다.

02. 다음 중 수랭식 엔진의 정상운전 중 냉각수 온도로 옳은 것은?

① 75~95℃ ② 55~60℃
③ 40~60℃ ④ 20~30℃

해설 엔진의 냉각수 온도는 75~95℃ 정도면 정상이다.

03. 디젤엔진의 과랭 시 발생할 수 있는 사항으로 틀린 것은?

① 압축압력이 저하된다.
② 블로바이 현상이 발생된다.
③ 연료소비량이 증대된다.
④ 엔진의 회전저항이 감소한다.

해설 엔진이 과랭되면 블로바이 현상이 발생하여 압축압력이 저하하고 연료소비량이 증대되며, 엔진의 회전저항이 증가한다.

04. 엔진과열 시 일어나는 현상이 아닌 것은?

① 각 작동 부분이 열팽창으로 고착될 수 있다.
② 윤활유 점도 저하로 유막이 파괴될 수 있다.
③ 금속이 빨리 산화되고 변형되기 쉽다.
④ 연료소비율이 줄고, 효율이 향상된다.

해설 엔진이 과열하면 금속이 빨리 산화되고 변형되기 쉽고, 윤활유 점도 저하로 유막이 파괴될 수 있으며, 각 작동 부분이 열팽창으로 고착될 우려가 있다.

05. 엔진 내부의 연소를 통해 일어나는 열에너지가 기계적 에너지로 바뀌면서 뜨거워진 엔진을 물로 냉각하는 방식으로 옳은 것은?

① 수랭식 ② 공랭식
③ 유랭식 ④ 가스 순환식

해설 수랭식은 엔진 내부의 연소를 통해 일어나는 열에너지가 기계적 에너지로 바뀌면서 뜨거워진 엔진을 물로 냉각하는 방식이다.

06. 건설기계용 디젤엔진의 냉각장치 방식에 속하지 않는 것은?

① 자연순환식 ② 강제순환식
③ 압력순환식 ④ 진공순환식

해설 **냉각장치 방식** : 자연순환방식, 강제순환방식, 압력순환방식, 밀봉압력방식

07. 엔진의 냉각장치에 해당하지 않는 부품은?

① 수온조절기 ② 방열기
③ 릴리프 밸브 ④ 냉각팬 및 벨트

정답 01 ④ 02 ① 03 ④ 04 ④ 05 ① 06 ④ 07 ③

해설 릴리프 밸브는 윤활장치나 유압장치에서 유압을 규정 값으로 제어한다.

08. 엔진에 온도를 일정하게 유지하기 위해 설치된 물 통로에 해당되는 것은?

① 오일 팬 ② 밸브
③ 워터 재킷 ④ 실린더 헤드

해설 워터 재킷(water jacket) : 엔진의 온도를 일정하게 유지하기 위해 실린더 헤드와 실린더 블록에 설치된 물 통로이다.

09. 물 펌프에 대한 설명으로 틀린 것은?

① 주로 원심 펌프를 사용한다.
② 구동은 벨트를 통하여 크랭크축에 의해서 된다.
③ 냉각수에 압력을 가하면 물 펌프의 효율은 증대된다.
④ 펌프 효율은 냉각수 온도에 비례한다.

해설 물 펌프의 능력은 송수량으로 표시하며, 펌프의 효율은 냉각수 온도에 반비례하고 압력에 비례한다. 따라서 냉각수에 압력을 가하면 물 펌프의 효율이 증대된다.

10. 엔진의 냉각 팬이 회전할 때 공기가 불어가는 방향은?

① 하부 방향 ② 엔진 방향
③ 상부 방향 ④ 방열기 방향

해설 냉각 팬이 회전할 때 공기가 불어가는 방향은 방열기 방향이다.

11. 냉각장치에 사용되는 전동 팬에 대한 설명으로 틀린 것은?

① 냉각수 온도에 따라 작동한다.
② 정상온도 이하에서는 작동하지 않고 과열일 때 작동한다.
③ 엔진이 시동되면 동시에 회전한다.
④ 팬벨트가 필요 없다.

해설 전동 팬 : 엔진의 시동 여부에 관계없이 냉각수 온도에 따라 작동한다.

12. 냉각장치에 사용되는 라디에이터의 구성품이 아닌 것은?

① 냉각수 주입구 ② 냉각 핀
③ 코어 ④ 물 재킷

해설 라디에이터는 위쪽에 위 탱크, 냉각수 주입구, 라디에이터 캡, 오버플로 파이프, 입구 파이프 등이 있고, 중간에는 코어(수관과 냉각핀)가 있으며, 아래쪽에는 출구 파이프와 냉각수 배출용 드레인 플러그가 설치되어 있다.

13. 가압식 라디에이터의 장점으로 틀린 것은?

① 방열기를 적게 할 수 있다.
② 냉각수의 비등점을 높일 수 있다.
③ 냉각수의 순환속도가 빠르다.
④ 냉각장치의 효율을 높일 수 있다.

해설 가압방식(압력 순환방식) 라디에이터 : 라디에이터(방열기)를 작게 할 수 있고, 냉각수의 비등점을 높여 비등에 의한 손실을 줄일 수 있으며, 냉각수 손실이 적어 보충횟수를 줄일 수 있고, 엔진의 열효율이 향상된다.

14. 라디에이터에 대한 설명으로 틀린 것은?

① 라디에이터 재료 대부분은 알루미늄 합금이 사용된다.
② 단위면적당 방열량이 커야 한다.
③ 냉각효율을 높이기 위해 방열 핀이 설치된다.
④ 공기흐름 저항이 커야 냉각효율이 높다.

정답 08 ③ 09 ④ 10 ④ 11 ③ 12 ④ 13 ③ 14 ④

해설 라디에이터의 재료는 대부분 알루미늄 합금이 사용하며, 구비조건은
㉠ 단위면적당 방열량이 클 것
㉡ 가볍고 작으며, 강도가 클 것
㉢ 냉각수 흐름저항이 작을 것
㉣ 공기흐름 저항이 작을 것

15. 사용하던 라디에이터와 신품 라디에이터의 냉각수 주입량을 비교했을 때 신품으로 교환해야 할 시점은?

① 10% 이상의 차이가 발생했을 때
② 20% 이상의 차이가 발생했을 때
③ 30% 이상의 차이가 발생했을 때
④ 40% 이상의 차이가 발생했을 때

해설 신품과 사용품의 냉각수 주입량이 20% 이상의 차이가 발생하면 라디에이터를 교환한다.

16. 디젤엔진 냉각장치에서 냉각수의 비등점을 높여 주기 위해 설치된 부품으로 알맞은 것은?

① 코어 ② 냉각핀
③ 보조탱크 ④ 압력식 캡

해설 압력식 캡은 냉각장치 내의 비등점(비점)을 높이고, 냉각범위를 넓히기 위하여 사용한다.

17. 압력식 라디에이터 캡에 있는 밸브는?

① 입력밸브와 진공밸브
② 압력밸브와 진공밸브
③ 입구밸브와 출구밸브
④ 압력밸브와 메인밸브

해설 라디에이터 캡에는 압력밸브와 진공밸브가 설치되어 있다.

18. 압력식 라디에이터 캡에 대한 설명으로 옳은 것은?

① 냉각장치 내부압력이 규정보다 낮을 때 공기밸브는 열린다.
② 냉각장치 내부압력이 규정보다 높을 때 진공밸브는 열린다.
③ 냉각장치 내부압력이 부압이 되면 진공밸브는 열린다.
④ 냉각장치 내부압력이 부압이 되면 공기밸브는 열린다.

해설 압력식 라디에이터 캡의 작동
㉠ 냉각장치 내부압력이 부압이 되면(내부압력이 규정보다 낮을 때) 진공밸브가 열린다.
㉡ 냉각장치 내부압력이 규정보다 높을 때 압력밸브가 열린다.

19. 밀봉압력 냉각방식에서 보조탱크 내의 냉각수가 라디에이터로 빨려 들어갈 때 개방되는 압력 캡의 밸브는?

① 릴리프 밸브
② 진공밸브
③ 압력밸브
④ 리듀싱 밸브

해설 밀봉압력 냉각방식에서 보조탱크 내의 냉각수가 라디에이터로 빨려 들어갈 때 진공밸브가 개방된다.

20. 라디에이터 캡의 스프링이 파손되는 경우 발생하는 현상은?

① 냉각수 비등점이 높아진다.
② 냉각수 순환이 불량해진다.
③ 냉각수 순환이 빨라진다.
④ 냉각수 비등점이 낮아진다.

해설 압력밸브의 주작용은 냉각수의 비등점을 상승시키는 것이므로 압력밸브 스프링이 파손되거나 장력이 약해지면 비등점이 낮아져 엔진이 과열되기 쉽다.

정답 15 ② 16 ④ 17 ② 18 ③ 19 ② 20 ④

21. 엔진의 온도를 항상 일정하게 유지하기 위하여 냉각계통에 설치되는 것은?

① 크랭크축 풀리 ② 물 펌프 풀리
③ 수온조절기 ④ 벨트 조절기

해설 수온조절기(정온기)는 실린더 헤드의 냉각수 통로 출구에 설치되어 엔진 내부의 냉각수 온도 변화에 따라 자동적으로 통로를 개폐하여 냉각수 온도를 75~95℃가 되도록 조절한다.

22. 디젤엔진에서 냉각수의 온도에 따라 냉각수 통로를 개폐하는 수온조절기가 설치되는 곳으로 적당한 곳은?

① 라디에이터 상부
② 라디에이터 하부
③ 실린더 블록 물 재킷 입구 부분
④ 실린더 헤드 물 재킷 출구 부분

해설 수온조절기는 실린더 헤드 물 재킷 출구 부분에 설치되어 있다.

23. 수온조절기의 종류가 아닌 것은?

① 벨로즈 형식 ② 펠릿 형식
③ 바이메탈 형식 ④ 마몬 형식

해설 수온조절기의 종류에는 바이메탈 형식, 벨로즈 형식, 펠릿 형식이 있다.

24. 왁스실에 왁스를 넣어 온도가 높아지면 팽창 축을 올려 열리는 온도조절기는?

① 벨로즈형 ② 펠릿형
③ 바이패스형 ④ 바이메탈형

해설 펠릿형은 왁스실에 왁스를 넣어 온도가 높아지면 팽창 축을 올려 열리는 온도조절기이다.

25. 엔진의 수온조절기에 있는 바이패스(by pass) 회로의 기능은?

① 냉각수 온도를 제어한다.
② 냉각 팬의 속도를 제어한다.
③ 냉각수의 압력을 제어한다.
④ 냉각수를 여과시킨다.

해설 수온조절기 바이패스 회로의 기능은 냉각수 온도 제어이다.

26. 엔진의 냉각장치에서 수온조절기의 열림 온도가 낮을 때 발생하는 현상은?

① 방열기 내의 압력이 높아진다.
② 엔진이 과열되기 쉽다.
③ 엔진의 워밍업 시간이 길어진다.
④ 물 펌프에 과부하가 발생한다.

해설 수온조절기의 열림 온도가 낮으면 엔진의 워밍업 시간이 길어지기 쉽다.

27. 엔진 작동 중 냉각수의 온도가 정상적으로 올라가지 않을 때의 원인으로 맞는 것은?

① 수온조절기의 열림
② 팬벨트의 헐거움
③ 물 펌프의 불량
④ 냉각수 부족

해설 수온조절기가 열린 상태로 고장 나면 엔진 작동 중에 냉각수의 온도가 정상적으로 상승하지 못한다.

28. 디젤엔진을 시동시킨 후 충분한 시간이 지났는데도 냉각수 온도가 정상적으로 상승하지 않을 경우 그 고장의 원인이 될 수 있는 것은?

① 냉각 팬벨트의 헐거움
② 수온조절기가 열린 채 고장
③ 물 펌프의 고장
④ 라디에이터 코어의 막힘

정답 21 ③ 22 ④ 23 ④ 24 ② 25 ① 26 ③ 27 ① 28 ②

해설 디젤엔진을 시동시킨 후 충분한 시간이 지났는데도 냉각수 온도가 정상적으로 상승하지 않는 원인은 수온조절기가 열린 상태로 고장 난 경우이다.

29. 건설기계 운전 시 계기판에서 냉각수량 경고등이 점등되었다. 그 원인으로 가장 거리가 먼 것은?

① 냉각수량이 부족할 때
② 냉각계통의 물 호스가 파손되었을 때
③ 라디에이터 캡이 열린 채 운행하였을 때
④ 냉각수 통로에 스케일(물때)이 많이 퇴적되었을 때

해설 냉각수 경고등은 라디에이터 내에 냉각수가 부족할 때 점등되며, 냉각수 통로에 스케일(물때)이 많이 퇴적되면 엔진이 과열한다.

30. 건설기계 엔진에서 부동액으로 사용할 수 없는 것은?

① 메탄 ② 알코올
③ 에틸렌글리콜 ④ 글리세린

해설 부동액의 종류에는 알코올(메탄올), 글리세린, 에틸렌글리콜이 있다.

31. 냉각수에 엔진오일이 혼합되는 원인으로 가장 적합한 것은?

① 물 펌프 마모
② 수온조절기 파손
③ 방열기 코어 파손
④ 헤드 개스킷 파손

해설 헤드 개스킷이 파손되거나 실린더 헤드에 균열이 발생하면 냉각수에 엔진오일이 혼합된다.

32. 엔진에서 방열기 캡을 열어 냉각수를 점검하였더니 엔진오일이 떠 있다면 그 원인은?

① 피스톤 링과 실린더 마모
② 밸브 간극 과다
③ 압축압력이 높아 역화현상 발생
④ 실린더 헤드 개스킷 파손

해설 방열기 내에 기름이 떠 있는 원인 : 실린더 헤드 개스킷이 파손되었을 때, 헤드 볼트가 풀렸거나 파손되었을 때, 수랭식 오일 쿨러에서 냉각수가 누출될 때

33. 엔진과열 시 제일 먼저 점검할 사항으로 옳은 것은?

① 연료 분사량 ② 수온조절기
③ 냉각수 양 ④ 물 재킷

해설 엔진온도가 급상승하면 냉각수의 양을 가장 먼저 점검한다.

34. 수랭식 엔진이 과열되는 원인으로 틀린 것은?

① 규정보다 적게 냉각수를 넣었을 때
② 방열기의 코어가 20% 이상 막혔을 때
③ 수온조절기가 열린 채로 고정되었을 때
④ 규정보다 높은 온도에서 수온조절기가 열릴 때

35. 냉각장치에서 소음이 발생하는 원인으로 틀린 것은?

① 수온조절기 불량
② 팬벨트 장력 헐거움
③ 냉각팬 조립 불량
④ 물 펌프 베어링 마모

해설 수온조절기가 불량하면 엔진이 과열하거나 과랭하며 소음은 발생하지 않는다.

정답 29 ④ 30 ① 31 ④ 32 ④ 33 ③ 34 ③ 35 ①

36. 다음 중 냉각장치에서 냉각수가 줄어든다. 원인과 정비방법으로 틀린 것은?

① 워터 펌프 불량 : 조정
② 서모스탯 하우징 불량 : 개스킷 및 하우징 교체
③ 히터 혹은 라디에이터 호스 불량 : 수리 및 부품교환
④ 라디에이터 캡 불량 : 부품교환

해설 워터 펌프 불량 : 교환

37. 동절기에 엔진이 동파되는 원인으로 맞는 것은?

① 엔진 내부 냉각수가 얼어서
② 기동전동기가 얼어서
③ 엔진오일이 얼어서
④ 발전장치가 얼어서

해설 동절기에 엔진이 동파되는 원인은 냉각수가 얼면 체적이 늘어나기 때문이다.

정답 36 ① 37 ①

1-4 윤활장치 구조와 기능

1 윤활유의 작용과 구비조건

(1) 윤활유의 작용

윤활유는 마찰 감소 · 마멸 방지 작용, 기밀(밀봉)작용, 열전도(냉각)작용, 세척(청정)작용, 완충(응력분산)작용, 방청(부식 방지)작용을 한다.

(2) 윤활유의 구비조건

① 점도지수가 높고, 온도와 점도와의 관계가 적당할 것
② 인화점 및 자연발화점이 높을 것
③ 강인한 유막을 형성할 것
④ 응고점이 낮고 비중과 점도가 적당할 것
⑤ 기포 발생 및 카본 생성에 대한 저항력이 클 것

2 윤활유의 분류

(1) SAE(미국자동차기술협회) 분류

SAE 번호로 오일의 점도를 표시하며, 번호(숫자)가 클수록 점도가 높다.

(2) API(미국석유협회) 분류

가솔린 엔진용(ML, MM, MS)과 디젤엔진용(DG, DM, DS)으로 구분된다.

3 윤활장치의 구성부품

(1) 오일 팬(oil pan) 또는 아래 크랭크 케이스

윤활유 저장용기이며, 윤활유의 냉각작용도 한다.

(2) 오일 스트레이너(oil strainer)

오일펌프로 들어가는 윤활유를 유도하며, 철망으로 제작하여 비교적 큰 입자의 불순물을 여과한다.

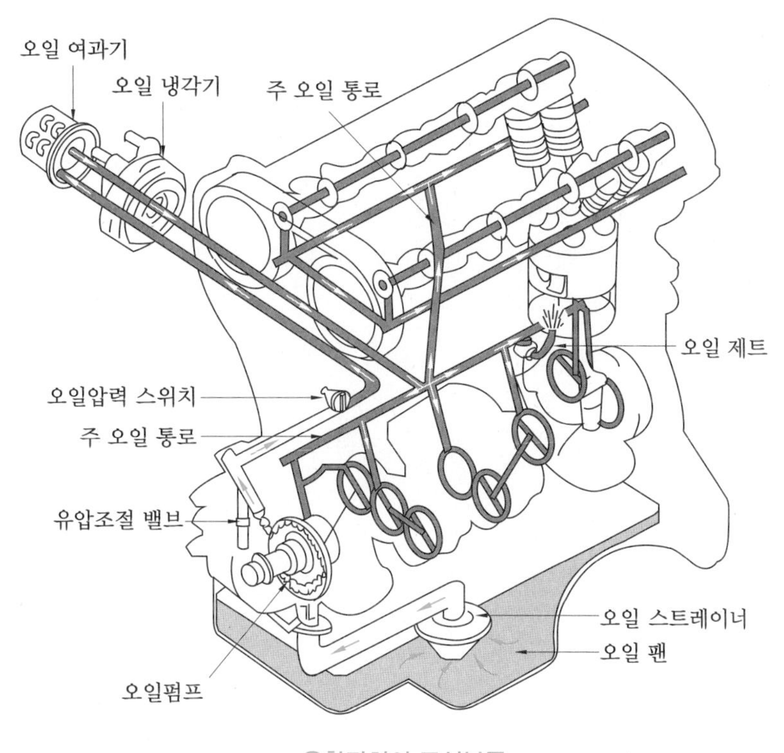

윤활장치의 구성부품

(3) 오일펌프(oil pump)

① 오일 팬 내의 윤활유를 흡입 가압하여 오일 여과기를 거쳐 각 윤활 부분으로 공급한다.

② 종류에는 기어 펌프, 로터리 펌프, 플런저 펌프, 베인 펌프 등이 있다.

(4) 오일 여과기(oil filter)

윤활장치 내를 순환하는 불순물을 제거하며, 윤활유를 교환할 때 함께 교환한다.

① 윤활유 여과방식

(가) 분류식(by pass filter), 샨트식(shunt flow filter), 전류식((full-flow filter)이 있다.

(나) 전류식은 오일펌프에서 나온 윤활유 모두가 여과기를 거쳐서 여과된 후 윤활 부분으로 공급된다.

(다) 오일 여과기가 막히는 것에 대비하여 여과기 내에 바이패스 밸브를 둔다.

(5) 유압조절 밸브(oil pressure relief valve)

유압이 과도하게 상승하는 것을 방지하여 유압을 일정하게 유지시킨다.

(6) 엔진 오일량 점검 방법

① 건설기계를 평탄한 지면에 주차시킨다.
② 엔진을 시동하여 난기운전(워밍업)시킨 후 엔진가동을 정지한다.
③ 오일레벨 게이지(유면표시기)를 빼어 묻은 오일을 깨끗이 닦은 후 다시 끼운다.
④ 다시 오일레벨 게이지를 빼어 오일이 묻은 부분이 "Full"과 "Low" 선의 표시 사이에서 "Full" 가까이에 있으면 된다.
⑤ 엔진 오일량을 점검할 때 점도도 함께 점검한다.

지게차
운전기능사

출제 예상 문제

01. 엔진 윤활유의 기능이 아닌 것은?

① 윤활작용 ② 연소작용
③ 냉각작용 ④ 방청작용

해설 윤활유의 주요 기능에는 마찰 및 마멸방지작용(윤활작용), 기밀작용(밀봉작용), 방청작용(부식방지작용), 냉각작용, 응력분산작용, 세척작용 등이 있다.

02. 엔진 윤활유의 구비조건이 아닌 것은?

① 점도가 적당할 것
② 청정력이 클 것
③ 비중이 적당할 것
④ 응고점이 높을 것

해설 윤활유의 구비조건 : 점도가 적당할 것, 청정력이 클 것, 비중이 적당할 것, 응고점이 낮을 것, 인화점 및 자연발화점이 높을 것

03. 엔진에 사용되는 윤활유의 성질 중 가장 중요한 것은?

① 온도 ② 점도 ③ 습도 ④ 건도

해설 윤활유의 성질 중 가장 중요한 것은 점도이다.

04. 온도에 따르는 점도변화 정도를 표시하는 것은?

① 점도지수 ② 점화지수
③ 점도분포 ④ 윤활성

해설 점도지수란 온도에 따르는 점도변화 정도를 표시하는 것이다.

05. 엔진오일의 점도지수가 작은 경우 온도 변화에 따른 점도변화는?

① 온도에 따른 점도변화가 작다.
② 온도에 따른 점도변화가 크다.
③ 점도가 수시로 변화한다.
④ 온도와 점도는 무관하다.

해설 점도지수가 작으면 온도에 따른 점도변화가 크다.

06. 윤활유 첨가제가 아닌 것은?

① 청정분산제
② 점도지수 향상제
③ 기포방지제
④ 에틸렌글리콜

해설 윤활유 첨가제에는 부식방지제, 유동점강하제, 극압윤활제, 청정분산제, 산화방지제, 점도지수 향상제, 기포방지제, 유성향상제, 형광염료 등이 있다.

07. 엔진의 윤활유 사용방법에 대한 설명으로 옳은 것은?

① 계절과 윤활유 SAE 번호는 관계가 없다.
② 겨울은 여름보다 SAE 번호가 큰 윤활유를 사용한다.
③ 계절과 관계없이 사용하는 윤활유의 SAE 번호는 일정하다.
④ 여름용은 겨울용보다 SAE 번호가 큰 윤활유를 사용한다.

해설 여름에는 SAE 번호가 큰 윤활유(점도가 높은)를 사용하고, 겨울에는 점도가 낮은(SAE 번호가 작은) 오일을 사용한다.

정답 01 ② 02 ④ 03 ② 04 ① 05 ② 06 ④ 07 ④

08. 겨울철에 사용하는 엔진오일의 점도는 어떤 것이 좋은가?

① 계절에 관계없이 점도는 동일해야 한다.
② 겨울철 오일점도가 높아야 한다.
③ 겨울철 오일점도가 낮아야 한다.
④ 오일은 점도와는 아무런 관계가 없다.

해설 겨울철에 사용하는 엔진오일은 여름철에 사용하는 오일보다 점도가 낮아야 한다.

09. 윤활유 점도가 너무 높은 것을 사용했을 때의 설명으로 맞는 것은?

① 좁은 공간에 잘 침투하므로 충분한 주유가 된다.
② 엔진을 시동할 때 필요 이상의 동력이 소모된다.
③ 점차 묽어지기 때문에 경제적이다.
④ 겨울철에 특히 사용하기 좋다.

해설 윤활유의 점도가 너무 높은 것을 사용하면 엔진을 시동할 때 필요 이상의 동력이 소모된다.

10. 엔진 윤활에 필요한 엔진오일이 저장되어 있는 곳으로 옳은 것은?

① 스트레이너 ② 오일펌프
③ 오일 팬 ④ 오일필터

해설 오일 팬은 엔진오일을 저장하는 부품이다.

11. 오일 스트레이너(oil strainer)에 대한 설명으로 바르지 못한 것은?

① 오일필터에 있는 오일을 여과하여 각 윤활부로 보낸다.
② 보통 철망으로 만들어져 있으며 비교적 큰 입자의 불순물을 여과한다.
③ 고정식과 부동식이 있으며 일반적으로 고정식이 많이 사용되고 있다.
④ 불순물로 인하여 여과망이 막힐 때에는 오일이 통할 수 있도록 바이패스 밸브(bypass valve)가 설치된 것도 있다.

해설 오일 스트레이너는 오일펌프로 들어가는 오일을 여과하는 부품이며, 일반적으로 철망으로 제작하여 비교적 큰 입자의 불순물을 여과한다.

12. 엔진의 윤활방식 중 오일펌프를 급유하는 방식은?

① 비산식 ② 압송식
③ 분사식 ④ 비산분무식

해설 압송식 : 캠축으로 구동되는 오일펌프로 오일을 흡입 · 가압하여 각 윤활 부분으로 보낸다.

13. 다음 중 일반적으로 엔진에 많이 사용되는 윤활방법은?

① 수 급유식 ② 적하 급유식
③ 비산압송 급유식 ④ 분무 급유식

해설 엔진에서는 오일펌프로 흡입 가압하여 윤활 부분으로 공급하는 비산압송식을 많이 사용한다.

14. 디젤엔진에서 오일을 가압하여 윤활부에 공급하는 역할을 하는 것은?

① 냉각수 펌프 ② 진공 펌프
③ 공기압축 펌프 ④ 오일펌프

해설 오일펌프는 오일 팬 내의 오일을 흡입 가압하여 각 윤활부로 공급하는 장치이다.

15. 오일 팬에 있는 오일을 흡입하여 엔진의 각 운동 부분에 압송하는 오일펌프로 가장 많이 사용되는 것은?

① 피스톤 펌프, 나사 펌프, 원심 펌프
② 로터리 펌프, 기어 펌프, 베인 펌프

정답 08 ③ 09 ② 10 ③ 11 ① 12 ② 13 ③ 14 ④ 15 ②

③ 기어 펌프, 원심 펌프, 베인 펌프
④ 나사 펌프, 원심 펌프, 기어 펌프

해설 오일펌프의 종류 : 기어 펌프, 베인 펌프, 로터리 펌프, 플런저 펌프

16. 4행정 사이클 엔진에 주로 사용되고 있는 오일펌프는?

① 로터리 펌프와 기어 펌프
② 로터리 펌프와 나사 펌프
③ 기어 펌프와 플런저 펌프
④ 원심 펌프와 플런저 펌프

해설 4행정 사이클 엔진에 주로 사용하는 오일펌프는 로터리 펌프와 기어 펌프이다.

17. 오일펌프로 사용되고 있는 로터리 펌프(rotary pump)에 대한 설명으로 틀린 것은?

① 기어 펌프와 같은 장점이 있다.
② 바깥로터의 잇수는 안 로터 잇수보다 1개가 적다.
③ 소형화할 수 있어 현재 가장 많이 사용되고 있다.
④ 트로코이드 펌프(trochoid pump)라고도 한다.

해설 로터리 펌프는 바깥로터의 잇수가 안 로터 잇수보다 1개가 많다.

18. 엔진의 윤활유 압력이 높아지는 이유는?

① 윤활유의 점도가 너무 높다.
② 윤활유량이 부족하다.
③ 엔진 각부의 마모가 심하다.
④ 윤활유 펌프의 내부 마모가 심하다.

해설 **유압이 높아지는 원인** : 엔진오일의 점도가 높을 때, 윤활회로의 일부가 막혔을 때, 유압조절밸브(릴리프 밸브) 스프링의 장력이 과다할 때, 유압조절밸브가 닫힌 상태로 고장 났을 때

19. 엔진오일 압력이 낮은 것과 관계없는 것은?

① 엔진오일에 경유가 혼입되었을 때
② 실린더 벽과 피스톤 간극이 클 때
③ 각 마찰 부분 윤활 간극이 마모되었을 때
④ 커넥팅로드 대단부 베어링과 핀 저널의 간극이 클 때

해설 실린더 벽과 피스톤 간극이 크면 블로바이로 인해 압축압력이 저하한다.

20. 건설기계 엔진에 사용되는 여과장치가 아닌 것은?

① 공기청정기 ② 오일필터
③ 오일스트레이너 ④ 인젝션 타이머

21. 엔진에 사용하는 오일 여과기의 적절한 교환시기로 맞는 것은?

① 윤활유 1회 교환 시 2회 교환한다.
② 윤활유 1회 교환 시 1회 교환한다.
③ 윤활유 2회 교환 시 1회 교환한다.
④ 윤활유 3회 교환 시 1회 교환한다.

해설 엔진의 오일 여과기는 윤활유를 1회 교환할 때 1회 교환한다.

22. 엔진의 윤활장치에서 엔진오일의 여과방식이 아닌 것은?

① 전류식 ② 샨트식
③ 합류식 ④ 분류식

해설 오일여과방식에는 분류식, 샨트식, 전류식이 있다.

정답 16 ① 17 ② 18 ① 19 ② 20 ④ 21 ② 22 ③

23. 윤활유 공급 펌프에서 공급된 윤활유 전부가 엔진오일 필터를 거쳐 윤활부로 가는 방식은?

① 분류식 ② 자력식 ③ 전류식 ④ 샨트식

해설 전류식 : 공급된 윤활유 전부가 오일 여과기를 거쳐 윤활 부분으로 가는 방식이다.

24. 윤활장치에서 바이패스 밸브의 작동주기로 옳은 것은?

① 오일이 오염되었을 때 작동
② 오일필터가 막혔을 때 작동
③ 오일이 과랭되었을 때 작동
④ 엔진 시동 시 항상 작동

해설 오일 여과기가 막히는 것을 대비하여 바이패스 밸브를 설치한다.

25. 엔진에서 오일의 온도가 상승되는 원인이 아닌 것은?

① 과부하 상태에서 연속작업
② 오일냉각기의 불량
③ 오일의 점도가 부적당할 때
④ 유량의 과다

해설 엔진오일의 온도가 상승하는 원인 : 과부하 상태에서 연속작업, 오일냉각기의 불량, 오일의 점도가 부적당할 때(점도가 높을 때), 오일 양이 부족할 때

26. 엔진의 윤활유 소모가 많아질 수 있는 원인으로 옳은 것은?

① 비산과 압력 ② 비산과 희석
③ 연소와 누설 ④ 희석과 혼합

해설 윤활유의 소비가 증대되는 원인은 연소와 누설이다.

27. 엔진의 윤활유 소비량이 과대해지는 가장 큰 원인은?

① 엔진의 과랭 ② 피스톤 링 마멸
③ 오일 여과기 불량 ④ 냉각수 펌프 손상

해설 엔진오일이 많이 소비되는 원인 : 피스톤 및 피스톤 링의 마모가 심할 때, 실린더의 마모가 심할 때, 크랭크축 오일 실이 마모되었거나 파손되었을 때, 밸브 스템(valve stem)과 가이드(guide) 사이의 간극이 클 때, 밸브 가이드의 오일 실이 불량할 때

28. 사용 중인 엔진오일을 점검하였더니 오일 양이 처음 양보다 증가하였다. 원인에 해당될 수 있는 것은?

① 냉각수 혼입 ② 오일필터 막힘
③ 산화물 혼입 ④ 배기가스 유입

해설 냉각수가 혼입되면 엔진오일 양이 증가한다.

29. 엔진오일이 공급되는 곳이 아닌 것은?

① 피스톤 ② 크랭크축
③ 습식 공기청정기 ④ 차동기어장치

해설 차동기어장치에는 기어오일을 주유한다.

30. 엔진의 주요 윤활 부분이 아닌 것은?

① 실린더 ②플라이휠
③ 피스톤 링 ④크랭크 저널

해설 플라이휠 뒷면에는 수동변속기의 클러치가 설치되므로 윤활을 해서는 안 된다.

31. 엔진에 작동 중인 엔진오일에 가장 많이 포함된 이물질은?

① 유입먼지 ②산화물
③ 금속분말 ④ 카본

해설 작동 중인 엔진오일에 가장 많이 포함된 이물질은 카본(carbon)이다.

정답 23 ③ 24 ② 25 ④ 26 ③ 27 ② 28 ① 29 ④ 30 ② 31 ④

1-5 흡 · 배기장치 구조와 기능

1 공기청정기(air cleaner)

① 연소에 필요한 공기를 실린더로 흡입할 때, 먼지 등의 불순물을 여과하여 피스톤 등의 마모를 방지하는 장치이다.
② 흡입공기 중의 먼지 등의 여과와 흡입공기의 소음을 감소시킨다.
③ 통기저항이 크면 엔진의 출력이 저하되고, 연료소비에 영향을 준다.
④ 공기청정기가 막히면 실린더 내로의 공기공급 부족으로 불완전 연소가 일어나 실린더 마멸을 촉진한다.

2 과급기(터보 차저, turbo charger)

① 흡기관과 배기관 사이에 설치되어 엔진의 실린더 내에 공기를 압축하여 공급한다.
② 과급기를 설치하면 엔진의 중량은 10~15% 정도 증가되고, 출력은 35~45% 정도 증가한다.
③ 구조가 간단하고 설치가 간단하다.
④ 연소상태가 양호하기 때문에 비교적 질이 낮은 연료를 사용할 수 있다.
⑤ 연소상태가 좋아지므로 압축온도 상승에 따라 착화지연기간이 짧아진다.
⑥ 동일 배기량에서 출력이 증가하고, 연료소비율이 감소된다.
⑦ 냉각손실이 적으며, 높은 지대에서도 엔진의 출력변화가 적다.

지게차 운전기능사

출제 예상 문제

01. 다음 중 흡기장치의 요구조건으로 틀린 것은?

① 전체 회전영역에 걸쳐서 흡입효율이 좋아야 한다.
② 균일한 분배성능을 가져야 한다.
③ 흡입부에 와류가 발생할 수 있는 돌출부를 설치해야 한다.
④ 연소속도를 빠르게 해야 한다.

해설 흡기장치
㉠ 흡입 부분에 돌출부가 없을 것
㉡ 전체 회전영역에 걸쳐서 흡입효율이 좋을 것
㉢ 각 실린더에 공기가 균일하게 분배되도록 할 것
㉣ 연소속도를 빠르게 할 것

02. 엔진에서 공기청정기의 설치목적으로 옳은 것은?

① 연료의 여과와 가압작용
② 공기의 가압작용
③ 공기의 여과와 소음방지
④ 연료의 여과와 소음방지

해설 공기청정기는 흡입공기의 먼지 등을 여과하는 작용 이외에 흡기소음을 감소시킨다.

03. 엔진 공기청정기의 통기저항을 설명한 것으로 틀린 것은?

① 통기저항이 작아야 한다.
② 통기저항이 커야 한다.
③ 엔진출력에 영향을 준다.
④ 연료소비에 영향을 준다.

해설 공기청정기의 통기저항은 작아야 하며, 통기저항이 크면 엔진의 출력이 저하되고, 연료소비에 영향을 준다.

04. 건식 공기청정기의 장점이 아닌 것은?

① 설치 또는 분해조립이 간단하다.
② 작은 입자의 먼지나 오물을 여과할 수 있다.
③ 구조가 간단하고 여과망을 세척하여 사용할 수 있다.
④ 엔진 회전속도의 변동에도 안정된 공기청정 효율을 얻을 수 있다.

해설 건식 공기청정기는 비교적 구조가 간단하며, 여과망은 압축공기로 청소하여 사용할 수 있다.

05. 디젤엔진에서 사용되는 공기청정기에 관한 설명으로 틀린 것은?

① 공기청정기는 실린더 마멸과 관계없다.
② 공기청정기가 막히면 배기색은 흑색이 된다.
③ 공기청정기가 막히면 출력이 감소한다.
④ 공기청정기가 막히면 연소가 나빠진다.

해설 공기청정기가 막히면 실린더 내로의 공기공급 부족으로 불완전 연소가 일어나 실린더 마멸을 촉진한다.

06. 흡입공기를 선회시켜 엘리먼트 이전에서 이물질이 제거되게 하는 에어클리너 방식은?

① 습식 ② 건식

정답 01 ③ 02 ③ 03 ② 04 ③ 05 ① 06 ③

③ 원심분리 방식 ④ 비스키무수 방식

해설 원심분리 방식 에어클리너는 흡입공기를 선회시켜 엘리먼트 이전에서 이물질을 제거한다.

07. 습식 공기청정기에 대한 설명이 아닌 것은?

① 청정효율은 공기량이 증가할수록 높아지며, 회전속도가 빠르면 효율이 좋아진다.
② 흡입공기는 오일로 적셔진 여과망을 통과시켜 여과시킨다.
③ 공기청정기 케이스 밑에는 일정한 양의 오일이 들어 있다.
④ 공기청정기는 일정시간 사용 후 무조건 신품으로 교환해야 한다.

해설 습식 공기청정기의 엘리먼트는 스틸 울이므로 세척하여 다시 사용한다.

08. 공기청정기의 종류 중 특히 먼지가 많은 지역에 적합한 공기청정기는?

① 건식 ② 유조식 ③ 습식 ④ 복합식

해설 유조식(oil bathtub type) 공기청정기는 먼지가 많은 지역에 적합하다.

09. 다음 [보기]에서 머플러(소음기)와 관련된 설명이 모두 올바르게 조합된 것은?

보기
㉮ 카본이 많이 끼면 엔진이 과열되는 원인이 될 수 있다. ㉯ 머플러가 손상되어 구멍이 나면 배기소음이 커진다. ㉰ 카본이 쌓이면 엔진출력이 떨어진다. ㉱ 배기가스의 압력을 높여서 열효율을 증가시킨다.

① ㉮, ㉯, ㉱ ② ㉯, ㉰, ㉱
③ ㉮, ㉰, ㉱ ④ ㉮, ㉯, ㉰

해설 **머플러(소음기)에 관한 사항** : 머플러에 카본이 많이 끼면 엔진이 과열하며, 카본이 쌓이면 엔진출력이 떨어지고, 구멍이 나면 배기소음이 커진다.

10. 소음기나 배기관 내부에 많은 양의 카본이 부착되면 배압은 어떻게 되는가?

① 낮아진다.
② 저속에서는 높아졌다가 고속에서는 낮아진다.
③ 높아진다.
④ 영향을 미치지 않는다.

해설 소음기나 배기관 내부에 많은 양의 카본이 부착되면 배압은 높아진다.

11. 엔진에서 배기상태가 불량하여 배압이 높을 때 발생하는 현상과 관련이 없는 것은?

① 엔진이 과열된다.
② 냉각수 온도가 내려간다.
③ 엔진의 출력이 감소한다.
④ 피스톤의 운동을 방해한다.

해설 배압이 높으면 엔진이 과열하므로 냉각수 온도가 올라가고, 피스톤의 운동을 방해하므로 엔진의 출력이 감소된다.

12. 디젤엔진 운전 중 흑색의 배기가스를 배출하는 원인으로 틀린 것은?

① 공기청정기 막힘
② 압축 불량
③ 분사노즐 불량
④ 오일 팬 내 유량 과다

해설 오일 팬 내 유량이 과다하면 연소실에 엔진오일이 상승하여 연소되므로 회백색 배기가스를 배출한다.

정답 07 ④ 08 ② 09 ④ 10 ③ 11 ② 12 ④

13. 엔진의 연소 시 발생하는 질소산화물(NOx)의 발생 원인과 가장 밀접한 관계가 있는 것은?

① 높은 연소온도 ② 흡입공기 부족
③ 소염경계층 ④ 가속 불량

해설 연소온도가 높으면 질소산화물(NOx)의 발생이 많아진다.

14. 디젤엔진의 배출물질로 규제대상은?

① 일산화탄소 ② 매연
③ 탄화수소 ④ 공기과잉률(λ)

15. 엔진에서 흡입효율을 높이는 장치는?

① 기화기 ② 소음기
③ 과급기 ④ 압축기

해설 과급기(터보 차저)는 흡기관과 배기관 사이에 설치되며, 배기가스로 구동된다. 기능은 배기량이 일정한 상태에서 연소실에 강압적으로 많은 공기를 공급하여 흡입효율을 높이고 엔진의 출력과 토크를 증대시키기 위한 장치이다.

16. 디젤엔진에서 과급기를 사용하는 이유로 맞지 않는 것은?

① 체적효율 증대 ② 냉각효율 증대
③ 출력 증대 ④ 회전력 증대

해설 과급기를 사용하는 목적은 체적효율 증대, 출력 증대, 회전력 증대 등이다.

17. 엔진에서 터보 차저에 대한 설명 중 틀린 것은?

① 흡기관과 배기관 사이에 설치된다.
② 과급기라고도 한다.
③ 배기가스 배출을 위한 일종의 블로어(blower)이다.
④ 엔진출력을 증가시킨다.

18. 디젤엔진에 과급기를 설치하였을 때 장점이 아닌 것은?

① 동일 배기량에서 출력이 감소하고, 연료소비율이 증가된다.
② 냉각손실이 적으며 높은 지대에서도 엔진의 출력변화가 적다.
③ 연소상태가 좋아지므로 압축온도 상승에 따라 착화지연기간이 짧아진다.
④ 연소상태가 양호하기 때문에 비교적 질이 낮은 연료를 사용할 수 있다.

해설 과급기(터보 차저)를 부착하면 동일 배기량에서 엔진의 출력과 회전력이 증가하고, 연료소비율이 감소된다.

19. 과급기 케이스 내부에 설치되며 공기의 속도에너지를 압력에너지로 바꾸는 장치는?

① 임펠러 ② 디퓨저
③ 터빈 ④ 디플렉터

해설 디퓨저는 과급기 케이스 내부에 설치되며, 공기의 속도에너지를 압력에너지로 바꾸는 장치이다.

20. 터보 차저를 구동하는 것으로 가장 적합한 것은?

① 엔진의 열 ② 엔진의 흡입가스
③ 엔진의 배기가스 ④ 엔진의 여유동력

해설 터보 차저는 엔진의 배기가스에 의해 구동된다.

21. 배기터빈 과급기에서 터빈 축 베어링의 윤활방법으로 옳은 것은?

① 엔진오일을 급유
② 오일리스 베어링 사용
③ 그리스로 윤활
④ 기어오일을 급유

해설 과급기의 터빈 축 베어링에는 엔진오일을 급유한다.

정답 13 ① 14 ② 15 ③ 16 ② 17 ③ 18 ① 19 ② 20 ③ 21 ①

지게차
운전기능사

제 2 장

전기장치 익히기

2-1 시동장치 구조와 기능

1 전기의 기초 사항

(1) 전기의 개요

① **전류** : 자유전자의 이동이며, 단위는 암페어(A)이다. 발열작용, 화학작용, 자기작용 등 3대 작용을 한다.
② **전압** : 전류를 흐르게 하는 전기적인 압력이며, 단위는 볼트(V)이다.
③ **저항** : 전자의 움직임을 방해하는 요소이다. 단위는 옴(Ω)이며 전선의 저항은 길이가 길어지면 커지고, 지름이 커지면 작아진다.

(2) 옴의 법칙(Ohm' Law)

① 도체에 흐르는 전류(I)는 전압(E)에 정비례하고, 그 도체의 저항(R)에는 반비례한다.
② 도체의 저항은 도체 길이에 비례하고 단면적에 반비례한다.

(3) 접촉저항

접촉저항은 주로 스위치 접점, 배선의 커넥터, 축전지 단자(터미널) 등에서 발생하기 쉽다.

(4) 퓨즈(fuse)

① 퓨즈는 전기장치에서 과전류에 의한 화재예방을 위해 사용하는 부품이다. 즉, 단락(short)으로 인하여 전선이 타거나 과대전류가 부하로 흐르지 않도록 하는 안전장치이다.
② 퓨즈의 재질은 납과 주석의 합금이다.
③ 퓨즈의 용량은 암페어(A)로 표시하며, 회로에 직렬로 연결된다.

지게차 운전기능사

출제 예상 문제

01. 전기가 이동하지 않고 물질에 정지하고 있는 전기는?

① 교류전기 ② 정전기
③ 직류전기 ④ 동전기

해설 정전기란 전기가 이동하지 않고 물질에 정지하고 있는 전기이다.

02. 전류의 3대 작용이 아닌 것은?

① 발열작용 ② 자기작용
③ 원심작용 ④ 화학작용

해설 전류의 3대 작용 : 발열작용, 화학작용, 자기작용

03. 전류에 관한 설명으로 틀린 것은?

① 전류는 전압 크기에 비례한다.
② 전류는 저항 크기에 반비례한다.
③ $E=IR$(E : 전압, I : 전류, R : 저항)이다.
④ 전류는 전력 크기에 반비례한다.

해설 전류는 전압에 비례하고 저항에 반비례한다.

04. 전류의 크기를 측정하는 단위로 맞는 것은?

① V ② A ③ R ④ K

해설 전류 : 암페어(A), 전압 : 볼트(V), 저항 : 옴(Ω)

05. 전기 단위 환산으로 맞는 것은?

① 1kV=1000V ② 1A=10mA
③ 1kV=100V ④ 1A=100mA

해설 1kV=1000V, 1A=1000mA

06. 전압(voltage)에 대한 설명으로 적당한 것은?

① 자유전자가 도선을 통하여 흐르는 것을 말한다.
② 전기적인 높이, 즉 전기적인 압력을 말한다.
③ 물질에 전류가 흐를 수 있는 정도를 나타낸다.
④ 도체의 저항에 의해 발생되는 열을 나타낸다.

07. 도체 내의 전류의 흐름을 방해하는 성질은?

① 전류 ② 전하 ③ 전압 ④ 저항

08. 전선의 저항에 대한 설명 중 맞는 것은?

① 전선이 길어지면 저항이 감소한다.
② 전선의 지름이 커지면 저항이 감소한다.
③ 모든 전선의 저항은 같다.
④ 전선의 저항은 전선의 단면적과 관계없다.

해설 전선의 지름이 커지면 저항이 감소하고, 길이가 길어지면 저항은 증가한다.

09. 도체에도 물질 내부의 원자와 충돌하는 고유저항이 있다. 고유저항과 관련이 없는 것은?

정답 01 ② 02 ③ 03 ④ 04 ② 05 ① 06 ② 07 ④ 08 ② 09 ④

① 물질의 모양
② 자유전자의 수
③ 원자핵의 구조 또는 온도
④ 물질의 색깔

해설 물질의 고유저항은 재질 · 모양 · 자유전자의 수 · 원자핵의 구조 또는 온도에 따라서 변화한다.

10. 회로 중의 어느 한 점에 있어서 그 점에 흘러 들어오는 전류의 총합과 흘러 나가는 전류의 총합은 서로 같다는 법칙은?

① 렌츠의 법칙
② 줄의 법칙
③ 키르히호프 제1법칙
④ 플레밍의 왼손 법칙

해설 키르히호프 제1법칙 : 회로 내의 어떤 한 점에 유입된 전류의 총합과 유출한 전류의 총합은 같다.

11. 전구나 전동기에 전압을 가하여 전류를 흐르게 하면 빛이나 열을 발생하거나 기계적인 일을 한다. 이때 전기가 하는 일의 크기를 (㉮)이라 하고, 전류가 어떤 시간 동안에 한 일의 총량을 (㉯)이라 한다. ㉮와 ㉯에 알맞는 말은?

① ㉮－일, ㉯－일률
② ㉮－일률, ㉯－일
③ ㉮－전력, ㉯－전력량
④ ㉮－전력량, ㉯－전력

해설 전기가 하는 일의 크기를 전력이라 하고, 전류가 어떤 시간 동안에 한 일의 총량을 전력량이라 한다.

12. 건설기계에서 사용되는 전기장치에서 과전류에 의한 화재예방을 위해 사용하는 부품으로 가장 적절한 것은?

① 콘덴서　② 퓨즈
③ 저항기　④ 전파방지기

해설 퓨즈는 전기장치에서 과전류에 의한 화재예방을 위해 사용하는 부품이다.

13. 퓨즈에 대한 설명 중 틀린 것은?

① 퓨즈는 정격용량을 사용한다.
② 퓨즈 용량은 A로 표시한다.
③ 퓨즈는 가는 구리선으로 대용된다.
④ 퓨즈는 표면이 산화되면 끊어지기 쉽다.

14. 퓨즈의 접촉이 나쁠 때 나타나는 현상으로 옳은 것은?

① 연결부의 저항이 떨어진다.
② 전류의 흐름이 높아진다.
③ 연결부가 끊어진다.
④ 연결부가 튼튼해진다.

15. 건설기계의 전기회로의 보호 장치로 맞는 것은?

① 안전밸브　② 퓨저블 링크
③ 턴 시그널 램프　④ 캠버

해설 퓨저블 링크(fusible link)는 전기회로를 보호하는 도체 크기의 작은 전선으로 회로에 삽입되어 있으며, 회로가 단락되었을 때 용단되어 전원 및 회로를 보호하는 부품이다.

16. 전기장치에서 접촉저항이 발생하는 개소 중 가장 거리가 것은?

① 배선 중간 지점　② 스위치 접점
③ 축전지 터미널　④ 배선 커넥터

해설 접촉저항은 스위치 접점, 배선의 커넥터, 축전지 단자(터미널) 등에서 발생하기 쉽다.

정답 10 ③　11 ③　12 ②　13 ③　14 ③　15 ②　16 ①

2 축전지(battery)

(1) 축전지의 개요

① **축전지의 정의**

㈎ 축전지는 전류의 화학작용을 이용하며, 엔진을 시동할 때에는 화학적 에너지를 전기적 에너지로 꺼낼 수 있고(방전), 전기적 에너지를 주면 화학적 에너지로 저장(충전)할 수 있다.

㈏ 건설기계 엔진 시동용으로 납산 축전지를 사용한다.

② **축전지의 기능**

㈎ 엔진을 시동할 때 시동장치 전원을 공급한다. (가장 중요한 기능)

㈏ 발전기가 고장일 때 일시적인 전원을 공급한다.

㈐ 발전기의 출력과 부하의 불균형(언밸런스)을 조정한다.

(2) 납산 축전지의 구조

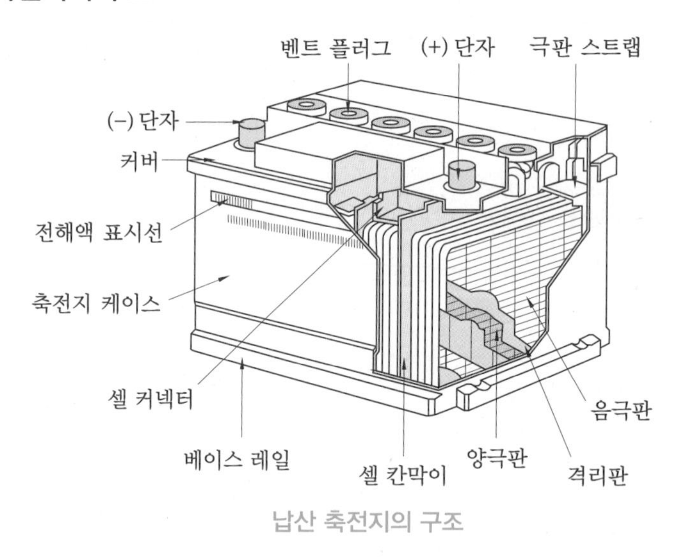

납산 축전지의 구조

① **극판** : 양극판은 과산화납, 음극판은 해면상납이며 화학적 평형을 고려하여 음극판이 1장 더 많다.

② **극판군**

㈎ 셀(cell)이라고도 부르며, 완전충전 되었을 때 약 2.1V의 기전력이 발생한다.

㈏ 12V 축전지의 경우에는 2.1V의 셀 6개가 직렬로 연결되어 있다.

③ **격리판** : 양극판과 음극판 사이에 끼워져 양쪽 극판의 단락을 방지하며, 비전도성이어야 한다.

④ 축전지 단자(terminal) 구별 및 탈 · 부착 방법

(가) 양극 단자는 (+), 음극 단자는 (−)의 부호로 분별한다.

(나) 양극 단자는 적색, 음극 단자는 흑색의 색깔로 분별한다.

(다) 양극 단자는 지름이 굵고, 음극 단자는 가늘다.

(라) 양극 단자는 POS, 음극 단자는 NEG의 문자로 분별한다.

(마) 단자에서 케이블을 분리할 때에는 접지단자(−단자)의 케이블을 먼저 분리하고, 설치할 때에는 나중에 설치한다.

⑤ 전해액(electrolyte)

(가) 전해액의 비중

㉮ 묽은 황산을 사용하며, 비중은 20℃에서 완전충전되었을 때 1.280이다.

㉯ 전해액은 온도가 상승하면 비중이 작아지고, 온도가 낮아지면 비중은 커진다.

㉰ 전해액의 빙점(어는 온도)은 그 전해액의 비중이 내려감에 따라 높아진다.

(나) 전해액 만드는 순서

㉮ 용기는 반드시 질그릇 등 절연체인 것을 준비한다.

㉯ 물(증류수)에 황산을 부어서 혼합하도록 한다.

(다) 축전지의 설페이션(유화)의 원인 : 납산 축전지를 오랫동안 방전상태로 방치해 두면 극판이 영구 황산납이 되어 사용하지 못하게 되는 현상이다.

(3) 납산 축전지의 화학작용

① 방전이 진행되면 양극판의 과산화납과 음극판의 해면상납 모두 황산납이 되고, 전해액의 묽은 황산은 물로 변화한다.

② 충전이 진행되면 양극판의 황산납은 과산화납으로, 음극판의 황산납은 해면상납으로 환원되며, 전해액의 물은 묽은 황산으로 되돌아간다.

(4) 납산 축전지의 특성

① 방전종지 전압(방전 끝 전압)

(가) 축전지의 방전은 어느 한도 내에서 단자 전압이 급격히 저하하며 그 이후는 방전 능력이 없어지는 전압이다.

(나) 1셀당 1.75V이며, 12V 축전지의 경우 1.75V×6=10.5V이다.

② 축전지 용량

(가) 용량의 단위는 AH[전류(Ampere)×시간(Hour)]로 표시한다.

(나) 용량의 크기를 결정하는 요소는 극판의 크기, 극판의 수, 전해액(황산)의 양 등이다.

(다) 용량표시 방법에는 20시간율, 25암페어율, 냉간율이 있다.

③ **축전지 연결에 따른 용량과 전압의 변화**

㈎ 직렬연결

㉮ 같은 축전지 2개 이상을 (+)단자와 다른 축전지의 (−)단자에 서로 연결하는 방법이다.

㉯ 전압은 연결한 개수만큼 증가되지만 용량은 1개일 때와 같다.

㈏ 병렬연결

㉮ 같은 축전지 2개 이상을 (+)단자는 다른 축전지의 (+)단자에, (−)단자는 (−)단자에 접속하는 방법이다.

㉯ 용량은 연결한 개수만큼 증가하지만 전압은 1개일 때와 같다.

(5) 납산 축전지의 자기방전

① **자기방전의 원인**

㈎ 구조상 부득이 하다. (음극판의 작용물질이 황산과의 화학작용으로 황산납이 되기 때문에)

㈏ 전해액에 포함된 불순물이 국부전지를 구성하기 때문이다.

㈐ 탈락한 극판 작용물질이 축전지 내부에 퇴적되어 단락되기 때문이다.

㈑ 축전지 커버와 케이스의 표면에서 전기누설 때문이다.

② **축전지의 자기방전량**

㈎ 전해액의 온도와 비중이 높을수록 자기방전량은 많아진다.

㈏ 날짜가 경과할수록 자기방전량은 많아진다.

㈐ 충전 후 시간의 경과에 따라 자기방전량의 비율은 점차 낮아진다.

(6) MF 축전지(maintenance free battery)

MF 축전지는 격자를 저(低)안티몬 합금이나 납−칼슘합금을 사용하여 전해액의 감소나 자기 방전량을 줄일 수 있는 무정비 축전지이다. 특징은 다음과 같다.

① 자기방전 비율이 매우 낮아 장기간 보관이 가능하다.

② 증류수를 점검하거나 보충하지 않아도 된다.

③ 산소와 수소가스를 다시 증류수로 환원시키는 밀봉촉매 마개를 사용한다.

지게차 운전기능사

출제 예상 문제

01. 축전지 내부의 충·방전작용으로 가장 알맞은 것은?

① 화학작용 ② 탄성작용
③ 물리작용 ④ 기계작용

해설 축전지 내부의 충·방전작용은 화학작용을 이용한다.

02. 축전지의 구비조건으로 가장 거리가 먼 것은?

① 축전지의 용량이 클 것
② 전기적 절연이 완전할 것
③ 가급적 크고, 다루기 쉬울 것
④ 전해액의 누출방지가 완전할 것

해설 **축전지의 구비조건** : 축전지의 용량이 클 것, 전기적 절연이 완전할 것, 가급적 가볍고 다루기 쉬울 것, 전해액의 누출방지가 완전할 것

03. 축전지의 역할을 설명한 것으로 틀린 것은?

① 기동장치의 전기적 부하를 담당한다.
② 발전기 출력과 부하와의 언밸런스를 조정한다.
③ 엔진 시동 시 전기적 에너지를 화학적 에너지로 바꾼다.
④ 발전기 고장 시 주행을 확보하기 위한 전원으로 작동한다.

해설 **축전지의 역할**
㉠ 엔진을 시동할 때 화학적 에너지를 전기적 에너지로 바꾼다.
㉡ 기동장치의 전기적 부하를 담당한다.
㉢ 발전기 출력과 부하와의 언밸런스를 조정한다.
㉣ 발전기가 고장 났을 때 주행을 확보하기 위한 전원으로 작동한다.

04. 건설기계 엔진에 사용되는 축전지의 가장 중요한 역할은?

① 주행 중 점화장치에 전류를 공급한다.
② 주행 중 등화장치에 전류를 공급한다.
③ 주행 중 발생하는 전기부하를 담당한다.
④ 기동장치에 전기적 부하를 담당한다.

해설 축전지의 가장 중요한 기능은 엔진을 시동할 때 기동장치(기동전동기)에 전기적 부하를 담당하는 것이다.

05. 건설기계에 사용되는 12V 납산 축전지의 구성은?

① 셀(cell) 3개를 병렬로 접속
② 셀(cell) 3개를 직렬로 접속
③ 셀(cell) 6개를 병렬로 접속
④ 셀(cell) 6개를 직렬로 접속

해설 12V 축전지는 2.1V의 셀(cell) 6개를 직렬로 접속된다.

06. 납산 축전지에서 격리판의 역할은?

① 전해액의 증발을 방지한다.
② 과산화납으로 변화되는 것을 방지한다.
③ 전해액의 화학작용을 방지한다.
④ 음극판과 양극판의 절연성을 높인다.

해설 격리판은 음극판과 양극판의 단락을 방지한다. 즉 절연성을 높인다.

정답 01 ① 02 ③ 03 ③ 04 ④ 05 ④ 06 ④

07. 건설기계에 사용되는 납산 축전지에 대한 내용 중 맞지 않는 것은?

① 음(−)극판이 양(+)극판보다 1장 더 많다.
② 격리판은 비전도성이며 다공성이어야 한다.
③ 축전지 케이스 하단에 엘리먼트 레스트 공간을 두어 단락을 방지한다.
④ (+)단자 기둥은 (−)단자 기둥보다 가늘고 회색이다.

해설 (+)단자 기둥이 (−)단자 기둥보다 굵다.

08. 축전지 격리판의 구비조건으로 틀린 것은?

① 기계적 강도가 있을 것
② 다공성이고 전해액에 부식되지 않을 것
③ 극판에 좋지 않은 물질을 내뿜지 않을 것
④ 전도성이 좋으며 전해액의 확산이 잘 될 것

해설 격리판의 구비조건
㉠ 비전도성일 것
㉡ 다공성이어서 전해액의 확산이 잘 될 것
㉢ 기계적 강도가 있고, 전해액에 부식되지 않을 것
㉣ 극판에 좋지 못한 물질을 내뿜지 않을 것

09. 축전지의 전해액으로 알맞은 것은?

① 순수한 물 ② 과산화납
③ 해면상납 ④ 묽은 황산

해설 납산 축전지 전해액은 증류수에 황산을 혼합한 묽은 황산이다.

10. 납산 축전지의 전해액을 만들 때 황산과 증류수의 혼합방법에 대한 설명으로 틀린 것은?

① 조금씩 혼합하며, 잘 저어서 냉각시킨다.
② 증류수에 황산을 부어 혼합한다.
③ 전기가 잘 통하는 금속제 용기를 사용하여 혼합한다.
④ 추운 지방인 경우 온도가 표준온도일 때 비중이 1.280 되게 측정하면서 작업을 끝낸다.

해설 전해액을 만들 때에는 질그릇 등의 절연체인 용기를 준비한다.

11. 축전지 전해액에 관한 내용으로 옳지 않은 것은?

① 전해액의 온도가 1℃ 변화함에 따라 비중은 0.0007씩 변한다.
② 온도가 올라가면 비중은 올라가고, 온도가 내려가면 비중이 내려간다.
③ 전해액은 증류수에 황산을 혼합하여 희석시킨 묽은 황산이다.
④ 축전지 전해액 점검은 비중계로 한다.

해설 축전지 전해액은 온도가 상승하면 비중은 내려가고, 온도가 내려가면 비중은 올라간다.

12. 납산 축전지의 충전상태를 판단할 수 있는 계기로 옳은 것은?

① 온도계 ② 습도계
③ 점도계 ④ 비중계

해설 비중계로 전해액의 비중을 측정하면 축전지 충전 여부를 판단할 수 있다.

13. 납산 축전지 전해액이 자연 감소되었을 때 보충에 가장 적합한 것은?

① 증류수 ② 황산 ③ 수돗물 ④ 경수

해설 축전지 전해액이 자연 감소되었을 경우에는 증류수를 보충한다.

정답 07 ④ 08 ④ 09 ④ 10 ③ 11 ② 12 ④ 13 ①

14. 일반적인 축전지 터미널의 식별방법으로 적합하지 않은 것은?

① (+), (−)의 표시로 구분한다.
② 터미널의 요철로 구분한다.
③ 굵고 가는 것으로 구분한다.
④ 적색과 흑색 등 색깔로 구분한다.

해설 축전지 단자(터미널) 식별방법
㉠ 양극 단자는 P(positive), 음극 단자는 N(negative)의 문자로 표시
㉡ 양극 단자는 (+), 음극 단자는 (−)의 부호로 표시
㉢ 양극 단자는 굵고, 음극 단자는 가는 것으로 표시
㉣ 양극 단자는 적색, 음극 단자는 흑색으로 표시

15. 납산 축전지 터미널에 녹이 발생했을 때의 조치방법으로 가장 적합한 것은?

① 물걸레로 닦아내고 더 조인다.
② 녹을 닦은 후 고정시키고 소량의 그리스를 상부에 도포한다.
③ (+)와 (−) 터미널을 서로 교환한다.
④ 녹슬지 않게 엔진오일을 도포하고 확실히 더 조인다.

해설 터미널(단자)에 녹이 발생하였으면 녹을 닦은 후 고정시키고 소량의 그리스를 상부에 바른다.

16. 배터리에서 셀 커넥터와 터미널의 설명이 아닌 것은?

① 셀 커넥터는 납 합금으로 되었다.
② 양극판이 음극판의 수보다 1장 더 적다.
③ 색깔로 구분되어 있는 것은 (−)가 적색으로 되어 있다.
④ 셀 커넥터는 배터리 내의 각각의 셀을 직렬로 연결하기 위한 것이다.

17. 축전지를 교환 및 장착할 때 연결순서로 맞는 것은?

① (+)나 (−)선 중 편리한 것부터 연결하면 된다.
② 축전지의 (−)선을 먼저 부착하고, (+)선을 나중에 부착한다.
③ 축전지의 (+), (−)선을 동시에 부착한다.
④ 축전지의 (+)선을 먼저 부착하고, (−)선을 나중에 부착한다.

해설 축전지를 장착할 때에는 (+)선을 먼저 부착하고, (−)선을 나중에 부착한다.

18. 건설기계의 축전지 케이블 탈거에 대한 설명으로 옳은 것은?

① 절연되어 있는 케이블을 먼저 탈거한다.
② 아무 케이블이나 먼저 탈거한다.
③ (+) 케이블을 먼저 탈거한다.
④ 접지되어 있는 케이블을 먼저 탈거한다.

해설 축전지에서 케이블을 탈거할 때에는 먼저 접지 케이블을 탈거한다.

19. 축전지의 케이스와 커버를 청소할 때 사용하는 용액으로 가장 옳은 것은?

① 비누와 물 ② 소금과 물
③ 소다와 물 ④ 오일과 가솔린

해설 축전지 커버나 케이스의 청소는 소다와 물 또는 암모니아수를 사용한다.

20. 축전지가 방전될 때 일어나는 현상이 아닌 것은?

① 양극판은 과산화납이므로 황산납으로 변함
② 전해액은 황산이 물로 변함
③ 음극판은 황산납이 해면상납으로 변함
④ 전압과 비중은 점차 낮아짐

정답 14 ② 15 ② 16 ③ 17 ④ 18 ④ 19 ③ 20 ③

해설 납산 축전지 방전 중의 화학작용
㉠ 양극판의 과산화납은 황산납으로 변화한다.
㉡ 음극판의 해면상납은 황산납으로 변화한다.
㉢ 전해액은 묽은 황산이 물로 변하여 비중이 낮아진다.

21. 납산 축전지의 충·방전 상태를 나타낸 것이 아닌 것은?

① 축전지가 방전되면 양극판은 과산화납이 황산납으로 된다.
② 축전지가 방전되면 전해액은 묽은 황산이 물로 변하여 비중이 낮아진다.
③ 축전지가 충전되면 음극판은 황산납이 해면상납으로 된다.
④ 축전지가 충전되면 양극판에서 수소를, 음극판에서 산소를 발생시킨다.

해설 납산 축전지가 충전되면 양극판에서 산소를, 음극판에서 수소를 발생시킨다.

22. 납산 축전지를 오랫동안 방전상태로 방치해 두면 사용하지 못하게 되는 원인은?

① 극판이 영구 황산납이 되기 때문이다.
② 극판에 산화납이 형성되기 때문이다.
③ 극판에 수소가 형성되기 때문이다.
④ 극판에 녹이 슬기 때문이다.

해설 납산 축전지를 오랫동안 방전상태로 두면 극판이 영구 황산납이 되어 사용하지 못하게 된다.

23. 다음 중 축전지 설페이션(유화)의 원인이 아닌 것은?

① 방전상태로 장시간 방치한 경우
② 전해액 양이 부족한 경우
③ 과충전인 경우
④ 전해액 속의 과도한 황산이 함유된 경우

해설 축전지의 설페이션(유화)의 원인
㉠ 장기간 방전상태로 방치하였을 경우
㉡ 전해액 속의 과도한 황산이 함유되어 있을 경우
㉢ 전해액에 불순물이 포함되어 있을 경우
㉣ 전해액 양이 부족할 경우

24. 축전지 용량의 단위는?

① W ② AV ③ V ④ AH

해설 축전지 용량의 단위는 암페어시(AH)이다.

25. 축전지의 용량을 결정짓는 인자가 아닌 것은?

① 셀당 극판 수 ② 극판의 크기
③ 단자의 크기 ④ 전해액의 양

해설 축전지의 용량을 결정짓는 인자는 셀당 극판 수, 극판의 크기, 전해액의 양이다.

26. 다음 중 축전지의 용량 표시방법이 아닌 것은?

① 25시간율 ② 25암페어율
③ 20시간율 ④ 냉간율

해설 축전지의 용량 표시방법에는 20시간율, 25암페어율, 냉간율이 있다.

27. 축전지의 방전은 어느 한도 내에서 단자 전압이 급격히 저하하며, 그 이후는 방전능력이 없어지게 된다. 이때의 전압을 (   )이라고 한다. (   )에 들어갈 용어로 옳은 것은?

① 충전전압 ② 누전전압
③ 방전전압 ④ 방전종지전압

해설 축전지의 방전은 어느 한도 내에서 단자 전압이 급격히 저하하며, 그 이후는 방전능력이 없어지게 되는데 이때의 전압을 방전종지전압이라 한다.

정답 21 ④ 22 ① 23 ③ 24 ④ 25 ③ 26 ① 27 ④

28. 축전지의 방전종지전압에 대한 설명이 잘못된 것은?

① 축전지의 방전 끝(한계) 전압이다.
② 한 셀당 1.7~1.8V 이하로 방전되는 현상이다.
③ 방전종지전압 이하로 방전시키면 축전지의 성능이 저하된다.
④ 20시간율 전류로 방전하였을 경우 방전종지전압은 한 셀당 2.1V이다.

해설 축전지의 방전종지전압은 1셀당 1.7~1.8V 이하이다.

29. 12V용 납산 축전지의 방전종지전압은?

① 12V ② 10.5V ③ 7.5V ④ 1.75V

해설 축전지 1셀당 방전종지전압은 1.75V이고, 12V축전지는 셀이 6개이므로 12V 축전지의 방전종지전압은 6×1.75V=10.5V이다.

30. 그림과 같이 12V용 축전지 2개를 사용하여 24V용 건설기계를 사용하고자 할 때 연결방법으로 옳은 것은?

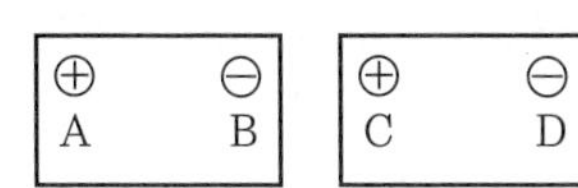

① B와 D ② B와 C
③ A와 C ④ A와 B

해설 직렬연결이란 전압과 용량이 동일한 축전지 2개 이상을 (+)단자와 연결대상 축전지의 (-)단자에 서로 연결하는 방식이며, 이때 전압은 축전지를 연결한 개수만큼 증가하나 용량은 1개일 때와 같다.

31. 12V 동일한 용량의 축전지 2개를 직렬로 접속하면?

① 전류가 증가한다. ② 전압이 높아진다.
③ 저항이 감소한다. ④ 용량이 감소한다.

32. 건설기계에 사용되는 12볼트(V) 80암페어(A) 축전지 2개를 직렬로 연결하면 전압과 전류는?

① 24볼트(V) 160암페어(A)가 된다.
② 12볼트(V) 160암페어(A)가 된다.
③ 24볼트(V) 80암페어(A)가 된다.
④ 12볼트(V) 80암페어(A)가 된다.

해설 12V–80A 축전지 2개를 직렬로 연결하면 24V–80A가 된다.

33. 12V 축전지 4개를 병렬로 연결하면 전압은?

① 36V ② 12V ③ 24V ④ 48V

해설 같은 용량, 같은 전압의 축전지를 병렬로 연결하면 용량은 2배이고 전압은 한 개일 때와 같다.

34. 건설기계에 사용되는 12볼트(V) 80암페어(A) 축전지 2개를 병렬로 연결하면 전압과 전류는 어떻게 변하는가?

① 24볼트(V), 160암페어(A)가 된다.
② 12볼트(V), 80암페어(A)가 된다.
③ 24볼트(V), 80암페어(A)가 된다.
④ 12볼트(V), 160암페어(A)가 된다.

해설 12볼트 80암페어 축전지 2개를 병렬로 연결하면 12볼트(V), 160암페어(A)가 된다.

35. 충전된 축전지라도 방치해두면 사용하지 않아도 조금씩 자연 방전하여 용량이 감소하는 현상은?

① 급속방전 ② 자기방전
③ 화학방전 ④ 강제방전

해설 자기방전이란 충전된 축전지라도 방치해두면 사용하지 않아도 조금씩 자연 방전하여 용량이 감소하는 현상이다.

정답 28 ④ 29 ② 30 ② 31 ② 32 ③ 33 ② 34 ④ 35 ②

36. 배터리의 자기방전 원인에 대한 설명으로 틀린 것은?

① 전해액 중에 불순물이 혼입되어 있다.
② 배터리 케이스의 표면에서는 전기누설이 없다.
③ 이탈된 작용물질이 극판의 아랫부분에 퇴적되어 있다.
④ 배터리의 구조상 부득이하다.

해설 배터리 케이스의 표면에서는 전기누설이 있으면 자기방전의 원인이 된다.

37. 축전지의 자기방전량 설명으로 적합하지 않은 것은?

① 전해액의 온도가 높을수록 자기방전량은 작아진다.
② 전해액의 비중이 높을수록 자기방전량은 크다.
③ 날짜가 경과할수록 자기방전량은 많아진다.
④ 충전 후 시간의 경과에 따라 자기방전량의 비율은 점차 낮아진다.

해설 자기방전량은 전해액의 온도가 높을수록 커진다.

38. 납산 축전지에 대한 설명으로 옳은 것은?

① 전해액이 자연 감소된 축전지의 경우 증류수를 보충하면 된다.
② 축전지의 방전이 계속되면 전압은 낮아지고, 전해액의 비중은 높아지게 된다.
③ 축전지의 용량을 크게 하려면 별도의 축전지를 직렬로 연결하면 된다.
④ 축전지를 보관할 때에는 되도록 방전시키는 것이 좋다.

해설 납산 축전지에 대한 설명
㉠ 축전지의 방전이 계속되면 전압은 낮아지고, 전해액의 비중도 낮아진다.
㉡ 축전지의 용량을 크게 하기 위해서는 별도의 축전지를 병렬로 연결한다.
㉢ 축전지를 보관할 때에는 충전시키는 것이 좋다.

39. 전해액의 비중이 20℃일 때 축전지 자기방전을 설명한 것이다. 틀린 것은?

① 완전충전 : 1.260~1.280
② 75% 충전 : 1.220~1.260
③ 50% 충전 : 1190~1.210
④ 25% 충전 : 1.150~1.170

해설 충전 상태와 전해액 비중(20℃)

충전 상태	전해액 비중(20℃)
완전충전	1.260~1.280
75% 충전	1.220~1.240
50% 충전	1.190~1.210
25% 충전	1.150~1.170
완전방전	1.110 이하

40. MF(maintenance free) 축전지에 대한 설명으로 적합하지 않은 것은?

① 격자의 재질은 납과 칼슘 합금이다.
② 무보수용 축전지이다.
③ 밀봉 촉매 마개를 사용한다.
④ 증류수는 매 15일마다 보충한다.

해설 MF 축전지는 증류수를 점검 및 보충하지 않아도 된다.

41. 시동키를 뽑은 상태로 주차했음에도 배터리에서 방전되는 전류를 뜻하는 것은?

① 충전전류 ② 암전류
③ 시동전류 ④ 발전전류

해설 암전류란 시동키를 뽑은 상태로 주차했음에도 배터리에서 방전되는 전류이다.

정답 36 ② 37 ① 38 ① 39 ② 40 ④ 41 ②

3 시동장치(stating system)와 예열장치(glow system)

(1) 기동전동기의 원리

기동전동기의 원리는 플레밍의 왼손 법칙을 이용한다.

(2) 직권전동기의 특성

① 전기자 코일과 계자코일을 직렬로 접속한다.

② **장점** : 기동회전력이 크고, 부하가 증가하면 회전속도가 낮아지며 흐르는 전류가 커진다.

③ **단점** : 회전속도 변화가 크다.

(3) 기동전동기의 구조와 기능

① 전기자 코일 및 철심, 정류자, 계자코일 및 계자철심, 브러시와 브러시 홀더, 피니언, 오버러닝 클러치, 솔레노이드 스위치 등으로 구성된다.

② 엔진을 시동할 때 플라이휠의 링 기어에 기동전동기의 피니언을 맞물려 크랭크축을 회전시킨다.

③ 엔진의 시동이 완료되면 기동전동기 피니언을 플라이휠 링 기어로부터 분리시킨다.

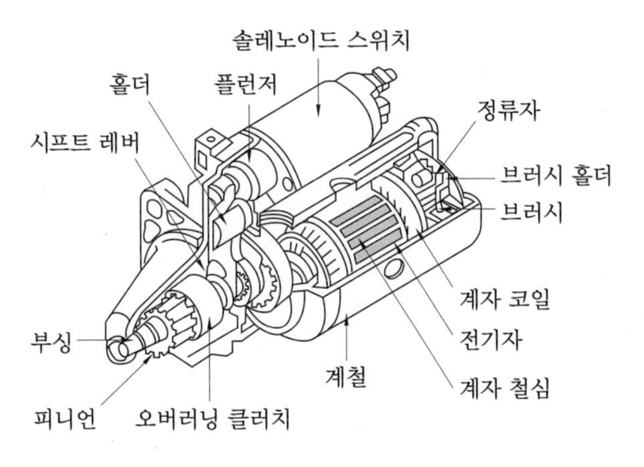

기동전동기의 구조

(4) 기동전동기의 동력전달 방식

기동전동기의 피니언을 엔진의 플라이휠 링 기어에 물리는 방식에는 벤딕스 방식, 피니언 섭동방식, 전기자 섭동방식 등이 있다.

(5) 예열장치(glow system)

예열장치는 흡기다기관이나 연소실 내의 공기를 미리 가열하여 겨울철에 디젤엔진의 시동이 쉽도록 하는 장치이다. 즉 디젤엔진에 흡입된 공기온도를 상승시켜 시동을 원활하게 한다.

① **예열플러그(glow plug)** : 예열플러그는 연소실 내의 압축공기를 직접 예열하며, 코일형과 실드형이 있다.

② **흡기가열 방식** : 흡기가열 방식에는 흡기히터와 히트레인지가 있으며, 직접분사실식에서 사용한다.

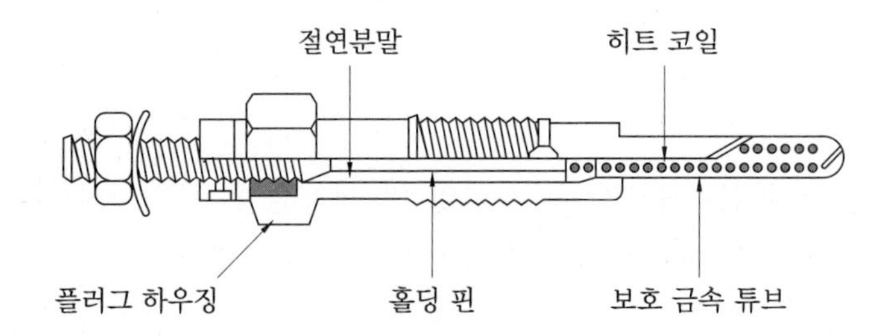

실드형 예열플러그의 구조

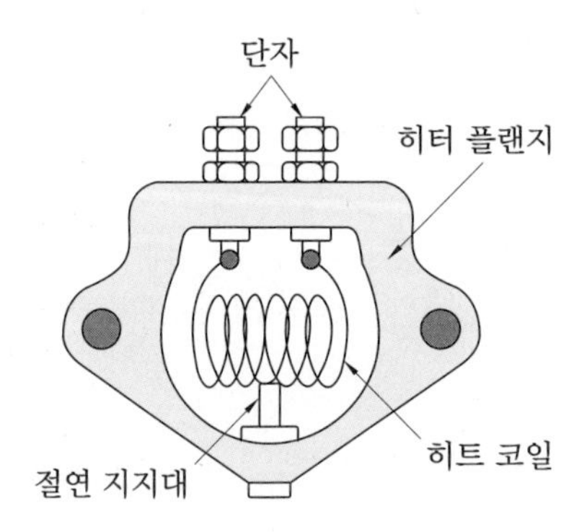

히트레인지의 구조

지게차 운전기능사

출제 예상 문제

01. 건설기계에 사용되는 전기장치 중 플레밍의 왼손 법칙이 적용된 부품은?

① 발전기 ② 점화코일
③ 릴레이 ④ 기동전동기

해설 기동전동기의 원리는 플레밍의 왼손 법칙을 적용한다.

02. 건설기계에 주로 사용되는 기동전동기로 맞는 것은?

① 직류분권 전동기
② 직류직권 전동기
③ 직류복권 전동기
④ 교류 전동기

해설 엔진 시동으로 사용하는 전동기는 직류직권 전동기이다.

03. 직류직권 전동기에 대한 설명 중 틀린 것은?

① 기동 회전력이 분권전동기에 비해 크다.
② 부하에 따른 회전속도의 변화가 크다.
③ 부하를 크게 하면 회전속도는 낮아진다.
④ 부하에 관계없이 회전속도가 일정하다.

해설 직류직권 전동기는 기동 회전력이 크고, 부하가 걸렸을 때에는 회전속도가 낮아지고 회전력이 큰 장점이 있으나 회전속도의 변화가 큰 단점이 있다.

04. 기동전동기의 기능으로 틀린 것은?

① 플라이휠 링 기어와 피니언의 기어 비율은 15~20 : 1 정도이다.
② 플라이휠의 링 기어에 기동전동기의 피니언을 맞물려 크랭크축을 회전시킨다.
③ 엔진을 구동시킬 때 사용한다.
④ 엔진의 시동이 완료되면 기동전동기 피니언을 플라이휠 링 기어로부터 분리시킨다.

해설 플라이휠 링 기어와 기동전동기 피니언의 기어 비율은 10~15 : 1 정도이다.

05. 전기자 코일, 정류자, 계자코일, 브러시 등으로 구성되어 엔진을 가동시킬 때 사용되는 것으로 맞는 것은?

① 발전기 ② 기동전동기
③ 오일펌프 ④ 액추에이터

해설 기동전동기는 전기자 코일 및 철심, 정류자, 계자코일 및 계자철심, 브러시와 홀더, 피니언, 오버러닝 클러치, 솔레노이드 스위치 등으로 구성되어 엔진을 가동시킬 때 사용한다.

06. 기동전동기 피니언을 플라이휠 링 기어에 물려 엔진을 크랭킹시킬 수 있는 점화 스위치 위치는?

① ON 위치 ② ACC 위치
③ OFF 위치 ④ ST 위치

해설 점화 스위치의 ST(시동) 위치는 기동전동기 피니언을 플라이휠 링 기어에 물려 엔진을 크랭킹하는 위치이다.

정답 01 ④ 02 ② 03 ④ 04 ① 05 ② 06 ④

07. 엔진 시동 시 전류의 흐름으로 옳은 것은?

① 축전지 → 전기자 코일 → 정류자 → 브러시 → 계자코일
② 축전지 → 계자코일 → 브러시 → 정류자 → 전기자 코일
③ 축전지 → 전기자 코일 → 브러시 → 정류자 → 계자코일
④ 축전지 → 계자코일 → 정류자 → 브러시 → 전기자 코일

해설 엔진을 시동할 때 기동전동기에 전류가 흐르는 순서는 축전지 → 계자코일 → 브러시 → 정류자 → 전기자 코일이다.

08. 기동전동기에서 전기자 철심을 여러 층으로 겹쳐서 만드는 이유는?

① 자력선 감소
② 소형 경량화
③ 맴돌이 전류 감소
④ 온도 상승 촉진

해설 전기자 철심을 두께 0.35~1.0mm의 얇은 철판을 각각 절연하여 겹쳐 만든 이유는 자력선을 잘 통과시키고, 맴돌이 전류를 감소시키기 위함이다.

09. 기동전동기 구성품 중 자력선을 형성하는 것은?

① 전기자 ② 계자코일
③ 슬립링 ④ 브러시

해설 계자코일에 전기가 흐르면 계자철심은 전자석이 되며, 자력선을 형성한다.

10. 기동전동기 전기자 코일에 항상 일정한 방향으로 전류가 흐르도록 하기 위해 설치한 것은?

① 슬립링 ② 로터
③ 정류자 ④ 다이오드

해설 기동전동기의 정류자는 전기자 코일에 항상 일정한 방향으로 전류가 흐르도록 하는 작용을 한다.

11. 기동전동기의 브러시는 본래 길이의 얼마 정도 마모되면 교환하는가?

① 1/10 이상 ② 1/3 이상
③ 1/5 이상 ④ 1/4 이상

해설 기동전동기의 브러시는 본래 길이의 1/3 이상 마모되면 교환하여야 한다.

12. 기동전동기에서 마그네틱 스위치는?

① 전자석 스위치이다.
② 전류 조절기이다.
③ 전압 조절기이다.
④ 저항 조절기이다.

해설 마그네틱 스위치는 솔레노이드 스위치라고도 부르며, 기동전동기의 전자석 스위치이다.

13. 엔진이 시동된 다음에는 기동전동기 피니언이 공회전하여 플라이휠 링 기어에 의해 엔진의 회전력이 기동전동기에 전달되지 않도록 하는 장치는?

① 피니언 ② 전기자
③ 정류자 ④ 오버러닝 클러치

해설 오버러닝 클러치는 엔진이 시동된 다음에 기동전동기 피니언이 공회전하여 플라이휠 링 기어에 의해 엔진의 회전력이 기동전동기에 전달되지 않도록 한다.

14. 기동전동기의 동력전달 기구를 동력전달 방식으로 구분한 것이 아닌 것은?

① 벤딕스 방식

정답 07 ② 08 ③ 09 ② 10 ③ 11 ② 12 ① 13 ④ 14 ③

② 피니언 섭동방식
③ 계자 섭동방식
④ 전기자 섭동방식

해설 기동전동기의 피니언을 엔진의 플라이휠 링 기어에 물리는 방식에는 벤딕스 방식, 피니언 섭동방식, 전기자 섭동방식 등이 있다.

15. 건설기계의 시동장치 취급 시 주의사항으로 틀린 것은?

① 기동전동기의 연속 사용 기간은 3분 정도로 한다.
② 엔진이 시동된 상태에서 시동스위치를 켜서는 안 된다.
③ 기동전동기의 회전속도가 규정 이하이면 오랜 시간 연속 회전시켜도 시동이 되지 않으므로 회전속도에 유의해야 한다.
④ 전선 굵기는 규정 이하의 것을 사용하면 안 된다.

해설 기동전동기의 연속 사용 기간은 10~15초 정도로 한다.

16. 엔진이 시동되었는데도 시동스위치를 계속 ON 위치로 할 때 미치는 영향으로 가장 알맞은 것은?

① 크랭크축 저널이 마멸된다.
② 클러치 디스크가 마멸된다.
③ 기동전동기의 수명이 단축된다.
④ 엔진의 수명이 단축된다.

해설 엔진이 기동되었을 때 시동스위치를 계속 ON 위치로 하면 기동전동기가 엔진에 의해 구동되어 수명이 단축된다.

17. 기동전동기의 시험 항목으로 맞지 않은 것은?

① 무부하 시험 ② 회전력 시험
③ 저항시험 ④ 중부하 시험

해설 기동전동기의 시험 항목에는 회전력(부하) 시험, 무부하 시험, 저항시험 등이 있다.

18. 기동전동기를 엔진에서 떼어낸 상태에서 행하는 시험을 (㉮)시험, 엔진에 설치된 상태에서 행하는 시험을 (㉯)시험이라 한다. ㉮와 ㉯에 알맞은 말은?

① ㉮-무부하, ㉯-부하
② ㉮-부하, ㉯-무부하
③ ㉮-크랭킹, ㉯-부하
④ ㉮-무부하, ㉯-크랭킹

해설 기동전동기를 엔진에서 떼어낸 상태에서 행하는 시험을 무부하 시험, 엔진에 설치된 상태에서 행하는 시험을 부하시험이라 한다.

19. 디젤엔진의 냉간 시 시동을 돕기 위해 설치된 부품으로 맞는 것은?

① 히트레인지(예열플러그)
② 발전기
③ 디퓨저
④ 과급장치

해설 디젤엔진의 시동보조 장치에는 예열장치, 흡기가열장치(흡기히터와 히트레인지), 실린더 감압장치, 연소촉진제 공급 장치 등이 있다.

20. 다음 중 예열장치의 설치목적으로 옳은 것은?

① 연료를 압축하여 분무성능을 향상시키기 위함이다.
② 냉간 시동 시 시동을 원활히 하기 위함이다.
③ 연료 분사량을 조절하기 위함이다.
④ 냉각수의 온도를 조절하기 위함이다.

정답 15 ① 16 ③ 17 ④ 18 ① 19 ① 20 ②

해설 예열장치는 한랭한 상태에서 엔진을 시동할 때 시동을 원활히 하기 위해 사용한다.

21. 디젤엔진의 전기가열 방식 예열장치에서 예열 진행의 3단계로 틀린 것은?

① 프리 글로우
② 스타트 글로우
③ 포스트 글로우
④ 컷 글로우

해설 예열 진행의 3단계는 프리 글로우(pre glow), 스타트 글로우(start glow), 포스트 글로우(post glow)이다.

22. 디젤엔진의 예열장치에서 연소실 내의 압축공기를 직접 예열하는 형식은?

① 히트릴레이 방식
② 예열플러그 방식
③ 흡기히터 방식
④ 히트레인지 방식

해설 예열플러그는 예열장치에서 연소실 내의 압축공기를 직접 예열하는 부품이다.

23. 디젤엔진 예열장치에서 코일형 예열플러그와 비교한 실드형 예열플러그의 설명 중 틀린 것은?

① 발열량이 크고 열용량도 크다.
② 예열플러그들 사이의 회로는 병렬로 결선되어 있다.
③ 기계적 강도 및 가스에 의한 부식에 약하다.
④ 예열플러그 하나가 단선되어도 나머지는 작동된다.

해설 실드형 예열플러그의 특징
㉠ 보호금속 튜브에 히트코일이 밀봉되어 있으며, 병렬로 연결되어 있다.
㉡ 히트코일이 가는 열선으로 되어 있어 예열플러그 자체의 저항이 크다.
㉢ 발열량과 열용량이 크다.
㉣ 예열플러그 하나가 단선되어도 나머지는 작동된다.

24. 6실린더 디젤엔진의 병렬로 연결된 예열플러그 중 3번 실린더의 예열플러그가 단선되었을 때 나타나는 현상에 대한 설명으로 옳은 것은?

① 2번과 4번의 예열플러그도 작동이 안 된다.
② 예열플러그 전체가 작동이 안 된다.
③ 3번 실린더 예열플러그만 작동이 안 된다.
④ 축전지 용량의 배가 방전된다.

해설 병렬로 연결된 예열플러그 중 3번 실린더의 예열플러그가 단선되면 3번 실린더 예열플러그만 작동이 안 된다.

25. 글로우 플러그를 설치하지 않아도 되는 연소실은?(단, 전자제어 커먼레일은 제외)

① 직접분사실식
② 와류실식
③ 공기실식
④ 예연소실식

해설 직접분사실식에서는 시동보조 장치로 흡기다기관에 흡기가열 장치(흡기히터와 히트레인지)를 설치한다.

정답 21 ④ 22 ② 23 ③ 24 ③ 25 ①

2-2 충전장치 구조와 기능

1 발전기의 원리

(1) 플레밍의 오른손 법칙

건설기계에서는 주로 3상 교류발전기를 사용하며, 플레밍의 오른손 법칙을 발전기의 원리로 이용한다.

(2) 렌츠의 법칙

"유도 기전력의 방향은 코일 내의 자속의 변화를 방해하려는 방향으로 발생한다."는 법칙이다.

2 교류(AC) 충전장치

(1) 교류발전기의 특징

① 소형 · 경량이며, 속도변화에 따른 적용범위가 넓다.
② 저속에서도 충전 가능한 출력전압이 발생한다.
③ 고속회전에 잘 견디고, 출력이 크다.
④ 전압조정기만 필요하며, 브러시 수명이 길다.
⑤ 실리콘 다이오드로 정류하므로 전기적 용량이 크다.
⑥ 다이오드를 사용하기 때문에 정류특성이 좋다.

(2) 교류발전기의 구조

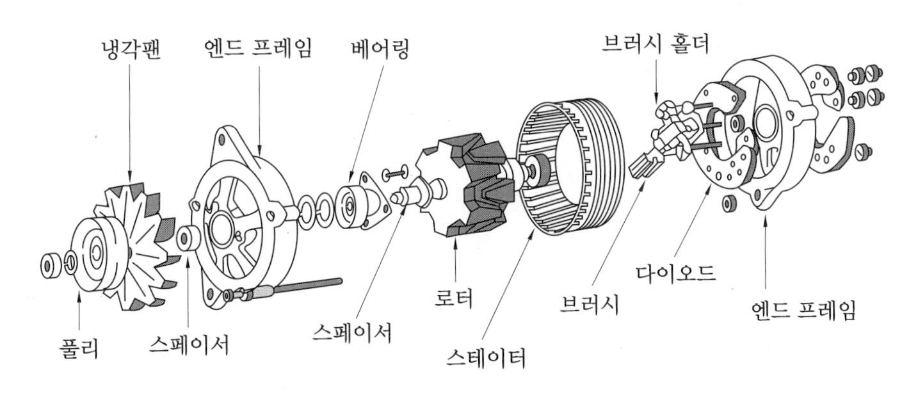

교류발전기의 분해도

① **스테이터(stator, 고정자)** : 독립된 3개의 코일이 감겨져 있으며 3상 교류가 유기된다.

② **로터(rotor, 회전자)** : 자극편은 코일에 전류가 흐르면 전자석이 되며, 교류발전기 출력은 로터코일의 전류를 조정하여 조정한다.

③ **정류기(rectifier)** : 실리콘 다이오드를 정류기로 사용한다. 기능은 스테이터 코일에서 발생한 교류를 직류로 정류하여 외부로 공급하며, 축전지에서 발전기로 전류가 역류하는 것을 방지한다.

④ **충전 경고등** : 계기판에 충전 경고등이 점등되면 충전이 되지 않고 있음을 나타내며, 엔진 가동 전(점등)과 가동 중(소등) 점검한다.

지게차 운전기능사

출제 예상 문제

01. 건설기계에 사용되는 전기장치 중 플레밍의 오른손 법칙이 적용되어 사용되는 부품은?

① 발전기 ② 기동전동기
③ 릴레이 ④ 점화코일

해설 발전기의 원리는 플레밍의 오른손 법칙을 사용한다.

02. "유도 기전력의 방향은 코일 내의 자속의 변화를 방해하려는 방향으로 발생한다."는 법칙은?

① 플레밍의 왼손 법칙
② 플레밍의 오른손 법칙
③ 렌츠의 법칙
④ 자기유도 법칙

해설 렌츠의 법칙은 "유도 기전력의 방향은 코일 내의 자속의 변화를 방해하려는 방향으로 발생한다." 는 법칙이다.

03. 충전장치에서 발전기는 어떤 축과 연동되어 구동되는가?

① 크랭크축 ② 캠축
③ 추진축 ④ 변속기 입력축

해설 발전기는 엔진의 크랭크축에 의해 구동된다.

04. 건설기계의 충전장치에서 가장 많이 사용하고 있는 발전기는?

① 단상 교류발전기 ② 3상 교류발전기
③ 와전류 발전기 ④ 직류발전기

해설 건설기계의 충전장치에서 가장 많이 사용하고 있는 발전기는 3상 교류발전기이다.

05. 축전지 및 발전기에 대한 설명으로 옳은 것은?

① 엔진 시동 전 전원은 발전기이다.
② 엔진 시동 후 전원은 배터리이다.
③ 엔진 시동 전과 후 모두 전력은 배터리로부터 공급된다.
④ 발전하지 못해도 배터리로만 운행이 가능하다.

해설 엔진 시동 전의 전원은 배터리이며, 시동 후의 전원은 발전기이다. 또 발전기가 발전을 하지 못해도 배터리로만 운행이 가능하다.

06. 충전장치의 역할로 틀린 것은?

① 각종 램프에 전력을 공급한다.
② 에어컨 장치에 전력을 공급한다.
③ 축전지에 전력을 공급한다.
④ 기동장치에 전력을 공급한다.

해설 충전장치는 축전지에 전력공급(충전), 각종 램프에 전력공급, 각종 전장부품에 전력을 공급한다.

07. 교류발전기의 설명으로 틀린 것은?

① 타여자 방식의 발전기다.
② 고정된 스테이터에서 전류가 생성된다.
③ 정류자와 브러시가 정류작용을 한다.
④ 발전기 조정기는 전압조정기만 필요하다.

해설 교류발전기(AC)는 실리콘 다이오드를 이용하여 정류작용을 한다.

정답 01 ① 02 ③ 03 ① 04 ② 05 ④ 06 ④ 07 ③

08. 교류발전기의 특성이 아닌 것은?

① 저속에서도 충전성능이 우수하다.
② 소형 경량이고 출력도 크다.
③ 소모 부품이 적고 내구성이 우수하며 고속회전에 견딘다.
④ 전압조정기, 전류 조정기, 컷 아웃 릴레이로 구성된다.

해설 교류발전기는 전압조정기만 필요하다.

09. 교류발전기의 장점이 아닌 것은?

① 소형 경량이다.
② 저속 시 충전특성이 양호하다.
③ 정류자를 두지 않아 풀리비를 작게 할 수 있다.
④ 반도체 정류기를 사용하므로 전기적 용량이 크다.

해설 교류발전기는 회전부분에 정류자를 두지 않아 허용 회전속도 한계가 높기 때문에 벨트나 베어링이 허용하는 범위 내에서 풀리비를 크게 할 수 있다.

10. 교류발전기의 부품이 아닌 것은?

① 다이오드 ② 슬립링
③ 전류 조정기 ④ 스테이터 코일

해설 교류발전기는 스테이터(stator), 로터(rotor), 다이오드, 슬립링과 브러시, 엔드 프레임, 전압조정기 등으로 구성되어 있다.

11. 교류발전기의 유도전류는 어디에서 발생하는가?

① 계자코일 ② 전기자
③ 스테이터 ④ 로터

해설 교류발전기에 유도전류는 스테이터(stator)에서 발생한다.

12. 교류발전기에서 회전체에 해당하는 것은?

① 스테이터 ② 브러시
③ 엔드 프레임 ④ 로터

해설 교류발전기에서 로터(회전체)는 전류가 흐를 때 전자석이 되는 부분이다.

13. AC발전기에서 전류가 흐를 때 전자석이 되는 것은?

① 계자철심 ② 로터
③ 아마추어 ④ 스테이터 철심

해설 교류발전기에서 로터(회전체)는 전류가 흐를 때 전자석이 된다.

14. 충전장치에서 교류발전기는 무엇을 변화시켜 충전출력을 조정하는가?

① 회전속도 ② 로터코일 전류
③ 브러시 위치 ④ 스테이터 전류

해설 교류발전기의 출력은 로터코일 전류를 변화시켜 조정한다.

15. 건설기계의 교류발전기에서 마모성 부품은?

① 스테이터 ② 슬립링
③ 다이오드 ④ 엔드 프레임

해설 슬립링은 브러시와 접촉되어 회전하므로 마모성이 있다.

16. 교류발전기에서 교류를 직류로 바꾸어 주는 것은?

① 슬립링 ② 계자
③ 브러시 ④ 다이오드

해설 교류발전기에는 실리콘 다이오드를 정류기로 사용한다.

정답 08 ④ 09 ③ 10 ③ 11 ③ 12 ④ 13 ② 14 ② 15 ② 16 ④

17. 교류발전기의 다이오드가 하는 역할은?

① 전류를 조정하고, 교류를 정류한다.
② 전압을 조정하고, 교류를 정류한다.
③ 교류를 정류하고, 역류를 방지한다.
④ 여자전류를 조정하고, 역류를 방지한다.

해설 AC발전기 다이오드의 역할은 교류를 정류하고, 역류를 방지한다.

18. 교류발전기에 사용되는 반도체인 다이오드를 냉각하기 위한 것은?

① 엔드 프레임에 설치된 오일장치
② 히트싱크
③ 냉각튜브
④ 유체클러치

해설 히트싱크는 다이오드를 설치하는 철판이며, 다이오드가 정류작용을 할 때 다이오드를 냉각시켜 주는 작용을 한다.

19. 교류발전기에서 높은 전압으로부터 다이오드를 보호하는 구성품은?

① 콘덴서 ② 필드코일
③ 정류기 ④ 로터

해설 콘덴서는 교류발전기에서 높은 전압으로부터 다이오드를 보호한다.

20. 충전장치에서 IC 전압조정기의 장점으로 틀린 것은?

① 조정전압 정밀도 향상이 크다.
② 내열성이 크며 출력을 증대시킬 수 있다.
③ 진동에 의한 전압변동이 크고, 내구성이 우수하다.
④ 초소형화가 가능하므로 발전기 내에 설치할 수 있다.

해설 IC 전압조정기는 진동에 의한 전압변동이 없고, 내구성이 크다.

21. 엔진가동 정지 상태에서 계기판 전류계의 지침이 정상에서 (−)방향을 지시하고 있다. 그 원인이 아닌 것은?

① 전조등 스위치가 점등위치에서 방전되고 있다.
② 배선에서 누전되고 있다.
③ 엔진 예열장치를 동작시키고 있다.
④ 발전기에서 축전지로 충전되고 있다.

해설 발전기에서 축전지로 충전되면 전류계 지침은 (+)방향을 지시한다.

22. 건설기계의 발전기가 충전작용을 하지 못하는 경우에 점검사항이 아닌 것은?

① 레귤레이터
② 솔레노이드 스위치
③ 발전기 구동벨트
④ 충전회로

해설 솔레노이드 스위치는 기동전동기의 전자석 스위치이다.

23. 충전장치에서 축전지 전압이 낮을 때의 원인으로 틀린 것은?

① 조정 전압이 낮을 때
② 다이오드가 단락되었을 때
③ 축전지 케이블 접속이 불량할 때
④ 충전회로에 부하가 적을 때

해설 충전회로의 부하가 크면 축전지 전압이 낮아진다.

24. 작동 중인 교류발전기에서 작동 중 소음 발생의 원인으로 가장 거리가 먼 것은?

① 고정 볼트가 풀렸다.
② 벨트장력이 약하다.
③ 베어링이 손상되었다.
④ 축전지가 방전되었다.

정답 17 ③ 18 ② 19 ① 20 ③ 21 ④ 22 ② 23 ④ 24 ④

2-3 계기 및 등화장치 구조와 기능

1 조명의 용어

① **광속** : 광원에서 나오는 빛의 다발이며, 단위는 루멘(lumen, 기호는 lm)이다.
② **광도** : 빛의 세기이며, 단위는 칸델라(candle, 기호는 cd)이다.
③ **조도** : 빛을 받는 면의 밝기이며, 단위는 룩스(lux, 기호는 lx)이다.

2 전조등(head light or head lamp)과 그 회로

(1) 실드 빔형(shield beam type)

① 반사경에 필라멘트를 붙이고 여기에 렌즈를 녹여 붙인 후 내부에 불활성 가스를 넣어 그 자체가 1개의 전구가 되도록 한 방식이다.
② 특징은 대기의 조건에 따라 반사경이 흐려지지 않고, 사용에 따르는 광도의 변화가 적은 장점이 있으나, 필라멘트가 끊어지면 렌즈나 반사경에 이상이 없어도 전조등 전체를 교환하여야 한다.

(2) 세미실드 빔형(semi shield beam type)

렌즈와 반사경은 녹여 붙였으나 전구는 별개로 설치한 형식으로 필라멘트가 끊어지면 전구만 교환하면 된다. 최근에는 할로겐램프를 주로 사용한다.

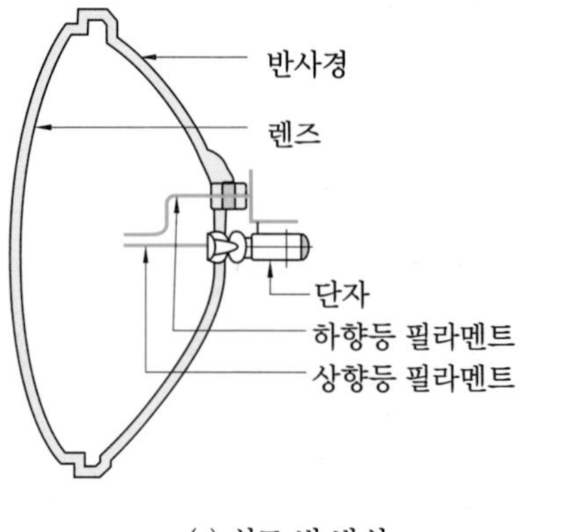

(a) 실드 빔 방식

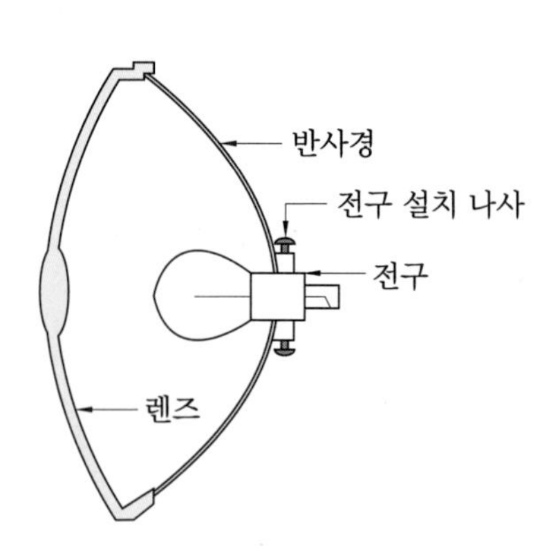

(b) 세미실드 빔 방식

전조등의 종류

(3) 전조등 회로

양쪽의 전조등은 상향등(high beam)과 하향등(low beam)별로 병렬로 접속되어 있다.

(4) 복선방식 회로

복선방식은 접지 쪽에도 전선을 사용하는 것으로 주로 전조등과 같이 큰 전류가 흐르는 회로에서 사용한다.

3 방향지시등

① 플래셔 유닛은 방향지시등 전구에 흐르는 전류를 일정한 주기로 단속 · 점멸하여 램프의 광도를 증감시키는 부품이다.
② 전자열선 방식 플래셔 유닛은 열에 의한 열선(heat coil)의 신축작용을 이용한다.
③ 방향지시등의 한쪽 등의 점멸이 빠르게 작동하면 가장 먼저 전구(램프)의 단선 유무를 점검한다.

지게차 운전기능사

출제 예상 문제

01. 차량에 사용되는 계기의 구비조건으로 틀린 것은?

① 구조가 복잡할 것
② 소형이고 경량일 것
③ 지침을 읽기가 쉬울 것
④ 가격이 저렴할 것

해설 계기의 구비조건
㉠ 구조가 간단할 것
㉡ 소형이고 경량일 것
㉢ 지침을 읽기가 쉬울 것
㉣ 가격이 쌀 것

02. 전기식 연료계의 종류에 속하지 않는 것은?

① 밸런싱 코일 방식
② 플래셔 유닛 방식
③ 바이메탈 저항 방식
④ 서모스탯 바이메탈 방식

해설 전기식 연료계의 종류에는 밸런싱 코일 방식, 바이메탈 저항 방식, 서모스탯 바이메탈 방식이 있다.

03. 다음 전기회로에 대한 설명 중 틀린 것은?

① 노출된 전선이 다른 전선과 접촉하는 것을 단락이라 한다.
② 회로가 절단되거나 커넥터의 결합이 해제되어 회로가 끊어진 상태를 단선이라 한다.
③ 접촉 불량은 스위치의 접점이 녹거나 단자에 녹이 발생하여 저항 값이 증가하는 것을 말한다.
④ 절연불량은 절연물의 균열, 물, 오물 등에 의해 절연이 파괴되는 현상을 말하며, 이때 전류가 차단된다.

해설 절연불량은 절연물의 균열, 물, 오물 등에 의해 절연이 파괴되는 현상이며, 이때 전류가 누전된다.

04. 다음 배선의 색과 기호에서 파란색(blue)의 기호는?

① G ② L
③ B ④ R

해설 G(Green) : 녹색, L(Blue) : 파란색, B(Black) : 검은색, R(Red) : 빨간색

05. 배선 회로도에서 표시된 0.85RW의 "R"은 무엇을 나타내는가?

① 단면적 ② 바탕색
③ 줄 색 ④ 전선의 재료

해설 0.85RW : 0.85는 전선의 단면적, R은 바탕색, W는 줄 색을 나타낸다.

06. 다음 중 광속의 단위는?

① 칸델라 ② 럭스
③ 루멘 ④ 와트

해설 ㉠ 칸델라 : 광도의 단위
㉡ 럭스(룩스) : 조도의 단위
㉢ 루멘 : 광속의 단위

정답 01 ① 02 ② 03 ④ 04 ② 05 ② 06 ③

07. 건설기계의 전조등 성능을 유지하기 위하여 가장 좋은 방법은?

① 단선으로 한다.
② 복선식으로 한다.
③ 축전지와 직결시킨다.
④ 굵은 선으로 갈아 끼운다.

해설 복선식은 접지 쪽에도 전선을 사용하는 것으로 주로 전조등과 같이 큰 전류가 흐르는 회로에서 사용한다.

08. 전조등의 구성품으로 틀린 것은?

① 전구 ② 반사경
③ 렌즈 ④ 플래셔 유닛

해설 플래셔 유닛은 방향지시등 스위치를 조작하였을 때 방향지시등을 점멸시키는 부품이다.

09. 전조등 회로의 구성품으로 틀린 것은?

① 전조등 릴레이
② 전조등 스위치
③ 디머 스위치
④ 전력제어 스위치

10. 좌 · 우측 전조등 회로의 연결방법으로 옳은 것은?

① 직렬연결 ② 단식 배선
③ 병렬연결 ④ 직 · 병렬연결

해설 전조등 회로는 병렬로 연결되어 있다.

11. 전조등 형식 중 내부에 불활성 가스가 들어 있으며, 광도의 변화가 적은 것은?

① 로 빔 방식
② 하이 빔 방식
③ 실드 빔 방식
④ 세미실드 빔 방식

해설 실드 빔 형식 전조등은 반사경에 필라멘트를 붙이고 여기에 렌즈를 녹여 붙인 후 내부에 불활성 가스를 넣어 그 자체가 1개의 전구가 되도록 한 것이다.

12. 실드 빔 형식 전조등에 대한 설명으로 틀린 것은?

① 대기 조건에 따라 반사경이 흐려지지 않는다.
② 내부 불활성 가스가 들어 있다.
③ 사용에 따른 광도의 변화가 적다.
④ 필라멘트를 갈아 끼울 수 있다.

해설 실드 빔 형식 전조등은 필라멘트가 끊어지면 렌즈나 반사경에 이상이 없어도 전조등 전체를 교환하여야 한다.

13. 헤드라이트에서 세미실드 빔형은?

① 렌즈 · 반사경 및 전구를 분리하여 교환이 가능한 것
② 렌즈 · 반사경 및 전구가 일체인 것
③ 렌즈와 반사경은 일체이고, 전구는 교환이 가능한 것
④ 렌즈와 반사경을 분리하여 제작한 것

해설 세미실드 빔형은 렌즈와 반사경은 일체이나 전구는 교환이 가능하다.

14. 야간작업 시 헤드라이트가 한쪽만 점등되었다. 고장원인으로 가장 거리가 먼 것은?

① 헤드라이트 스위치 불량
② 전구 접지 불량
③ 한쪽 회로의 퓨즈 단선
④ 전구 불량

해설 헤드라이트 스위치가 불량하면 양쪽 모두 점등이 되지 않는다.

정답 07 ② 08 ④ 09 ④ 10 ③ 11 ③ 12 ④ 13 ③ 14 ①

15. 다음의 등화장치 설명 중 내용이 잘못된 것은?

① 후진등은 변속기 시프트 레버를 후진 위치로 넣으면 점등된다.
② 방향지시등은 방향지시등의 신호가 운전석에서 확인되지 않아도 된다.
③ 번호등은 단독으로 점멸되는 회로가 있어서는 안 된다.
④ 제동등은 브레이크 페달을 밟았을 때 점등된다.

해설 방향지시등의 신호를 운전석에서 확인할 수 있는 파일럿 램프가 설치되어 있다.

16. 방향지시등에 대한 설명으로 틀린 것은?

① 램프를 점멸시키거나 광도를 증감시킨다.
② 전자열선 플래셔 유닛은 전압에 의한 열선의 차단작용을 이용한 것이다.
③ 점멸은 플래셔 유닛을 사용하여 램프에 흐르는 전류를 일정한 주기로 단속 점멸한다.
④ 중앙에 있는 전자석과 이 전자석에 의해 끌어 당겨지는 2조의 가동접점으로 구성되어 있다.

해설 전자열선 방식 플래셔 유닛은 열에 의한 열선(heat coil)의 신축작용을 이용한다.

17. 방향지시등 스위치 작동 시 한쪽은 정상이고, 다른 한쪽은 점멸작용이 정상과 다르게(빠르게, 느리게, 작동불량) 작용할 때, 고장 원인으로 가장 거리가 먼 것은?

① 플래셔 유닛이 고장 났을 때
② 한쪽 전구 소켓에 녹이 발생하여 전압 강하가 있을 때
③ 전구 1개가 단선되었을 때
④ 한쪽 램프 교체 시 규정용량의 전구를 사용하지 않았을 때

해설 플래셔 유닛이 고장 나면 모든 방향지시등이 점멸되지 못한다.

18. 한쪽의 방향지시등만 점멸속도가 빠른 원인으로 옳은 것은?

① 전조등 배선접촉 불량
② 플래셔 유닛 고장
③ 한쪽 램프의 단선
④ 비상등 스위치 고장

해설 한쪽 램프(전구)가 단선되면 한쪽의 방향지시등만 점멸속도가 빨라진다.

19. 방향지시등이나 제동등의 작동 확인은 언제 하는가?

① 운행 전
② 운행 중
③ 운행 후
④ 일몰 직전

해설 방향지시등이나 제동등의 작동 확인은 운행 전에 실시하여야 한다.

20. 에어컨 시스템에서 기화된 냉매를 액화하는 장치는?

① 건조기
② 응축기
③ 팽창밸브
④ 컴프레서

해설 응축기는 고온 · 고압의 기체냉매를 냉각에 의해 액체냉매 상태로 변화시킨다.

정답 15 ② 16 ② 17 ① 18 ③ 19 ① 20 ②

제 3 장 전 · 후진 주행장치 익히기

3-1 동력전달장치

1 동력전달장치의 개요

① 지게차의 변속기는 전진 1~2단과 후진 1~2단으로 되어 있으며, 토크 컨버터, 자동 변속기, 종감속기어 및 차동기어장치를 복합한 자동 트랜스 액슬(automatic trans axle)을 사용한다.

② 2개의 차축은 차동기어장치와 종감속기어에 연결되며 구동바퀴는 종감속기어에 장착된다.

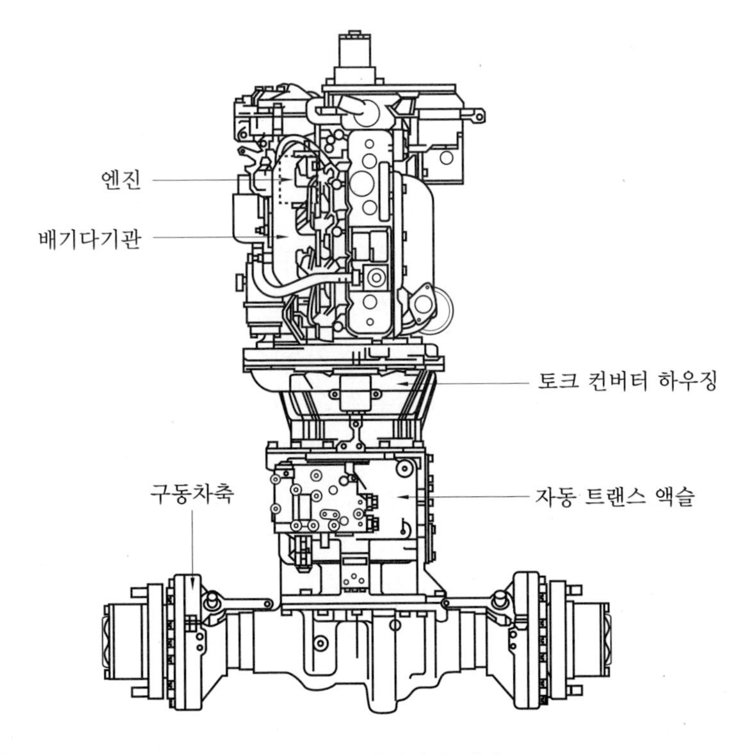

지게차 동력전달장치의 배치도

③ 엔진 플라이휠로부터의 동력은 토크 컨버터를 거쳐 트랜스 액슬의 입력축으로 전달된다.

④ 트랜스 액슬은 스프링 장력에 의해 해제되는 두 쌍의 유압 클러치 팩이 내장되어 있으며, 전진 1~2단, 후진 1~2단의 기어변속이 가능하다.

⑤ 유압 클러치 팩으로부터의 동력은 출력기어와 스파이럴 베벨기어를 통하여 차동기어장치로 전달된다.

⑥ 차동기어장치는 차축을 통하여 동력을 종감속기어와 바퀴로 전달한다.

2 지게차 변속장치의 구조와 기능

(1) 토크 컨버터(torque converter)

① 토크 컨버터는 크랭크축(입력 쪽)에 연결된 펌프(임펠러), 변속기 입력축(출력 쪽)에 연결된 터빈과 오일의 흐름 방향을 바꾸어 주는 스테이터의 3개 요소로 구성되어 있으며 토크 컨버터 내에는 오일로 채워져 있다.

② 엔진은 펌프를 회전시키고 펌프 블레이드는 유압에너지를 발생시킨다. 오일이 원심력으로 통로를 따라 흐르고, 이 에너지는 터빈에 회전력을 준다.

③ 회전하는 터빈을 통해 흐르는 오일은 스테이터에 의해 흐름이 바뀌는 동안 스테이터에는 반대 방향으로 회전하려는 힘을 발생시킨다.

④ 반대 방향으로 회전하려고 하는 힘이 터빈에 더해지고, 이에 따라 출력은 엔진 회전력의 2~3배로 증가된다.

(2) 자동변속기의 작동

① 토크 컨버터는 지게차가 주행을 시작할 때 최대 출력을 낸다. 지게차가 최대 주행속도로 주행할 때에는 높은 회전력이 요구되지 않으므로 출력은 점진적으로 감소한다.

② 지게차 주행속도에 관계없이 엔진은 계속 가동되고 회전력은 지게차의 주행속도에 따라 자동적으로 변환된다. 이는 운전을 더욱 쉽게 하고 작업을 훨씬 더 효과적으로 수행될 수 있도록 한다.

③ 엔진의 동력은 토크 컨버터를 통해 터빈 축에서 유압 클러치 축으로 전달되고, 전진 및 후진은 유압 클러치에 의해 선택된다.

④ 동력은 구동축과 기어를 통해 전진 구동기어에서 하이포이드 피니언의 종동기어로 전달된다.

⑤ 후진기어의 경우, 동력은 구동축과 기어가 피니언을 역으로 회전시킴으로써 후진축과 기어를 통하여 유압 클러치의 후진구동 기어에서 하이포이드 피니언의 종동기어로 전달된다.

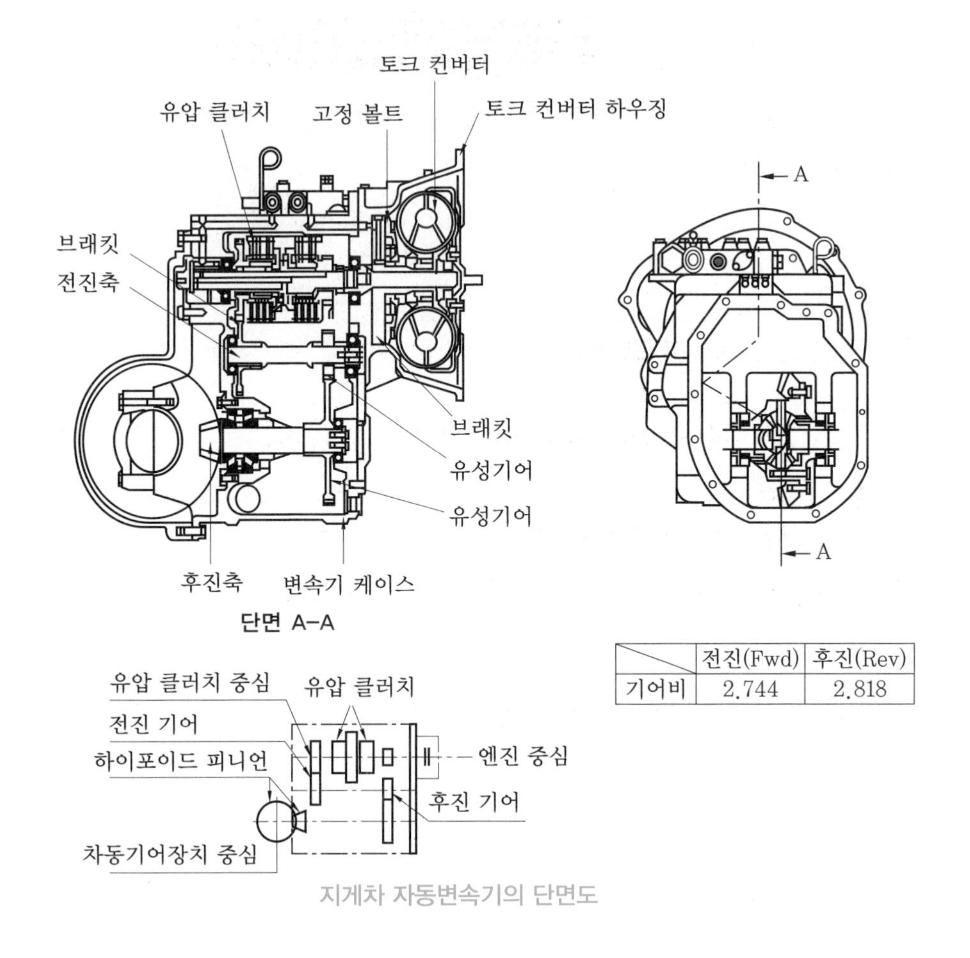

	전진(Fwd)	후진(Rev)
기어비	2.744	2.818

지게차 자동변속기의 단면도

3 드라이브 라인과 종감속기어 및 차동기어장치

(1) 드라이브 라인(drive line)

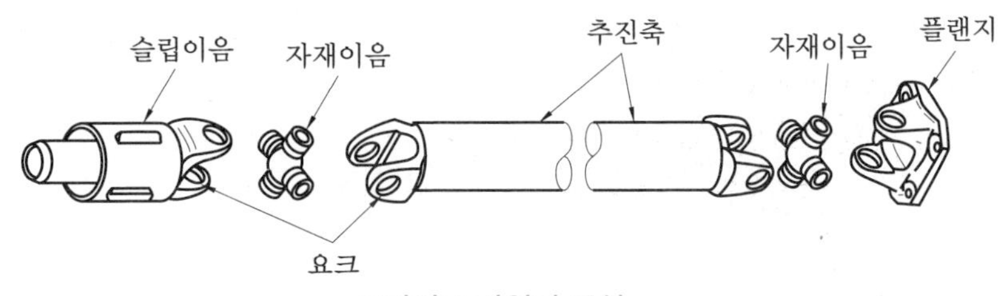

드라이브 라인의 구성

① **슬립이음(slip joint) :** 추진축의 길이변화를 주는 부품이다.

② **자재이음(유니버설 조인트) :** 변속기와 종감속기어 사이의 구동각도 변화를 주는 기구, 즉 두 축 간의 충격완화와 각도변화를 융통성 있게 동력을 전달하는 기구이다.

③ **추진축 :** 강한 비틀림을 받으면서 고속 회전하므로 이에 견딜 수 있도록 속이 빈 강관(steel pipe)을 사용한다. 회전평형을 유지하기 위해 평형추가 부착되어 있다.

(2) 종감속기어와 차동기어장치

① **종감속기어(final reduction gear)** : 종감속기어는 엔진의 동력을 바퀴까지 전달할 때 마지막으로 감속하여 전달하며, 종감속비는 다음과 같다.

㈎ 종감속비는 링 기어 잇수를 구동피니언 잇수로 나눈 값이다.

㈏ 종감속비는 나누어서 떨어지지 않는 값으로 한다.

㈐ 종감속비가 적으면 등판능력이 저하된다.

㈑ 종감속비가 크면 가속성능이 향상된다.

② **차동기어장치(differential gear system)**

㈎ 차동 사이드 기어, 차동 피니언, 피니언 축 및 케이스로 구성되며, 차동 피니언은 차동 사이드 기어와 결합되어 있고, 차동 사이드 기어는 차축과 스플라인으로 결합되어 있다.

㈏ 타이어형 건설기계가 선회할 때 바깥쪽 바퀴의 회전속도를 안쪽 바퀴보다 빠르게 한다.

㈐ 커브를 돌 때 선회를 원활하게 해주는 작용을 한다. 즉 선회할 때 좌우 구동바퀴의 회전속도를 다르게 한다.

㈑ 보통 차동기어장치는 노면의 저항을 적게 받는 구동바퀴에 회전속도가 빠르게 될 수 있다.

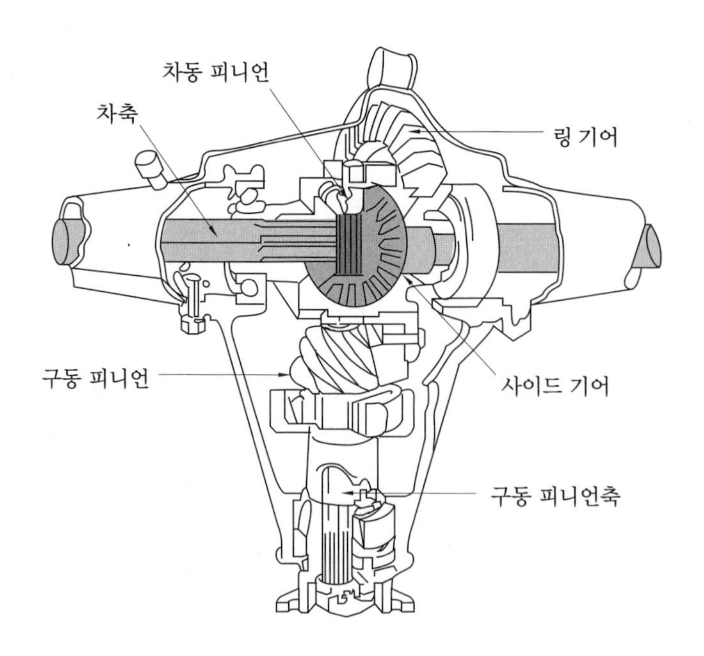

종감속기어와 차동기어장치의 구성

3-2 지게차 조향장치의 구조와 기능

1 조향장치의 개요

① 조향장치는 조향핸들, 조향유닛, 조향실린더, 조향차축 및 파이프로 구성되어 있다.
② 조향핸들을 돌리면 조향조작력은 조향칼럼을 통해 조향유닛으로 전달된다.
③ 필요한 오일의 흐름은 조향유닛의 제어 부분에 의해 검출되며, 오일 펌프로부터 토출된 유압유는 조향실린더로 공급된다.
④ 조향실린더에서 발생되는 힘은 중간 연결 부분을 거쳐 조향바퀴의 너클을 작동시킨다.
⑤ 조향축 몸체는 양끝 부분에 조향너클이 킹핀에 의해 장착된 구조이다.
⑥ 허브와 휠은 베어링을 통해 조향너클 스핀들에 장착되어 있다.

2 동력조향장치의 구조

① 유압발생장치(오일펌프–동력 부분), 유압제어장치(제어밸브–제어 부분), 작동장치(유압 실린더–작동 부분)로 되어 있다.
② 안전 체크 밸브는 동력조향장치가 고장이 났을 때 수동조작이 가능하도록 해 준다.

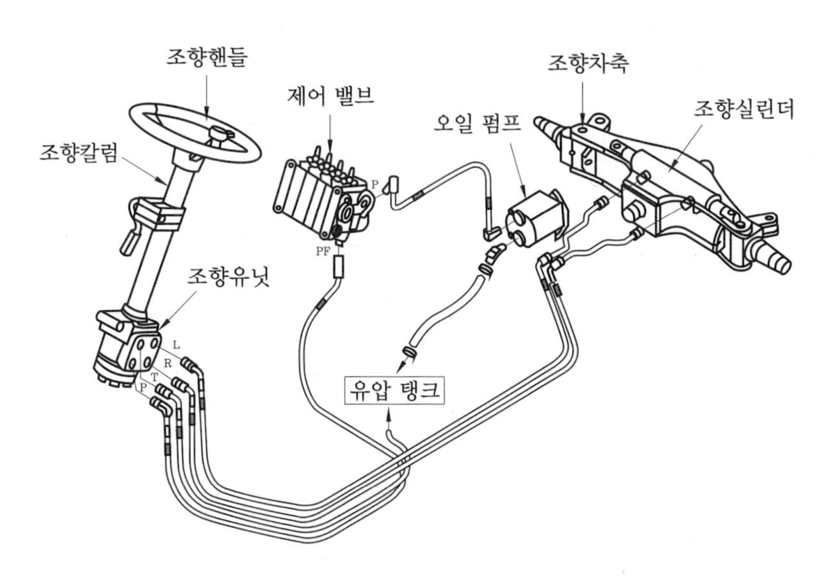

지게차 조향장치의 구조

3 동력조향장치의 장점

① 작은 조작력으로 조향조작을 할 수 있다.
② 조향기어비를 조작력에 관계없이 선정할 수 있다.
③ 굴곡노면에서의 충격을 흡수하여 조향핸들에 전달되는 것을 방지한다.
④ 조향핸들의 시미현상을 줄일 수 있다.
⑤ 조향조작이 경쾌하고 신속하다.

4 조향바퀴 얼라인먼트(wheel alignment)

(1) 조향바퀴 얼라인먼트(정렬)의 개요

캠버, 캐스터, 토인, 킹핀 경사각 등이 있으며, 역할은 다음과 같다.
① 조향핸들의 조작을 확실하게 하고 안전성을 준다.
② 조향핸들에 복원성을 부여한다.
③ 조향핸들의 조작력을 가볍게 한다.
④ 타이어 마멸을 최소로 한다.

(2) 조향바퀴 얼라인먼트 요소의 정의

① **캠버(camber)** : 조향바퀴를 앞에서 보면 바퀴의 윗부분이 아래쪽보다 더 벌어져 있는데 이 벌어진 바퀴의 중심선과 수선 사이의 각도이다.
② **캐스터(caster)** : 조향바퀴를 옆에서 보았을 때 조향축(킹핀)이 수선과 어떤 각도를 두고 설치된 상태이다.
③ **토인(toe-in)** : 조향바퀴를 위에서 아래로 보았을 때 앞쪽이 뒤쪽보다 좁게 되어져 있는 상태이다.

3-3 지게차 제동장치 구조와 기능

1 제동장치의 작동

① 지게차에서는 디스크 브레이크를 주 제동용으로 사용한다.
② 작동은 브레이크 페달을 밟으면 마스터 실린더에서 유압이 형성되고, 이 유압이 차축 하우징 내의 피스톤으로 전달된다. 이 피스톤이 디스크에 압력을 가하게 되고,

이로 인해 브레이크가 작동된다.

③ 주차 브레이크는 브레이크 레버를 당기면 브레이크 케이블을 통해 힘이 브레이크로 전달된다.

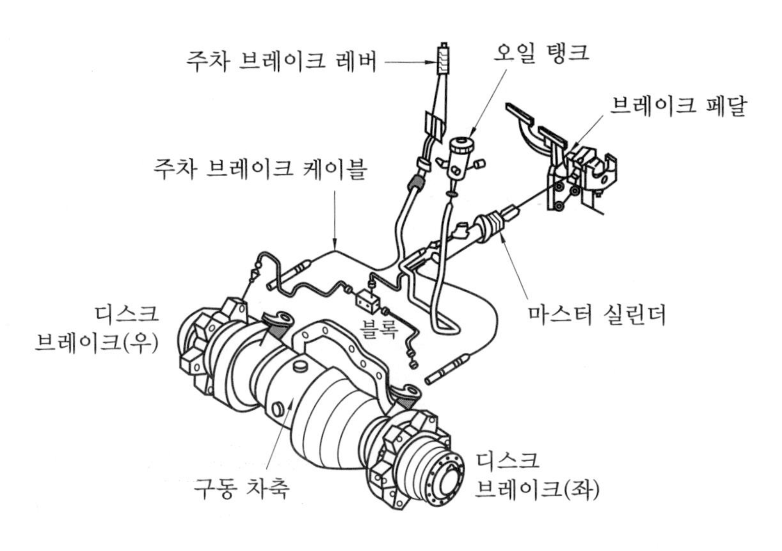

브레이크 페달 및 파이프

2 인칭 페달 및 링크

인칭 페달의 초기행정(stroke)에서는 트랜스 액슬 제어밸브 인칭스풀의 작동으로 유압 클러치가 중립으로 되어 구동력을 차단하며, 페달을 더욱 깊게 밟으면 브레이크가 작동된다.

3-4 타이어(tire)

1 공기압에 따른 타이어의 종류

고압 타이어, 저압 타이어, 초저압 타이어가 있다.

2 타이어의 구조

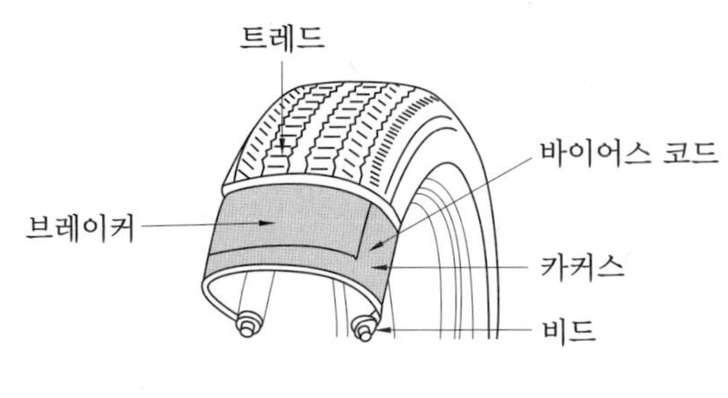

타이어의 구조

(1) 트레드(tread)

① 타이어가 직접 노면과 접촉되어 마모에 견디고 적은 슬립으로 견인력을 증대시키는 부분이다.
② 트레드가 마모되면 지면과의 마찰력이 저하되어 발진성능 및 제동성능이 불량해지며, 구동력과 선회능력이 저하하고, 열의 발산이 불량하게 된다.
③ 타이어의 공기압이 높으면 트레드의 양단부보다 중앙부의 마모가 크다.

(2) 브레이커(breaker)

몇 겹의 코드 층을 내열성의 고무로 싼 구조로 되어 있으며, 트레드와 카커스의 분리를 방지하고 노면에서의 완충작용도 한다.

(3) 카커스(carcass)

타이어의 골격을 이루는 부분이며, 공기압력을 견디어 일정한 체적을 유지하고, 하중이나 충격에 따라 변형하여 완충작용을 한다.

(4) 비드 부분(bead section)

타이어가 림과 접촉하는 부분이며, 비드 부분이 늘어나는 것을 방지하고 타이어가 림에서 빠지는 것을 방지하기 위해 내부에 몇 줄의 피아노선이 원둘레 방향으로 들어 있다.

2 타이어의 호칭치수

① **고압 타이어 :** 타이어 바깥지름(inch)×타이어 폭(inch)−플라이 수(ply rating)
② **저압 타이어 :** 타이어 폭(inch)−타이어 안지름(inch)−플라이 수(9.00−20−14PR에서 9.00은 타이어 폭, 20은 타이어 내경, 14PR은 플라이 수를 의미한다.)

지게차 운전기능사

출제 예상 문제

01. 토크 컨버터에 대한 설명으로 맞는 것은?

① 구성품 중 펌프(임펠러)는 변속기 입력축과 기계적으로 연결되어 있다.
② 펌프, 터빈, 스테이터 등이 상호운동하여 회전력을 변환시킨다.
③ 엔진 회전속도가 일정한 상태에서 건설기계의 속도가 줄어들면 토크는 감소한다.
④ 구성품 중 터빈은 엔진의 크랭크축과 기계적으로 연결되어 구동된다.

해설 토크 컨버터는 펌프(임펠러), 터빈(러너), 스테이터 등이 상호운동하여 회전력을 변환시키는 장치이다.

02. 토크 컨버터의 3대 구성요소가 아닌 것은?

① 터빈 ② 스테이터
③ 펌프 ④ 오버러닝 클러치

03. 동력전달장치에서 토크 컨버터에 대한 설명으로 틀린 것은?

① 기계적인 충격을 흡수하여 엔진의 수명을 연장한다.
② 조작이 용이하고 엔진에 무리가 없다.
③ 부하에 따라 자동적으로 변속한다.
④ 일정 이상의 과부하가 걸리면 엔진이 정지한다.

해설 토크 컨버터는 일정 이상의 과부하가 걸려도 엔진의 가동이 정지하지 않는다.

04. 자동변속기에서 토크 컨버터의 설명으로 틀린 것은?

① 토크 컨버터의 회전력 변환비율은 3~5 : 1이다.
② 오일의 충돌에 의한 효율저하 방지를 위하여 가이드 링이 있다.
③ 마찰 클러치에 비해 연료소비율이 더 높다.
④ 펌프, 터빈, 스테이터로 구성되어 있다.

해설 토크 컨버터의 회전력 변환비율은 2~3 : 1이다.

05. 엔진과 직결되어 같은 회전수로 회전하는 토크 컨버터의 구성품은?

① 터빈
② 펌프
③ 스테이터
④ 변속기 출력축

해설 **토크 컨버터의 구조**
㉠ 펌프(임펠러)는 엔진의 크랭크축과 기계적으로 연결되어 있다.
㉡ 터빈은 변속기 입력축과 연결되어 있다.
㉢ 스테이터는 펌프와 터빈 사이의 오일 흐름 방향을 바꾸어 회전력을 증대시킨다.

06. 토크 컨버터에서 오일 흐름 방향을 바꾸어 주는 것은?

① 펌프
② 변속기축
③ 터빈
④ 스테이터

정답 01 ② 02 ④ 03 ④ 04 ① 05 ② 06 ④

07. 토크 컨버터에서 회전력이 최댓값이 될 때를 무엇이라 하는가?

① 토크 변환비율
② 회전력
③ 스톨 포인트
④ 유체 충돌 손실비율

해설 스톨 포인트란 토크 컨버터의 터빈이 회전하지 않을 때 펌프에서 전달되는 회전력으로 펌프의 회전수와 터빈의 회전비율이 0으로 회전력이 최대인 점이다.

08. 지게차에 부하가 걸릴 때 토크 컨버터의 터빈속도는 어떻게 되는가?

① 빨라진다. ② 느려진다.
③ 일정하다. ④ 관계없다.

해설 건설기계에 부하가 걸리면 토크 컨버터의 터빈속도는 느려진다.

09. 다음 중 토크 컨버터의 출력이 가장 큰 경우는?(단, 엔진속도는 일정함)

① 항상 일정함
② 변환비가 1 : 1일 경우
③ 터빈의 속도가 느릴 때
④ 임펠러의 속도가 느릴 때

해설 터빈의 속도가 느릴 때 토크 컨버터의 출력이 가장 크다.

10. 토크 변환기에 사용되는 오일의 구비조건으로 맞는 것은?

① 착화점이 낮을 것
② 비중이 작을 것
③ 비점이 낮을 것
④ 점도가 낮을 것

해설 토크 컨버터 오일의 구비조건
㉠ 점도가 낮고, 착화점이 높을 것
㉡ 빙점이 낮고, 비점이 높을 것
㉢ 비중이 크고, 유성이 좋을 것
㉣ 윤활성과 내산성이 클 것

11. 유성기어장치의 구성요소가 바르게 된 것은?

① 평 기어, 유성기어, 후진기어, 링 기어
② 선 기어, 유성기어, 래크기어, 링 기어
③ 링 기어, 스퍼기어, 유성기어 캐리어, 선 기어
④ 선 기어, 유성기어, 유성기어 캐리어, 링 기어

해설 유성기어장치의 주요부품은 선 기어, 유성기어, 링 기어, 유성기어 캐리어이다.

12. 자동변속기에서 변속레버에 의해 작동되며, 중립 · 전진 · 후진 · 고속 · 저속의 선택에 따라 오일통로를 변환시키는 밸브는?

① 거버너 밸브 ② 시프트 밸브
③ 매뉴얼 밸브 ④ 스로틀 밸브

해설 매뉴얼 밸브(manual valve)는 변속레버에 의해 작동되며, 중립 · 전진 · 후진 · 고속 · 저속의 선택에 따라 오일통로를 변환시킨다.

13. 자동변속기의 메인 압력이 떨어지는 이유가 아닌 것은?

① 클러치판 마모
② 오일펌프 내 공기 생성
③ 오일필터 막힘
④ 오일 부족

해설 자동변속기의 메인 압력이 떨어지는 이유는 오일펌프 내의 공기 생성, 오일필터 막힘, 오일 부족 등이다.

정답 07 ③ 08 ② 09 ③ 10 ④ 11 ④ 12 ③ 13 ①

14. **자동변속기가 장착된 지게차의 모든 변속 단에서 출력이 떨어질 경우 점검해야 할 항목과 거리가 먼 것은?**

① 토크 컨버터 고장
② 오일의 부족
③ 엔진고장으로 출력 부족
④ 추진축 휨

15. **변속레버를 중립에 위치하였는데도 불구하고 전진 또는 후진으로 움직이고 있을 때 고장으로 판단되는 곳은?**

① 컨트롤 밸브　② 유압 펌프
③ 토크 컨버터　④ 트랜스퍼 케이스

해설 컨트롤 밸브가 고장 나면 변속레버를 중립에 위치하였는데도 불구하고 전진 또는 후진으로 움직인다.

16. **자동변속기의 과열원인이 아닌 것은?**

① 메인 압력이 높다.
② 과부하 운전을 계속하였다.
③ 오일이 규정량보다 많다.
④ 변속기 오일쿨러가 막혔다.

해설 자동변속기가 과열하는 원인 : 오일이 부족할 때, 메인 압력(유압)이 높을 때, 과부하 운전을 계속하였을 때, 오일쿨러가 막혔을 때

17. **슬립이음과 자재이음을 설치하는 곳은?**

① 드라이브 라인
② 종감속기어
③ 차동기어
④ 유성기어

해설 추진축의 길이변화를 가능하게 해 주는 슬립이음과 추진축의 각도변화를 가능하게 해 주는 자재이음은 드라이브 라인에 설치된다.

18. **휠 형식 건설기계의 동력전달장치에서 슬립이음이 변화를 가능하게 하는 것은?**

① 축의 길이　② 회전속도
③ 드라이브 각　④ 축의 진동

해설 슬립이음을 사용하는 이유는 추진축의 길이변화를 주기 위함이다.

19. **추진축의 각도변화를 가능하게 하는 이음은?**

① 등속이음　② 자재이음
③ 플랜지 이음　④ 슬립이음

해설 자재이음(유니버설 조인트)은 추진축의 각도변화를 가능하게 하는 부품이다.

20. **십자축 자재이음을 추진축 앞뒤에 둔 이유를 가장 적합하게 설명한 것은?**

① 추진축의 진동을 방지하기 위하여
② 회전 각속도의 변화를 상쇄하기 위하여
③ 추진축의 굽음을 방지하기 위하여
④ 길이의 변화를 다소 가능케 하기 위하여

해설 십자축 자재이음을 추진축 앞뒤에 둔 이유는 회전 각속도의 변화를 상쇄하기 위함이다.

21. **유니버설 조인트 중에서 훅형(십자형) 조인트가 가장 많이 사용되는 이유가 아닌 것은?**

① 구조가 간단하다.
② 급유가 불필요하다.
③ 큰 동력의 전달이 가능하다.
④ 작동이 확실하다.

해설 훅형(십자형) 조인트를 많이 사용하는 이유는 구조가 간단하고, 작동이 확실하며, 큰 동력의 전달이 가능하기 때문이다. 그리고 훅형 조인트에는 그리스를 급유하여야 한다.

정답 14 ④　15 ①　16 ③　17 ①　18 ①　19 ②　20 ②　21 ②

22. 유니버설 조인트 중 등속 조인트의 종류가 아닌 것은?

① 훅형 ② 제파형
③ 트랙터형 ④ 버필드형

해설 등속도 자재이음은 진동을 방지하기 위해 개발된 것으로 종류에는 트랙터형, 벤딕스 와이스형, 제파형, 버필드형 등이 있다.

23. 타이어식 건설기계의 추진축 구성품이 아닌 것은?

① 실린더 ② 요크
③ 평형추 ④ 센터 베어링

해설 추진축은 요크, 평형추, 센터 베어링으로 구성되어 있다.

24. 타이어식 건설기계의 동력전달장치에서 추진축의 밸런스 웨이트에 대한 설명으로 맞는 것은?

① 추진축의 비틀림을 방지한다.
② 추진축의 회전수를 높인다.
③ 변속조작 시 변속을 용이하게 한다.
④ 추진축의 회전 시 진동을 방지한다.

해설 밸런스 웨이트(평형추)는 추진축이 회전할 때 진동을 방지한다.

25. 타이어식 건설기계에서 추진축의 스플라인부가 마모되면 어떤 현상이 발생하는가?

① 차동기어의 물림이 불량하다.
② 클러치 페달의 유격이 크다.
③ 가속 시 미끄럼 현상이 발생한다.
④ 주행 중 소음이 나고 차체에 진동이 있다.

해설 추진축의 스플라인 부분이 마모되면 주행 중 소음이 나고 차체에 진동이 발생한다.

26. 엔진에서 발생한 회전동력을 바퀴까지 전달할 때 마지막으로 감속작용을 하는 것은?

① 클러치
② 트랜스미션
③ 프로펠러 샤프트
④ 파이널 드라이브 기어

해설 파이널 드라이브 기어(종감속기어)는 엔진의 동력을 바퀴까지 전달할 때 마지막으로 감속하여 전달한다.

27. 종감속비에 대한 설명으로 맞지 않는 것은?

① 종감속비는 링 기어 잇수를 구동피니언 잇수로 나눈 값이다.
② 종감속비가 크면 가속성능이 향상된다.
③ 종감속비가 작으면 등판능력이 향상된다.
④ 종감속비는 나누어서 떨어지지 않는 값으로 한다.

해설 종감속비를 크게 하면 가속성능과 등판능력은 향상되나 고속성능이 저하한다.

28. 동력전달장치에 사용되는 차동기어장치에 대한 설명으로 틀린 것은?

① 선회할 때 좌 · 우 구동바퀴의 회전속도를 다르게 한다.
② 선회할 때 바깥쪽 바퀴의 회전속도를 증대시킨다.
③ 보통 차동기어장치는 노면의 저항을 작게 받는 구동바퀴가 더 많이 회전하도록 한다.
④ 엔진의 회전력을 크게 하여 구동바퀴에 전달한다.

정답 22 ① 23 ① 24 ④ 25 ④ 26 ④ 27 ③ 28 ④

해설 엔진의 회전력을 크게 하여 구동바퀴에 전달하는 것은 종감속기어이다.

29. 차축의 스플라인부는 차동장치 어느 기어와 결합되어 있는가?

① 링 기어 ② 차동 사이드 기어
③ 차동 피니언 ④ 구동 피니언

해설 차축의 스플라인부는 차동장치의 차동 사이드 기어와 결합되어 있다.

30. 지게차에서 환향장치가 하는 역할은?

① 제동을 쉽게 하는 장치이다.
② 분사압력 증대 장치이다.
③ 분사시기를 조절하는 장치이다.
④ 지게차의 진행 방향을 바꾸는 장치이다.

해설 환향(조향) 장치는 지게차의 진행 방향을 바꾸는 장치이다.

31. 다음 중 지게차의 조향방법으로 맞는 것은?

① 전륜 조향 ② 후륜 조향
③ 전자 조향 ④ 배력 조향

해설 지게차의 조향방식은 후륜(뒷바퀴) 조향이다.

32. 동력조향장치의 장점으로 적합하지 않은 것은?

① 작은 조작력으로 조향조작을 할 수 있다.
② 조향기어 비율을 조작력에 관계없이 선정할 수 있다.
③ 굴곡노면에서의 충격을 흡수하여 조향핸들에 전달되는 것을 방지한다.
④ 조작이 미숙하면 엔진이 자동으로 정지된다.

해설 동력조향장치의 장점
㉠ 작은 조작력으로 조향조작을 할 수 있다.
㉡ 조향기어 비율을 조작력에 관계없이 선정할 수 있다.
㉢ 굴곡노면에서의 충격을 흡수하여 조향핸들에 전달되는 것을 방지한다.
㉣ 조향핸들의 시미현상을 줄일 수 있다.

33. 타이어형 건설기계에서 동력조향장치 구성을 열거한 것이다. 적당치 않은 것은?

① 유압 펌프 ② 복동 유압 실린더
③ 제어밸브 ④ 하이포이드 피니언

해설 동력조향장치는 유압발생장치(유압 펌프), 유압제어장치(제어밸브), 작동장치(유압 실린더)로 구성되어 있다.

34. 지게차의 동력조향장치에 사용되는 유압 실린더로 가장 적합한 것은?

① 단동 실린더 플런저형
② 다단 실린더 텔레스코픽형
③ 복동 실린더 싱글 로드형
④ 복동 실린더 더블 로드형

해설 지게차 동력조향장치에 사용되는 유압 실린더는 복동 실린더 더블 로드형이다.

35. 지게차를 운전 중 좁은 장소에서 방향을 전환시킬 때 가장 주의할 점으로 맞는 것은?

① 포크 높이를 높게 하고 방향을 전환한다.
② 앞바퀴 회전에 주의하여 방향을 전환한다.
③ 뒷바퀴 회전에 주의하여 방향을 전환한다.
④ 포크가 땅에 닿게 내리고 방향을 전환한다.

정답 29 ② 30 ④ 31 ② 32 ④ 33 ④ 34 ④ 35 ③

해설 지게차를 운전 중 좁은 장소에서 방향을 전환할 때에는 뒷바퀴 회전에 주의하여야 한다.

36. 작업 중 지게차가 선회할 때 가장 주의할 점은?

① 조작레버에 주의한다.
② 포크 높이가 정상적인 높이 여부에 주의한다.
③ 브레이크 페달을 밟아서 정지시킨 후 기어변속에 주의한다.
④ 클러치 페달을 밟고 선회한다.

37. 조향바퀴 정렬 역할과 거리가 먼 것은?

① 방향 안정성을 준다.
② 타이어 마모를 최소로 한다.
③ 브레이크의 수명을 길게 한다.
④ 조향핸들의 조작을 작은 힘으로 쉽게 할 수 있다.

해설 조향바퀴 정렬의 역할
㉠ 조향핸들의 조작을 확실하게 하고 안전성을 준다.
㉡ 조향핸들에 복원성을 부여한다.
㉢ 조향핸들의 조작력을 가볍게 한다.
㉣ 타이어 마멸을 최소로 한다.

38. 건설기계 조향바퀴 정렬의 요소가 아닌 것은?

① 캐스터(caster) ② 부스터(booster)
③ 캠버(camber) ④ 토인(toe-in)

해설 조향바퀴 얼라인먼트의 요소에는 캠버, 토인, 캐스터, 킹핀 경사각 등이 있다.

39. 앞바퀴 정렬 요소 중 캠버의 필요성에 대한 설명으로 틀린 것은?

① 앞차축의 휨을 적게 한다.
② 조향휠의 조작을 가볍게 한다.
③ 조향 시 바퀴의 복원력이 발생한다.
④ 토(toe)와 관련성이 있다.

해설 캠버의 필요성
㉠ 앞차축의 휨을 적게 한다.
㉡ 조향휠(핸들)의 조작을 가볍게 한다.
㉢ 토(toe)와 관련성이 있다.

40. 타이어식 건설기계의 휠 얼라인먼트에서 토인의 필요성이 아닌 것은?

① 조향바퀴의 방향성을 준다.
② 타이어 이상 마멸을 방지한다.
③ 조향바퀴를 평행하게 회전시킨다.
④ 바퀴가 옆 방향으로 미끄러지는 것을 방지한다.

해설 토인의 필요성
㉠ 조향바퀴를 평행하게 회전시킨다.
㉡ 조향바퀴가 옆 방향으로 미끄러지는 것을 방지한다.
㉢ 타이어 이상 마멸을 방지한다.
㉣ 조향 링키지 마멸에 따라 토아웃(toe-out)이 되는 것을 방지한다.

41. 타이어식 건설기계에서 조향바퀴의 토인을 조정하는 것은?

① 조향핸들 ② 타이로드
③ 웜 기어 ④ 드래그 링크

해설 토인은 타이로드에서 조정한다.

42. 제동장치의 기능을 설명한 것으로 틀린 것은?

① 주행속도를 감속시키거나 정지시키기 위한 장치이다.
② 독립적으로 작동시킬 수 있는 2계통의 제동장치가 있다.

정답 36 ② 37 ③ 38 ② 39 ③ 40 ① 41 ② 42 ③

③ 급제동 시 노면으로부터 발생되는 충격을 흡수하는 장치이다.
④ 경사로에서 정지된 상태를 유지할 수 있는 구조이다.

43. 유압 브레이크에서 잔압을 유지시키는 것은?

① 부스터 ② 체크 밸브
③ 실린더 ④ 피스톤 스프링

해설 유압 브레이크에서 잔압을 유지시키는 것은 체크 밸브이다.

44. 타이어식 건설기계에서 브레이크 장치의 유압 회로에 베이퍼 로크가 생기는 원인이 아닌 것은?

① 마스터 실린더 내의 잔압 저하
② 비점이 높은 브레이크 오일 사용
③ 브레이크 드럼과 라이닝의 끌림에 의한 가열
④ 긴 내리막길에서 과도한 브레이크 사용

해설 베이퍼 로크(vapor lock)가 발생하는 원인 : 긴 내리막길에서 과도한 브레이크 사용, 브레이크 회로 내의 잔압의 저하, 라이닝과 드럼의 간극과소로 끌림에 의한 가열, 브레이크 오일의 변질에 의한 비등점 저하, 불량한 브레이크 오일 사용

45. 타이어식 건설기계로 길고 급한 경사 길을 운전할 때 반 브레이크를 오래 사용하면 어떤 현상이 생기는가?

① 라이닝은 페이드, 파이프는 스팀 로크
② 파이프는 증기 폐쇄, 라이닝은 스팀 로크
③ 라이닝은 페이드, 파이프는 베이퍼 로크
④ 파이프는 스팀 로크, 라이닝은 베이퍼 로크

해설 길고 급한 경사 길을 운전할 때 반 브레이크를 사용하면 라이닝에서는 페이드가 발생하고, 파이프에서는 베이퍼 로크가 발생한다.

46. 긴 내리막길을 내려갈 때 베이퍼 로크를 방지하려고 하는 좋은 운전방법은?

① 변속레버를 중립으로 놓고 브레이크 페달을 밟고 내려간다.
② 엔진 시동을 끄고 브레이크 페달을 밟고 내려간다.
③ 엔진 브레이크를 사용한다.
④ 클러치를 끊고 브레이크 페달을 계속 밟고 속도를 조정하면서 내려간다.

해설 경사진 내리막길을 내려갈 때 베이퍼 로크를 방지하려면 엔진 브레이크를 사용한다.

47. 제동장치의 페이드 현상 방지책으로 틀린 것은?

① 브레이크 드럼의 냉각성능을 크게 한다.
② 브레이크 드럼은 열팽창률이 적은 재질을 사용한다.
③ 온도상승에 따른 마찰계수 변화가 큰 라이닝을 사용한다.
④ 브레이크 드럼은 열팽창률이 적은 형상으로 한다.

해설 페이드 현상을 방지하려면 온도상승에 따른 마찰계수 변화가 작은 라이닝을 사용하여야 한다.

48. 운행 중 브레이크에 페이드 현상이 발생했을 때 조치방법은?

① 브레이크 페달을 자주 밟아 열을 발생시킨다.
② 운행속도를 조금 올려준다.
③ 운행을 멈추고 열이 식도록 한다.
④ 주차 브레이크를 대신 사용한다.

정답 43 ② 44 ② 45 ③ 46 ③ 47 ③ 48 ③

해설 브레이크에 페이드 현상이 발생하면 정차시켜 열이 식도록 한다.

49. 브레이크에서 하이드로 백에 관한 설명으로 틀린 것은?

① 대기압과 흡기다기관 부압과의 차를 이용하였다.
② 하이드로 백에 고장이 나면 브레이크가 전혀 작동하지 않는다.
③ 외부에 누출이 없는데도 브레이크 작동이 나빠지는 것은 하이드로 백 고장일 수도 있다.
④ 하이드로 백은 브레이크 계통에 설치되어 있다.

해설 하이드로 백(진공 제동 배력장치)은 흡기다기관 진공과 대기압과의 차이를 이용한 것이므로 배력장치에 고장이 발생하여도 일반적인 유압 브레이크로 작동할 수 있도록 하고 있다.

50. 진공 제동 배력장치의 설명 중에서 옳은 것은?

① 진공밸브가 새면 브레이크가 전혀 작동되지 않는다.
② 릴레이 밸브의 다이어프램이 파손되면 브레이크가 작동되지 않는다.
③ 릴레이 밸브 피스톤 컵이 파손되어도 브레이크는 작동된다.
④ 하이드롤릭 피스톤의 체크 볼이 밀착 불량이면 브레이크가 작동되지 않는다.

51. 지게차 인칭조절장치에 대한 설명으로 맞는 것은?

① 브레이크 드럼 내부에 있다.
② 트랜스미션 내부에 있다.
③ 디셀레이터 페달에 있다.
④ 작업장치의 유압상승을 억제하는 장치이다.

해설 인칭조절장치는 트랜스미션 내부에 설치되어 있으며, 인칭조절 페달을 밟으면 엔진의 동력을 차단하고 제동 작용을 한다.

52. 지게차를 전 · 후진 방향으로 서서히 화물에 접근시키거나 빠른 유압작동으로 신속히 화물을 상승 또는 적재시킬 때 사용하는 것은?

① 액셀러레이터 페달
② 디셀러레이터 페달
③ 인칭조절 페달
④ 브레이크 페달

해설 인칭조절 페달(인칭 페달)은 지게차를 전 · 후진 방향으로 서서히 화물에 접근시키거나 빠른 유압작동으로 신속히 화물을 상승 또는 적재시킬 때 사용한다.

53. 사용압력에 따른 타이어의 분류에 속하지 않는 것은?

① 고압 타이어
② 초고압 타이어
③ 저압 타이어
④ 초저압 타이어

해설 사용압력에 따른 타이어의 분류에는 고압 타이어, 저압 타이어, 초저압 타이어가 있다.

54. 타이어에서 고무로 피복된 코드를 여러 겹으로 겹친 층에 해당되며, 타이어 골격을 이루는 부분은?

① 카커스(carcass) 부분
② 트레드(tread) 부분
③ 숄더(should) 부분
④ 비드(bead) 부분

정답 49 ② 50 ③ 51 ② 52 ③ 53 ② 54 ①

해설 카커스 부분은 고무로 피복된 코드를 여러 겹 겹친 층에 해당되며, 타이어 골격을 이루는 부분이다.

55. 지게차에 부착된 부품을 확인하였더니 "13.00-24-18PR"로 명기되어 있을 때 해당되는 것은?

① 유압 펌프 출력
② 엔진 일련번호
③ 타이어 규격
④ 시동모터 용량

56. 타이어에 "9.00-20-14PR"로 표시된 경우 "20" 이 의미하는 것은?

① 타이어 폭
② 타이어 높이
③ 타이어 외경
④ 타이어 내경

해설 9.00-20-14PR에서 9.00은 타이어 폭, 20은 타이어 내경, 14PR은 플라이 수를 의미한다.

57. 타이어식 건설기계 주행 중 발생할 수도 있는 히트 세퍼레이션 현상에 대한 설명으로 맞는 것은?

① 물에 젖은 노면을 고속으로 달리면 타이어와 노면 사이에 수막이 생기는 현상
② 고속으로 주행 중 타이어가 터져버리는 현상
③ 고속 주행 시 차체가 좌 · 우로 밀리는 현상
④ 고속 주행할 때 타이어 공기압이 낮아져 타이어가 찌그러지는 현상

해설 히트 세퍼레이션(heat separation)이란 고속으로 주행할 때 열에 의해 타이어의 고무나 코드가 용해 및 분리되어 터지는 현상이다.

정답 55 ③ 56 ④ 57 ②

제 4 장 유압장치 익히기

4-1 파스칼의 원리

① 밀폐용기 내의 한 부분에 가해진 압력은 액체 내의 전 부분에 같은 압력으로 전달된다.
② 정지된 액체에 접하고 있는 면에 가해진 압력은 그 면에 수직으로 작용한다.
③ 정지된 액체의 한 점에 있어서의 압력의 크기는 전 방향에 대하여 동일하다.

4-2 유압장치의 장점 및 단점

1 유압장치의 장점

① 작은 동력원으로 큰 힘을 낼 수 있다.
② 과부하 방지가 간단하고 정확하다.
③ 운동방향을 쉽게 변경할 수 있다.
④ 정확한 위치제어가 가능하다.
⑤ 힘의 전달 및 증폭과 연속적 제어가 쉽다.
⑥ 무단변속이 가능하고 작동이 원활하다.
⑦ 원격제어가 가능하고, 속도제어가 쉽다.
⑧ 윤활성, 내마멸성, 방청성이 좋다.
⑨ 에너지 축적이 가능하다.

2 유압장치의 단점

① 유압유 온도의 영향에 따라 정밀한 속도와 제어가 곤란하다.
② 유압유의 온도에 따라서 점도가 변하므로 기계의 속도가 변한다.
③ 회로구성이 어렵고 누설되는 경우가 있다.
④ 유압유는 가연성이 있어 화재에 위험하다.

⑤ 폐유에 의해 주변 환경이 오염될 수 있다.
⑥ 에너지의 손실이 크고, 관로를 연결하는 곳에서 유압유가 누출될 우려가 있다.
⑦ 고압사용으로 인한 위험성 및 이물질에 민감하다.
⑧ 구조가 복잡하므로 고장원인의 발견이 어렵다.

4-3 유압 펌프 구조와 기능

1 유압 펌프의 개요

① 동력원(내연기관, 전동기 등)으로부터의 기계적인 에너지를 이용하여 유압유에 압력에너지를 부여하는 장치이다.
② 동력원과 커플링으로 직결되어 있어 동력원이 회전하는 동안에는 항상 회전하여 오일 탱크 내의 유압유를 흡입하여 제어밸브로 보낸다.
③ 종류에는 기어 펌프, 베인 펌프, 피스톤(플런저) 펌프, 나사 펌프, 트로코이드 펌프 등이 있다.
④ 정용량형은 토출량을 변화시키려면 유압 펌프의 회전속도를 바꾸어야 하는 형식이다.
⑤ 가변용량형은 작동 중 유압 펌프의 회전속도를 바꾸지 않고도 토출량을 변환시킬 수 있는 형식이다.

2 유압 펌프의 종류와 특징

(1) 기어 펌프(gear pump)

① **기어 펌프의 개요 :** 기어 펌프의 종류에는 외접기어 펌프와 내접기어 펌프가 있으며, 회전속도에 따라 흐름용량(유량)이 변화하는 정용량형이다.
② **기어 펌프의 장점 및 단점**

기어 펌프의 장점	기어 펌프의 단점
• 소형이며 구조가 간단해 제작이 쉽다. • 가혹한 조건에 잘 견디고, 고속회전이 가능하다. • 흡입성능이 우수해 유압유의 기포 발생이 적다.	• 수명이 비교적 짧다. • 토출량의 맥동이 커 소음과 진동이 크다. • 펌프효율이 낮다. • 대용량 및 초고압 유압 펌프로 하기가 어렵다.

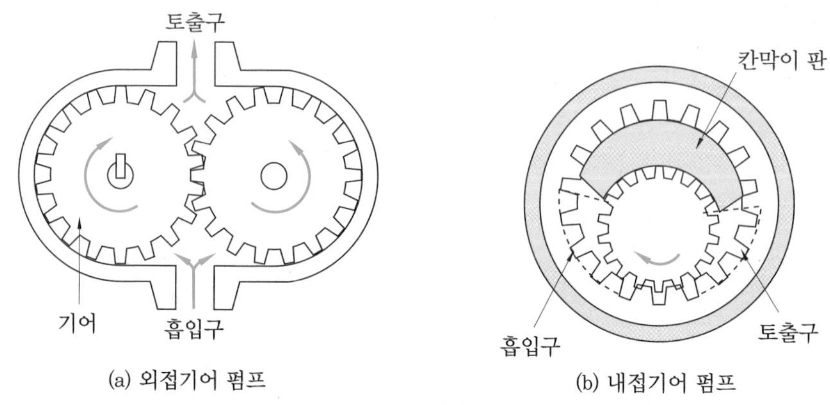

(a) 외접기어 펌프 (b) 내접기어 펌프

기어 펌프의 종류

③ 외접기어 펌프의 폐입(폐쇄) 현상

㈎ 토출된 유압유 일부가 입구 쪽으로 귀환하여 토출량 감소, 축동력 증가 및 케이싱 마모, 기포 발생 등의 원인을 유발하는 현상이다.

㈏ 소음과 진동의 원인이 되며, 폐쇄된 부분의 유압유는 압축이나 팽창을 받는다.

㈐ 기어 측면에 접하는 펌프 측판(side plate)에 릴리프 홈을 만들어 방지한다.

(2) 베인 펌프(vane pump)

① 베인 펌프의 개요

㈎ 베인 펌프는 캠링(케이스), 로터(회전자), 베인(날개)으로 구성되어 있다.

㈏ 로터를 회전시키면 베인과 캠링(케이싱)의 내벽과 밀착된 상태가 되므로 기밀을 유지한다.

㈐ 정용량형과 가변용량형이 있으며, 토크(torque)가 안정되어 있다.

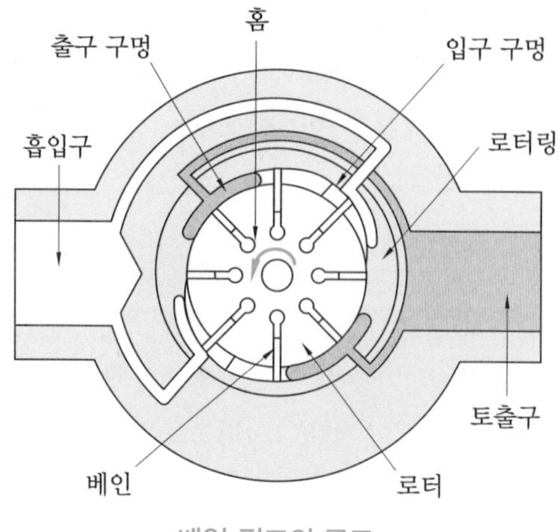

베인 펌프의 구조

② 베인 펌프의 장점 및 단점

베인 펌프의 장점	베인 펌프의 단점
• 소형 · 경량이며, 구조가 간단하고 성능이 좋다. • 수명이 길며 장시간 안정된 성능을 발휘할 수 있다. • 토출압력의 맥동과 소음이 적다. • 베인의 마모에 의한 압력 저하가 발생하지 않는다. • 수리 및 관리가 쉽다.	• 제작할 때 높은 정밀도가 요구된다. • 유압유의 오염에 주의해야 한다. • 흡입 진공도가 허용한도 이하이어야 한다. • 유압유의 점도에 제한을 받는다.

(3) 플런저(피스톤) 펌프(plunger or piston pump)

① 플런저 펌프의 개요

㈎ 구동축이 회전운동을 하면 플런저(피스톤)가 실린더 내를 왕복운동을 하면서 펌프작용을 한다.

㈏ 맥동적 출력을 하지만 다른 유압 펌프에 비하여 최고압력의 토출이 가능하고, 효율에서도 전체 압력범위가 높다.

② 플런저 펌프의 장점 및 단점

플런저 펌프의 장점	플런저 펌프의 단점
• 플런저(피스톤)가 직선운동을 한다. • 축은 회전 또는 왕복운동을 한다. • 토출량의 변화범위가 크다. 즉 가변용량에 적합하다.	• 구조가 복잡하여 수리가 어렵다. • 가격이 비싸다. • 베어링에 가해지는 부하가 크다.

③ 플런저 펌프의 분류

㈎ 액시얼형 플런저 펌프(axial type plunger pump) : 플런저를 유압 펌프 축과 평행하게 설치하며, 플런저(피스톤)가 경사판에 연결되어 회전한다. 경사판의 기능은 유압 펌프의 용량조절이며, 유압 펌프 중에서 발생유압이 가장 높다.

㈏ 레이디얼형 플런저 펌프(radial type plunger pump) : 플런저가 유압 펌프 축에 직각으로, 즉 반지름 방향으로 배열되어 있다. 기본 작동은 간단하지만 구조가 복잡하다.

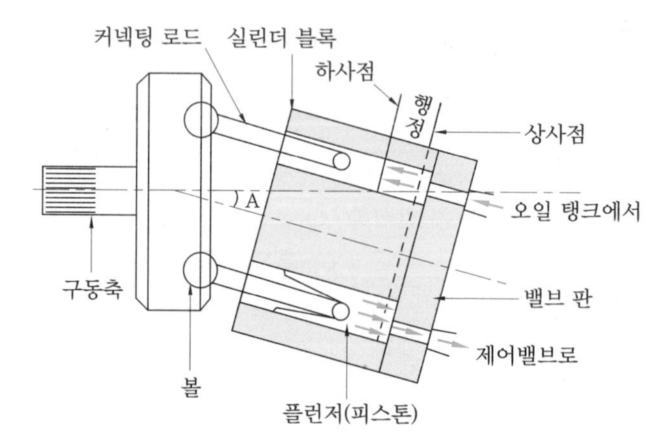

액시얼형 플런저 펌프의 구조

3 유압 펌프의 용량 표시방법

① 주어진 압력과 그때의 토출량으로 표시한다.

② 토출량의 단위는 LPM(L/min)이나 GPM(gallon per minute)을 사용한다.

지게차 운전기능사

출제 예상 문제

01. 유압장치의 작동원리는 어느 이론에 바탕을 둔 것인가?

① 열역학 제1법칙 ② 보일의 법칙
③ 파스칼의 원리 ④ 가속도 법칙

해설 건설기계에 사용되는 유압장치는 파스칼의 원리를 이용한다.

02. 파스칼의 원리와 관련된 설명이 아닌 것은?

① 정지된 액체에 접하고 있는 면에 가해진 압력은 그 면에 수직으로 작용한다.
② 정지된 액체의 한 점에 있어서의 압력의 크기는 전 방향에 대하여 동일하다.
③ 점성이 없는 비압축성 유체에서 압력에너지, 위치에너지, 운동에너지의 합은 같다.
④ 밀폐용기 내의 한 부분에 가해진 압력은 액체 내의 전 부분에 같은 압력으로 전달된다.

해설 파스칼의 원리
㉠ 밀폐용기 내의 한 부분에 가해진 압력은 액체 내의 전 부분에 같은 압력으로 전달된다.
㉡ 정지된 액체에 접하고 있는 면에 가해진 압력은 그 면에 수직으로 작용한다.
㉢ 정지된 액체의 한 점에 있어서의 압력의 크기는 전 방향에 대하여 동일하다.

03. 건설기계의 유압장치를 가장 적절히 표현한 것은?

① 오일을 이용하여 전기를 생산하는 것
② 기체를 액체로 전환시키기 위하여 압축하는 것
③ 오일의 연소 에너지를 통해 동력을 생산하는 것
④ 오일의 유체 에너지를 이용하여 기계적인 일을 하도록 하는 것

해설 유압장치란 유체의 압력 에너지를 이용하여 기계적인 일을 하도록 하는 것이다.

04. 유압장치의 장점이 아닌 것은?

① 속도제어가 용이하다.
② 힘의 연속적 제어가 용이하다.
③ 온도의 영향을 많이 받는다.
④ 윤활성, 내마멸성, 방청성이 좋다.

해설 유압장치는 온도의 영향을 많이 받는 단점이 있다.

05. 유압장치의 단점에 대한 설명 중 틀린 것은?

① 관로를 연결하는 곳에서 작동유가 누출될 수 있다.
② 고압 사용으로 인한 위험성이 존재한다.
③ 작동유 누유로 인해 환경오염을 유발할 수 있다.
④ 전기 · 전자의 조합으로 자동제어가 곤란하다.

해설 유압장치는 전기 · 전자의 조합으로 자동제어가 가능한 장점이 있다.

정답 01 ③ 02 ③ 03 ④ 04 ③ 05 ④

06. 유압장치의 특징 중 가장 거리가 먼 것은?

① 진동이 작고 작동이 원활하다.
② 고장원인 발견이 어렵고 구조가 복잡하다.
③ 에너지의 저장이 불가능하다.
④ 동력의 분배와 집중이 쉽다.

해설 유압장치는 진동이 작고 작동이 원활하며, 동력의 분배와 집중이 쉽고 에너지의 저장이 가능한 장점이 있으며, 고장원인 발견이 어렵고 구조가 복잡한 단점이 있다.

07. 유압장치의 구성요소가 아닌 것은?

① 오일 탱크 ② 유압제어밸브
③ 유압 펌프 ④ 차동장치

해설 유압장치는 오일 탱크, 오일 여과기, 유압 펌프, 유압제어밸브, 유압 실린더와 유압 모터, 배관, 오일냉각기 등으로 구성되어 있다.

08. 유압 펌프의 기능을 설명한 것으로 가장 적합한 것은?

① 유압 회로 내의 압력을 측정하는 기구이다.
② 어큐뮬레이터와 동일한 기능을 한다.
③ 유압에너지를 동력으로 변환한다.
④ 원동기의 기계적 에너지를 유압에너지로 변환한다.

해설 유압 펌프는 원동기의 기계적 에너지를 유압에너지로 변환한다.

09. 일반적으로 건설기계의 유압 펌프는 무엇에 의해 구동되는가?

① 엔진의 플라이휠에 의해 구동된다.
② 엔진의 캠축에 의해 구동된다.
③ 전동기에 의해 구동된다.
④ 에어 컴프레서에 의해 구동된다.

해설 건설기계의 유압 펌프는 엔진의 플라이휠에 의해 구동된다.

10. 유압장치에 주로 사용하는 유압 펌프 형식이 아닌 것은?

① 베인 펌프 ② 플런저 펌프
③ 분사 펌프 ④ 기어 펌프

해설 유압 펌프의 종류에는 기어 펌프, 베인 펌프, 피스톤(플런저) 펌프, 나사 펌프, 트로코이드 펌프 등이 있다.

11. 유압 펌프의 용량을 나타내는 방법은?

① 주어진 압력과 그때의 오일무게로 표시
② 주어진 속도와 그때의 토출압력으로 표시
③ 주어진 압력과 그때의 토출량으로 표시
④ 주어진 속도와 그때의 점도로 표시

해설 유압 펌프의 용량은 주어진 압력과 그때의 토출량으로 표시한다.

12. 유압 펌프에서 토출량에 대한 설명으로 맞는 것은?

① 유압 펌프가 단위시간당 토출하는 액체의 체적
② 유압 펌프가 임의의 체적당 토출하는 액체의 체적
③ 유압 펌프가 임의의 체적당 용기에 가하는 체적
④ 유압 펌프 사용 최대시간 내에 토출하는 액체의 최대 체적

해설 유압 펌프의 토출량이란 펌프가 단위시간당 토출하는 액체의 체적이다.

정답 06 ③ 07 ④ 08 ④ 09 ① 10 ③ 11 ③ 12 ①

13. 유압 펌프의 토출량을 표시하는 단위로 옳은 것은?

① L/min ② kgf · m
③ kgf/cm^2 ④ kW 또는 PS

해설 유압 펌프의 토출량의 단위는 L/min(LPM)이나 GPM을 사용한다.

14. 유압 펌프에서 사용되는 GPM의 의미는?

① 분당 토출하는 작동유의 양
② 복동실린더의 치수
③ 계통 내에서 형성되는 압력의 크기
④ 흐름에 대한 저항

해설 GPM((gallons per minute) : 유압계통 내에서 이동되는 유체(오일)의 양, 즉 유압 펌프 토출량의 단위

15. 그림과 같이 2개의 기어와 케이싱으로 구성되어 오일을 토출하는 펌프는?

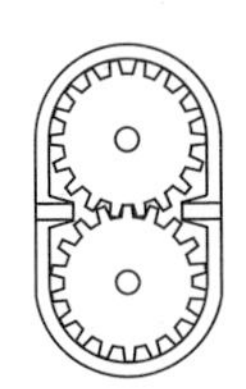

① 내접기어 펌프
② 외접기어 펌프
③ 스크루 기어 펌프
④ 트로코이드 기어 펌프

16. 기어형 유압 펌프에 대한 설명으로 맞는 것은?

① 가변 용량형 펌프이다.
② 날개로 펌핑 작용을 한다.
③ 효율이 좋은 특징을 가진 펌프이다.
④ 정용량형 펌프이다.

해설 기어 펌프는 회전속도에 따라 흐름용량이 변화하는 정용량형이다.

17. 기어 펌프에 대한 설명으로 틀린 것은?

① 플런저 펌프에 비해 효율이 낮다.
② 초고압에는 사용이 곤란하다.
③ 플런저 펌프에 비해 흡입력이 나쁘다.
④ 소형이며 구조가 간단하다.

해설 기어 펌프는 흡입저항이 작아 공동현상 발생이 적다.

18. 기어식 유압 펌프에 폐쇄작용이 생기면 어떤 현상이 생길 수 있는가?

① 오일의 토출 ② 기어진동의 소멸
③ 기포의 발생 ④ 출력의 증가

해설 폐쇄작용이 발생하면 오일에 기포가 발생한다.

19. 기어형 유압 펌프에서 소음이 나는 원인으로 가장 거리가 먼 것은?

① 오일량의 과다
② 유압 펌프의 베어링 마모
③ 흡입 라인의 막힘
④ 오일의 과부족

20. 날개로 펌핑 동작을 하며, 소음과 진동이 적은 유압 펌프는?

① 기어 펌프 ② 플런저 펌프
③ 베인 펌프 ④ 나사 펌프

해설 베인 펌프는 원통형 캠링(cam ring) 안에 편심된 로터(rotor)가 들어 있으며 로터에는 홈이 있고, 그 홈 속에 판 모양의 날개(vane)가 끼워져 자유롭게 작동유가 출입할 수 있도록 되어 있다.

정답 13 ① 14 ① 15 ② 16 ④ 17 ③ 18 ③ 19 ① 20 ③

21. 베인 펌프의 일반적인 특징이 아닌 것은?

① 대용량, 고속 가변형에 적합하지만 수명이 짧다.
② 맥동과 소음이 적다.
③ 간단하고 성능이 좋다.
④ 소형, 경량이다.

해설 베인 펌프는 소형 · 경량이고, 수명이 길며, 구조가 간단하고 성능이 좋으며, 맥동과 소음이 적은 장점이 있으나 대용량, 고속 가변형으로는 부적합하다.

22. 유압 펌프의 최고 토출압력, 평균효율이 가장 높아 고압 대출력에 사용하는 유압 펌프로 가장 적합한 것은?

① 기어 펌프
② 트로코이드 펌프
③ 베인 펌프
④ 피스톤 펌프

해설 피스톤 펌프는 최고 토출압력, 평균효율이 가장 높아 고압 대출력에서 주로 사용한다.

23. 기어 펌프에 비해 플런저 펌프의 특징이 아닌 것은?

① 효율이 높다.
② 최고 토출압력이 높다.
③ 구조가 복잡하다.
④ 수명이 짧다.

24. 유압 펌프에서 회전수가 같을 때 토출량이 변하는 펌프는?

① 가변 용량형 피스톤 펌프
② 기어 펌프
③ 프로펠러 펌프
④ 정용량형 베인 펌프

해설 가변 용량형 피스톤 펌프는 회전수가 같을 때 토출량이 변화한다.

25. 유압 펌프에서 경사판의 각을 조정하여 토출량을 변환시키는 펌프는?

① 기어 펌프
② 로터리 펌프
③ 베인 펌프
④ 플런저 펌프

해설 액시얼형 플런저 펌프는 경사판의 각을 조정하여 토출량을 변환시킨다.

26. 피스톤형 유압 펌프에서 회전경사판의 기능으로 가장 적합한 것은?

① 유압 펌프 압력을 조정
② 유압 펌프 출구의 개 · 폐
③ 유압 펌프 용량을 조정
④ 유압 펌프 회전속도를 조정

해설 피스톤형 유압 펌프에서 회전경사판의 기능은 펌프의 용량을 조정한다.

27. 유압 펌프에서 토출압력이 가장 높은 것은?

① 베인 펌프
② 기어 펌프
③ 액시얼 플런저 펌프
④ 레이디얼 플런저 펌프

해설 유압 펌프의 최고압력
㉠ 기어 펌프 : 10～250kgf/cm^2
㉡ 베인 펌프 : 35～140kgf/cm^2
㉢ 레이디얼 플런저 펌프 : 140～250kgf/cm^2
㉣ 액시얼 플런저 펌프 : 210～400kgf/cm^2

정답 21 ① 22 ④ 23 ④ 24 ① 25 ④ 26 ③ 27 ③

28. 유압 기기의 작동속도를 높이기 위해 무엇을 변화시켜야 하는가?

① 유압 모터의 크기를 작게 한다.
② 유압 펌프의 토출압력을 높인다.
③ 유압 모터의 압력을 높인다.
④ 유압 펌프의 토출량을 증가시킨다.

해설 유압 기기의 작동속도를 높이려면 유압 펌프의 토출량을 증가시킨다.

29. 유압 펌프가 작동 중 소음이 발생할 때의 원인으로 틀린 것은?

① 유압 펌프 축의 편심오차가 크다.
② 유압 펌프 흡입관 접합부로부터 공기가 유입된다.
③ 릴리프 밸브 출구에서 오일이 배출되고 있다.
④ 스트레이너가 막혀 흡입용량이 너무 작아졌다.

30. 유압 펌프가 오일을 토출하지 않을 경우는?

① 유압 펌프의 회전이 너무 빠를 때
② 유압유의 점도가 낮을 때
③ 흡입관으로부터 공기가 흡입되고 있을 때
④ 릴리프 밸브의 설정압력이 낮을 때

해설 흡입관으로부터 공기가 흡입되고 있으면 유압 펌프가 오일을 토출하지 못한다.

31. 유압 펌프 내의 내부누설은 무엇에 반비례하여 증가하는가?

① 작동유의 오염
② 작동유의 점도
③ 작동유의 압력
④ 작동유의 온도

해설 유압 펌프 내의 내부누설은 작동유의 점도에 반비례하여 증가한다.

32. 유압 펌프의 작동유 유출여부 점검방법에 해당하지 않는 것은?

① 정상작동 온도로 난기운전을 실시하여 점검하는 것이 좋다.
② 고정 볼트가 풀린 경우에는 추가 조임을 한다.
③ 작동유 유출점검은 운전자가 관심을 가지고 점검하여야 한다.
④ 하우징에 균열이 발생되면 패킹을 교환한다.

해설 하우징에 균열이 발생되면 하우징을 수리하거나 교체하여야 한다.

33. 유압 펌프의 유압유 압력이 상승하지 않을 때의 원인을 점검하는 것으로 가장 거리가 먼 것은?

① 유압 펌프의 토출량 점검
② 유압 회로의 누유상태 점검
③ 릴리프 밸브의 작동상태 점검
④ 유압 펌프 설치 고정 볼트의 강도 점검

정답 28 ④ 29 ③ 30 ③ 31 ② 32 ④ 33 ④

4-4 유압 실린더 및 모터 구조와 기능

1 액추에이터(actuator)

① 액추에이터는 유압유의 압력 에너지(힘)를 기계적 에너지(일)로 변환시키는 작용을 하는 장치이다.

② 유압 펌프를 통하여 송출된 유압 에너지를 직선운동(유압 실린더)이나 회전운동(유압 모터)을 통하여 기계적 일을 하는 장치이다.

2 유압 실린더(hydraulic cylinder)

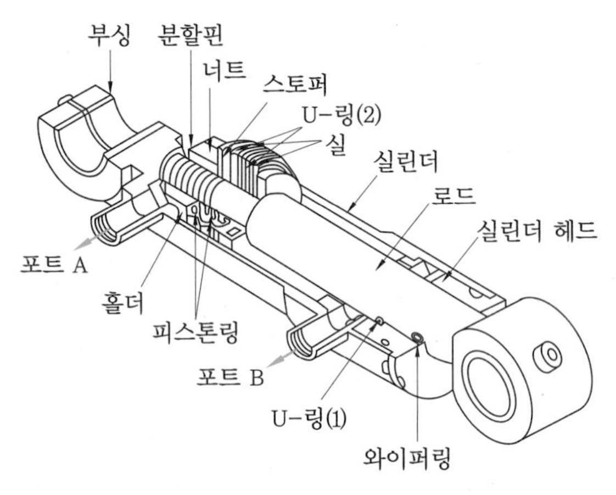

복동형 유압 실린더의 구조

① 유압 실린더, 피스톤, 피스톤 로드로 구성된 직선 왕복운동을 하는 액추에이터이다.

② 종류에는 단동 실린더, 복동 실린더(싱글 로드형과 더블 로드형), 다단 실린더, 램형 실린더 등이 있다.

③ 단동 실린더형은 한쪽 방향에 대해서만 유효한 일을 하고, 복귀는 중력이나 복귀 스프링에 의한다.

④ 복동 실린더형은 피스톤의 양쪽에 유압유를 교대로 공급하여 양방향의 운동을 유압으로 작동시킨다.

⑤ 지지방식에는 푸트형, 플랜지형, 트러니언형, 클레비스형이 있다.

⑥ 쿠션기구는 실린더의 피스톤이 고속으로 왕복운동할 때 행정의 끝에서 피스톤이 커버에 충돌하여 발생하는 충격을 흡수하고, 그 충격력에 의해서 발생하는 유압 회로의 악영향이나 유압 기기의 손상을 방지하기 위해서 설치한다.

3 유압 모터(hydraulic motor)

① 유압 모터는 유압 에너지에 의해 연속적으로 회전운동을 하여 기계적인 일을 하는 장치이다.
② 종류에는 기어 모터, 베인 모터, 플런저 모터가 있다.

(1) 유압 모터의 장점

① 넓은 범위의 무단변속이 쉽다.
② 구조가 간단하며, 과부하에 대해 안전하다.
③ 자동 원격 조작이 가능하고 작동이 신속 · 정확하다.
④ 회전속도나 방향의 제어가 쉽다.
⑤ 소형 · 경량으로 큰 출력을 낼 수 있다.
⑥ 관성이 작아 응답성이 빠르다.
⑦ 정 · 역회전 변화가 쉽다.
⑧ 전동 모터에 비하여 급속정지가 쉽다.

(2) 유압 모터의 단점

① 유압유에 먼지나 공기가 침입하지 않도록 특히 보수에 주의해야 한다.
② 유압유의 점도변화에 의하여 유압 모터의 사용에 제약이 따른다.
③ 공기와 먼지 등이 침투하면 성능에 영향을 준다.
④ 유압유는 인화하기 쉽다.

지게차 운전기능사

출제 예상 문제

01. 유압 액추에이터의 설명으로 맞는 것은?

① 유체에너지를 기계적인 일로 변환
② 유체에너지를 생성
③ 유체에너지를 축적
④ 기계적인 에너지를 유체에너지로 변환

해설 유압 액추에이터는 유압 펌프에서 발생된 유압(유체)에너지를 기계적 에너지(직선운동이나 회전운동)로 바꾸는 장치이다.

02. 유압장치에서 액추에이터의 종류에 속하지 않는 것은?

① 감압 밸브 ② 유압 실린더
③ 유압 모터 ④ 플런저 모터

03. 유압 모터와 유압 실린더의 설명으로 맞는 것은?

① 둘 다 회전운동을 한다.
② 둘 다 왕복운동을 한다.
③ 유압 모터는 직선운동, 유압 실린더는 회전운동을 한다.
④ 유압 모터는 회전운동, 유압 실린더는 직선운동을 한다.

해설 유압 모터는 회전운동, 유압 실린더는 직선운동을 한다.

04. 유압 실린더의 주요 구성품이 아닌 것은?

① 피스톤 로드 ② 피스톤
③ 커넥팅 로드 ④ 실린더

해설 유압 실린더는 실린더, 피스톤, 피스톤 로드로 구성되어 있다.

05. 유압 실린더의 종류에 해당하지 않는 것은?

① 복동 실린더 더블 로드형
② 복동 실린더 싱글 로드형
③ 단동 실린더 램형
④ 단동 실린더 배플형

해설 유압 실린더의 종류에는 단동 실린더, 복동 실린더(싱글 로드형과 더블 로드형), 다단 실린더, 램형 실린더 등이 있다.

06. 유압 실린더 중 피스톤의 양쪽에 유압유를 교대로 공급하여 양방향의 운동을 유압으로 작동시키는 형식은?

① 단동식 ② 복동식
③ 다동식 ④ 편동식

해설 단동식과 복동식 실린더
㉠ 단동식 : 한쪽 방향에 대해서만 유효한 일을 하고, 복귀는 중력이나 복귀 스프링에 의한다.
㉡ 복동식 : 유압 실린더 피스톤의 양쪽에 유압유를 교대로 공급하여 양방향의 운동을 유압으로 작동시킨다.

07. 유압 복동 실린더에 대하여 설명한 것 중 틀린 것은?

① 싱글 로드형이 있다.
② 더블 로드형이 있다.

정답 01 ① 02 ① 03 ④ 04 ③ 05 ④ 06 ② 07 ③

③ 수축은 자중이나 스프링에 의해서 이루어진다.
④ 피스톤의 양방향으로 유압을 받아 늘어난다.

해설 자중이나 스프링에 의해서 수축이 이루어지는 방식은 단동 실린더이다.

08. 유압 실린더의 지지방식이 아닌 것은?

① 유니언형 ② 푸트형
③ 트러니언형 ④ 플랜지형

해설 **유압 실린더 지지방식** : 플랜지형, 트러니언형, 클레비스형, 푸트형이 있다.

09. 유압 실린더에서 피스톤 행정이 끝날 때 발생하는 충격을 흡수하기 위해 설치하는 장치는?

① 쿠션 기구
② 압력보상장치
③ 서보 밸브
④ 스로틀 밸브

해설 쿠션 기구는 유압 실린더에서 피스톤 행정이 끝날 때 발생하는 충격을 흡수하기 위해 설치하는 장치이다.

10. 다음 [보기] 중 유압 실린더에서 발생되는 피스톤 자연하강 현상(cylinder drift)의 발생 원인으로 모두 맞는 것은?

보기
㉮ 작동압력이 높은 때
㉯ 유압 실린더 내부 마모
㉰ 컨트롤 밸브의 스풀 마모
㉱ 릴리프 밸브의 불량

① ㉮, ㉯, ㉰ ② ㉮, ㉯, ㉱
③ ㉯, ㉰, ㉱ ④ ㉮, ㉰, ㉱

11. 유압 실린더의 작동속도가 정상보다 느릴 경우, 예상되는 원인으로 가장 적합한 것은?

① 유압계통 내의 흐름 용량이 부족하다.
② 작동유의 점도가 약간 낮아짐을 알 수 있다.
③ 작동유의 점도지수가 높다.
④ 릴리프 밸브의 설정 압력이 너무 높다.

해설 유압 실린더의 작동속도가 정상보다 느린 원인은 유압계통 내의 흐름 용량(유량)이 부족하다.

12. 유압 실린더의 로드 쪽으로 오일이 누출되는 결함이 발생하는 원인이 아닌 것은?

① 실린더 로드 패킹 손상
② 실린더 헤드 더스트 실(seal) 손상
③ 실린더 로드의 손상
④ 실린더 피스톤 패킹 손상

해설 **유압 실린더의 로드 쪽으로 오일이 누출되는 원인** : 실린더 로드 패킹 손상, 실린더 헤드 더스트 실(seal) 손상, 실린더 로드의 손상

13. 유압 실린더를 교환하였을 경우 조치해야 할 작업으로 가장 거리가 먼 것은?

① 오일필터 교환
② 공기빼기 작업
③ 누유 점검
④ 시운전하여 작동상태 점검

해설 액추에이터(작업장치)를 교환하였을 경우에는 엔진을 시동하여 공회전시킨 후 작동상태 점검, 공기빼기 작업, 누유 점검, 오일 보충을 한다.

정답 08 ① 09 ① 10 ③ 11 ① 12 ④ 13 ①

14. 유압 실린더에서 숨 돌리기 현상이 생겼을 때 일어나는 현상이 아닌 것은?

① 작동 지연 현상이 생긴다.
② 피스톤 동작이 정지된다.
③ 오일의 공급이 과대해진다.
④ 작동이 불안정하게 된다.

해설 숨 돌리기 현상은 유압유의 공급이 부족할 때 발생한다.

15. 유압 모터에 대한 설명 중 맞는 것은?

① 유압발생장치에 속한다.
② 압력, 유량, 방향을 제어한다.
③ 직선운동을 하는 작동기(actuator)이다.
④ 유압에너지를 기계적 일로 변환한다.

해설 유압 모터는 유압에너지에 의해 연속적으로 회전운동함으로써 기계적인 일을 하는 장치이다.

16. 유압 모터를 선택할 때 고려사항과 가장 거리가 먼 것은?

① 동력 ② 부하
③ 효율 ④ 점도

17. 유압 모터의 장점이 아닌 것은?

① 작동이 신속 · 정확하다.
② 관성력이 크며, 소음이 크다.
③ 전동 모터에 비하여 급속정지가 쉽다.
④ 광범위한 무단변속을 얻을 수 있다.

해설 유압 모터는 광범위한 무단변속을 얻을 수 있고, 작동이 신속 · 정확하며, 전동 모터에 비하여 급속정지가 쉽고, 관성력 및 소음이 작은 장점이 있다.

18. 유압 모터의 일반적인 특징으로 가장 적합한 것은?

① 넓은 범위의 무단변속이 용이하다.
② 직선운동 시 속도조절이 용이하다.
③ 각도에 제한 없이 왕복 각운동을 한다.
④ 운동량을 자동으로 직선 조작할 수 있다.

19. 유압 모터의 단점에 해당되지 않는 것은?

① 작동유에 먼지나 공기가 침입하지 않도록 특히 보수에 주의해야 한다.
② 작동유가 누출되면 작업 성능에 지장이 있다.
③ 작동유의 점도변화에 의하여 유압 모터의 사용에 제약이 있다.
④ 릴리프 밸브를 부착하여 속도나 방향제어하기가 곤란하다.

20. 유압 모터의 종류에 해당하지 않는 것은?

① 기어 모터 ② 베인 모터
③ 플런저 모터 ④ 직권형 모터

해설 유압 모터의 종류에는 기어 모터, 베인 모터, 플런저 모터 등이 있다.

21. 기어 모터의 장점에 해당하지 않는 것은?

① 구조가 간단하다.
② 토크 변동이 크다.
③ 가혹한 운전조건에서 비교적 잘 견딘다.
④ 먼지나 이물질에 의한 고장 발생률이 낮다.

해설 기어 모터의 장점
㉠ 구조가 간단하고 가격이 싸다.
㉡ 가혹한 운전조건에서 비교적 잘 견딘다.
㉢ 먼지나 이물질에 의한 고장 발생률이 낮다.
㉣ 먼지나 이물질이 많은 곳에서도 사용이 가능하다.

정답 14 ③ 15 ④ 16 ④ 17 ② 18 ① 19 ④ 20 ④ 21 ②

22. **플런저가 구동축의 직각방향으로 설치되어 있는 유압 모터는?**

① 캠형 플런저 모터
② 액시얼형 플런저 모터
③ 블래더형 플런저 모터
④ 레이디얼형 플런저 모터

해설 레이디얼형 플런저 모터는 플런저가 구동축의 직각 방향으로 설치되어 있다.

23. **유압 모터의 회전력이 변화하는 것에 영향을 미치는 것은?**

① 유압유 압력 ② 유량
③ 유압유 점도 ④ 유압유 온도

해설 유압 모터의 회전력 변화에 영향을 미치는 것은 유압유의 압력이다.

24. **유압 모터의 회전속도가 규정 속도보다 느릴 경우, 그 원인이 아닌 것은?**

① 유압 펌프의 유압유 토출량 과다
② 각 작동부의 마모 또는 파손
③ 유압유의 유입량 부족
④ 유압유의 내부 누설

해설 유압 펌프의 유압유 토출량이 과다하면 유압 모터의 회전속도가 빨라진다.

25. **유압 모터에서 소음과 진동이 발생할 때의 원인이 아닌 것은?**

① 내부 부품의 파손
② 작동유 속에 공기의 혼입
③ 체결 볼트의 이완
④ 유압 펌프의 최고 회전속도 저하

26. **유압 모터와 연결된 감속기의 오일수준을 점검할 때의 유의사항으로 틀린 것은?**

① 오일이 정상온도일 때 오일수준을 점검해야 한다.
② 오일량은 영하(−)의 온도상태에서 가득 채워야 한다.
③ 오일수준을 점검하기 전에 항상 오일수준 게이지 주변을 깨끗하게 청소한다.
④ 오일량이 너무 적으면 모터 유닛이 올바르게 작동하지 않거나 손상될 수 있으므로 오일량은 항상 정량 유지가 필요하다.

해설 유압 모터의 감속기 오일량은 정상작동 온도에서 Full선에 가까이 있어야 한다.

정답 22 ④ 23 ① 24 ① 25 ④ 26 ②

4-5 제어밸브(control valve) 구조와 기능

제어밸브란 유압유의 압력, 유량 또는 방향을 제어하는 밸브의 총칭이다.
① **압력제어밸브** : 일의 크기를 결정한다.
② **유량제어밸브** : 일의 속도를 결정한다.
③ **방향제어밸브** : 일의 방향을 결정한다.

1 압력제어밸브

① 유압 회로 중 유압을 일정하게 유지하거나 최고압력을 제한한다.
② 종류에는 릴리프 밸브, 감압(리듀싱) 밸브, 시퀀스 밸브, 무부하(언로더) 밸브, 카운터 밸런스 밸브 등이 있다.

(1) 릴리프 밸브(relief valve)

① 유압 펌프 출구와 제어밸브 입구 사이, 즉 유압 펌프와 방향 제어 밸브 사이에 설치된다.
② 유압장치 내의 압력을 일정하게 유지하고, 최고압력을 제한하여 회로를 보호하며, 과부하 방지와 유압 기기의 보호를 위하여 최고압력을 규제한다.

(2) 감압 밸브(리듀싱 밸브, reducing valve)

① 상시개방(열림) 상태로 되어 있다가 출구(2차 쪽)의 압력이 감압 밸브의 설정압력보다 높아지면 밸브가 작용하여 유압 회로를 닫는다.
② 회로 일부의 압력을 릴리프 밸브의 설정압력 이하로 하고 싶을 때 사용한다. 즉 유압 회로에서 메인 유압보다 낮은 압력으로 유압 액추에이터를 동작시키고자 할 때 사용한다.
③ 입구(1차 쪽)의 주 회로에서 출구(2차 쪽)의 감압 회로로 유압유가 흐른다.

(3) 시퀀스 밸브(sequence valve)

유압원에서의 주 회로로부터 유압 실린더 등이 2개 이상의 분기회로를 가질 때, 각 유압 실린더를 일정한 순서로 순차적으로 작동시킨다. 즉 유압 실린더나 모터의 작동순서를 결정한다.

(4) 무부하 밸브(언로드 밸브, unloader valve)

① 유압 회로 내의 압력이 설정압력에 도달하면 유압 펌프에서 토출된 유압유를 전부 오일 탱크로 회송시켜 유압 펌프를 무부하로 운전시키는데 사용한다.

② 고압 · 소용량, 저압 · 대용량 유압 펌프를 조합 운전할 경우 회로 내의 압력이 설정 압력에 도달하면 저압 대용량 유압 펌프의 토출량을 오일 탱크로 귀환시키는 작용을 한다.

③ 유압장치에서 2개의 유압 펌프를 사용할 때 펌프의 전체 송출량을 필요로 하지 않을 경우, 동력의 절감과 유온 상승을 방지한다.

(5) 카운터 밸런스 밸브(counter balance valve)

① 체크 밸브가 내장되는 밸브이며, 유압 회로의 한 방향의 흐름에 대해서는 설정된 배압을 생기게 하고, 다른 방향의 흐름은 자유롭게 흐르도록 한다.

② 중력 및 자체중량에 의한 자유낙하 등을 방지하기 위하여 회로에 배압을 유지한다.

2 유량제어밸브

(1) 유량제어밸브의 기능

유량 제어 밸브는 액추에이터의 운동속도를 제어하기 위하여 사용한다.

(2) 유량제어밸브의 종류

① **교축 밸브**(throttle valve) : 밸브 내의 통로면적을 외부로부터 바꾸어 유압유의 통로에 저항을 부여하여 유량을 조정한다.

② **오리피스 밸브**(orifice valve) : 유압유가 통하는 작은 지름의 구멍으로 비교적 소량의 유량측정 등에 사용된다.

③ **분류 밸브**(low dividing valve) : 2개 이상의 액추에이터에 동일한 유량을 분배하여 작동속도를 동기시키는 경우에 사용한다.

④ **니들 밸브**(needle valve) : 밸브 보디가 바늘 모양으로 되어, 노즐 또는 파이프 속의 유량을 조절한다.

⑤ **속도제어밸브**(speed control valve) : 액추에이터의 작동속도를 제어하기 위하여 사용하며, 가변교축 밸브와 체크 밸브를 병렬로 설치하여 유압유를 한쪽 방향으로는 자유흐름으로 하고 반대방향으로는 제어흐름이 되도록 한다.

⑥ **급속배기밸브**(quick exhaust valve) : 입구와 출구, 배기구멍에 3개의 포트가 있는 밸브이다. 입구유량에 비해 배기유량이 매우 크다.

⑦ **스톱 밸브**(stop valve) : 유압유의 흐름 방향과 평행하게 개폐되는 밸브이다.

⑧ **스로틀 체크 밸브**(throttle check valve) : 한쪽에서의 흐름은 교축이고 반대 방향에서의 흐름은 자유롭다.

3 방향제어밸브

(1) 방향제어밸브의 기능

유압유의 흐름방향을 변환하며, 유압유의 흐름방향을 한쪽으로만 허용한다. 즉 유압 실린더나 유압 모터의 작동방향을 바꾸는 데 사용한다.

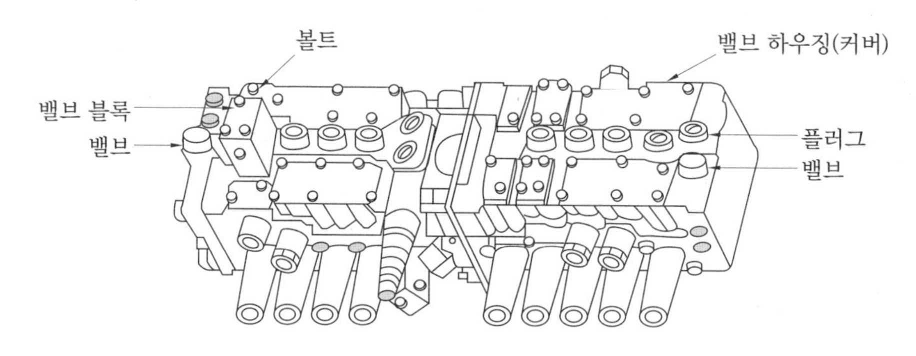

방향제어밸브의 구조

(2) 방향제어밸브의 종류

① **스풀 밸브**(spool valve) : 액추에이터의 방향전환 밸브이며, 원통형 슬리브 면에 내접하여 축 방향으로 이동하여 유압 회로를 개폐하는 형식의 밸브이다. 즉 유압유의 흐름방향을 바꾸기 위해 사용한다.

② **체크 밸브**(check valve) : 유압 회로에서 역류를 방지하고 회로 내의 잔류압력을 유지한다. 즉 유압유의 흐름을 한쪽으로만 허용하고 반대방향의 흐름을 제어한다.

③ **셔틀 밸브**(shuttle valve) : 2개 이상의 입구와 1개의 출구가 설치되어 있으며, 출구가 최고 압력의 입구를 선택하는 기능을 가진 밸브이다.

4 디셀러레이션 밸브(deceleration valve)

유압 실린더를 행정 최종 단에서 실린더의 작동속도를 감속하여 서서히 정지시키고자 할 때 사용하며, 일반적으로 캠(cam)으로 조작된다.

지게차 운전기능사

출제 예상 문제

01. 유체의 압력, 유량 또는 방향을 제어하는 밸브의 총칭은?

① 안전밸브 ② 제어밸브
③ 감압 밸브 ④ 측압기

해설 제어밸브는 유체의 압력, 유량 또는 방향을 제어하는 밸브의 총칭이다.

02. 유압 회로에 사용되는 제어밸브의 역할과 종류의 연결사항으로 틀린 것은?

① 일의 속도 제어 : 유량조절밸브
② 일의 시간 제어 : 속도제어밸브
③ 일의 방향 제어 : 방향전환밸브
④ 일의 크기 제어 : 압력제어밸브

해설 제어밸브의 기능
㉠ 압력제어밸브 : 일의 크기 결정
㉡ 유량제어밸브 : 일의 속도 결정
㉢ 방향제어밸브 : 일의 방향 결정

03. 유압유의 압력을 제어하는 밸브가 아닌 것은?

① 릴리프 밸브 ② 체크 밸브
③ 리듀싱 밸브 ④ 시퀀스 밸브

해설 압력제어밸브의 종류에는 릴리프 밸브, 리듀싱(감압) 밸브, 시퀀스(순차) 밸브, 언로드(무부하) 밸브, 카운터 밸런스 밸브 등이 있다.

04. 유압장치 내의 압력을 일정하게 유지하고 최고압력을 제한하여 회로를 보호해 주는 밸브는?

① 체크 밸브 ② 릴리프 밸브
③ 제어밸브 ④ 로터리 밸브

해설 릴리프 밸브는 유압장치 내의 압력을 일정하게 유지하고, 최고압력을 제한하여 회로를 보호하며, 과부하 방지와 유압 기기의 보호를 위하여 최고압력을 규제한다.

05. 유압 회로 내의 압력이 설정압력에 도달하면 유압 펌프에서 토출된 오일의 일부 또는 전량을 직접 탱크로 돌려보내 회로의 압력을 설정 값으로 유지하는 밸브는?

① 시퀀스 밸브 ② 릴리프 밸브
③ 언로드 밸브 ④ 체크 밸브

06. 일반적으로 유압장치에서 릴리프 밸브가 설치되는 위치는?

① 유압 펌프와 오일 탱크 사이
② 오일 여과기와 오일 탱크 사이
③ 유압 펌프와 제어밸브 사이
④ 유압 실린더와 오일 여과기 사이

해설 릴리프 밸브의 설치 위치는 유압 펌프 출구와 제어밸브 입구 사이이다.

07. 유압계통에서 릴리프 밸브의 스프링 장력이 약화될 때 발생될 수 있는 현상은?

① 채터링 현상 ② 노킹 현상
③ 블로바이 현상 ④ 트램핑 현상

해설 채터링이란 릴리프 밸브에서 스프링 장력이 약할 때 볼이 밸브의 시트를 때려 소음을 내는 진동현상이다.

정답 01 ② 02 ② 03 ② 04 ② 05 ② 06 ③ 07 ①

08. 릴리프 밸브에서 포핏 밸브를 밀어 올려 기름이 시작할 때의 압력은?

① 설정압력 ② 크랭킹 압력
③ 허용압력 ④ 전량 압력

해설 크랭킹 압력이란 릴리프 밸브에서 포핏 밸브를 밀어 올려 기름이 흐르기 시작할 때의 압력이다.

09. 유압제어밸브에서 조정 스프링의 장력이 클 때 발생할 수 있는 현상으로 가장 적합한 것은?

① 유압이 낮아진다.
② 유압이 높아진다.
③ 채터링 현상이 생긴다.
④ 플래터 현상이 생긴다.

해설 유압제어밸브의 스프링 장력이 크면 유압이 높아진다.

10. 유압으로 작동되는 작업장치에서 작업 중 힘이 떨어질 때의 원인과 가장 밀접한 밸브는?

① 메인 릴리프 밸브
② 체크(check) 밸브
③ 방향전환밸브
④ 메이크업 밸브

해설 유압장치에서 작업 중 힘이 떨어지면 메인 릴리프 밸브를 점검한다.

11. 2개 이상의 분기회로를 갖는 회로 내에서 작동순서를 회로의 압력 등에 의하여 제어하는 밸브는?

① 시퀀스 밸브 ② 서브 밸브
③ 체크 밸브 ④ 릴리프 밸브

해설 시퀀스 밸브(순차 밸브)의 기능
㉠ 유압 회로의 압력에 의해 유압 액추에이터(유압 실린더나 모터)의 작동순서를 제어하는 밸브이다.
㉡ 2개 이상의 분기회로가 있을 때 순차적인 작동을 하기 위한 압력제어밸브이다.

12. 액추에이터를 순서에 맞추어 작동시키기 위하여 설치한 밸브는?

① 메이크업 밸브(make up valve)
② 리듀싱 밸브(reducing valve)
③ 시퀀스 밸브(sequence valve)
④ 언로드 밸브(unload valve)

13. 리듀싱(감압) 밸브에 대한 설명으로 틀린 것은?

① 유압장치에서 회로 일부의 압력을 릴리프 밸브의 설정압력 이하로 하고 싶을 때 사용한다.
② 입구의 주 회로에서 출구의 감압회로로 유압유가 흐른다.
③ 출구의 압력이 감압 밸브의 설정압력보다 높아지면 밸브가 작동하여 유로를 닫는다.
④ 상시 폐쇄 상태로 되어 있다.

해설 리듀싱(감압) 밸브의 작용
㉠ 회로 일부의 압력을 릴리프 밸브의 설정압력(메인 유압) 이하로 하고 싶을 때 사용한다.
㉡ 상시 개방 상태로 되어 있다가 출구(2차 쪽)의 압력이 감압 밸브의 설정압력보다 높아지면 밸브가 작용하여 유로를 닫는다.
㉢ 입구(1차 쪽)의 주 회로에서 출구(2차 쪽)의 감압회로로 유압유가 흐른다.

14. 압력 제어 밸브 중 상시 닫혀 있다가 일정 조건이 되면 열려서 작동하는 밸브가 아닌 것은?

① 시퀀스 밸브 ② 릴리프 밸브

정답 08 ② 09 ② 10 ① 11 ① 12 ③ 13 ④ 14 ④

③ 언로더 밸브 ④ 리듀싱 밸브

15. 유압 회로에서 어떤 부분 회로의 압력을 주 회로의 압력보다 저압으로 해서 사용하고자 할 때 사용하는 밸브는?

① 릴리프 밸브
② 리듀싱 밸브
③ 카운터 밸런스 밸브
④ 체크 밸브

16. 유압 회로 내의 압력이 설정압력에 도달하면 유압 펌프에서 토출된 오일을 전부 탱크로 회송시켜 펌프를 무부하로 운전시키는 데 사용하는 밸브는?

① 체크 밸브(check valve)
② 시퀀스 밸브(sequence valve)
③ 언로드 밸브(unloader valve)
④ 카운터 밸런스 밸브(count balance valve)

해설 언로드(무부하) 밸브는 유압 회로 내의 압력이 설정압력에 도달하면 유압 펌프에서 토출된 오일을 전부 탱크로 회송시켜 펌프를 무부하로 운전시키는 데 사용한다.

17. 유압장치에서 고압 소용량, 저압 대용량 유압 펌프를 조합 운전할 때, 작동압력이 규정압력 이상으로 상승 시 동력절감을 하기 위해 사용하는 밸브는?

① 릴리프 밸브 ② 감압 밸브
③ 시퀀스 밸브 ④ 무부하 밸브

18. 체크 밸브가 내장되는 밸브로서 유압 회로의 한 방향의 흐름에 대해서는 설정된 배압을 생기게 하고, 다른 방향의 흐름은 자유롭게 흐르도록 한 밸브는?

① 셔틀 밸브
② 언로더 밸브
③ 슬로 리턴 밸브
④ 카운터 밸런스 밸브

해설 카운터 밸런스 밸브는 체크 밸브가 내장되는 밸브로서 유압 회로의 한 방향의 흐름에 대해서는 설정된 배압을 발생시키고, 다른 방향의 흐름은 자유롭게 흐르도록 한다.

19. 유압 실린더 등이 중력에 의한 자유낙하를 방지하기 위해 배압을 유지하는 압력 제어 밸브는?

① 감압 밸브
② 시퀀스 밸브
③ 언로드 밸브
④ 카운터 밸런스 밸브

해설 카운터 밸런스 밸브는 유압 실린더 등이 중력 및 자체중량에 의한 자유낙하를 방지하기 위해 배압을 유지한다.

20. 유압장치에서 작동체의 속도를 바꿔주는 밸브는?

① 압력제어밸브 ② 유량제어밸브
③ 방향제어밸브 ④ 체크 밸브

해설 유량제어밸브는 액추에이터의 운동속도를 조정하기 위하여 사용한다.

21. 유압장치에서 유량제어밸브가 아닌 것은 어느 것인가?

① 교축 밸브 ② 유량조정밸브
③ 분류 밸브 ④ 릴리프 밸브

해설 **유량제어밸브의 종류** : 속도제어밸브, 급속배기밸브, 분류 밸브, 니들 밸브, 오리피스 밸브, 교축 밸브(스로틀 밸브), 스톱 밸브, 스로틀 체크 밸브

정답 15 ② 16 ③ 17 ④ 18 ④ 19 ④ 20 ② 21 ④

22. 내경이 작은 파이프에서 미세한 유량을 조정하는 밸브는?

① 압력 보상 밸브
② 니들 밸브
③ 바이패스 밸브
④ 스로틀 밸브

해설 니들 밸브(needle valve)는 내경이 작은 파이프에서 미세한 유량을 조절하는 밸브이다.

23. 유압장치에서 방향제어밸브의 설명 중 가장 적절한 것은?

① 오일의 흐름방향을 바꿔주는 밸브이다.
② 오일의 압력을 바꿔주는 밸브이다.
③ 오일의 유량을 바꿔주는 밸브이다.
④ 오일의 온도를 바꿔주는 밸브이다.

24. 유압장치에서 방향제어밸브 설명으로 틀린 것은?

① 유체의 흐름방향을 변환한다.
② 액추에이터의 속도를 제어한다.
③ 유체의 흐름방향을 한쪽으로만 허용한다.
④ 유압 실린더나 유압 모터의 작동방향을 바꾸는데 사용된다.

해설 액추에이터의 속도 제어는 유량제어밸브로 한다.

25. 유압장치에서 방향제어밸브에 해당하는 것은?

① 셔틀 밸브 ② 릴리프 밸브
③ 시퀀스 밸브 ④ 언로더 밸브

해설 방향제어밸브의 종류에는 스풀 밸브, 체크 밸브, 셔틀 밸브 등이 있다.

26. 방향제어밸브를 동작시키는 방식이 아닌 것은?

① 수동방식
② 스프링 방식
③ 전자방식
④ 유압 파일럿 방식

해설 방향제어밸브를 동작시키는 방식에는 수동방식, 전자방식, 유압 파일럿 방식 등이 있다.

27. 방향전환밸브 중 4포트 3위치 밸브에 대한 설명으로 틀린 것은?

① 직선형 스풀 밸브이다.
② 스풀의 전환위치가 3개이다.
③ 밸브와 주배관이 접속하는 접속구는 3개이다.
④ 중립위치를 제외한 양끝 위치에서 4포트 2위치

해설 밸브와 주배관이 접속하는 접속구는 4개이다.

28. 유압 작동기의 방향을 전환시키는 밸브에 사용되는 형식 중 원통형 슬리브 면에 내접하여 축 방향으로 이동하면서 유로를 개폐하는 형식은?

① 스풀형식
② 포핏형식
③ 베인형식
④ 카운터 밸런스 밸브형식

해설 스풀 밸브는 원통형 슬리브 면에 내접하여 축 방향으로 이동하여 유로를 개폐하여 오일의 흐름방향을 바꾼다.

29. 유압 컨트롤 밸브 내에 스풀형식의 밸브 기능은?

① 축압기의 압력을 바꾸기 위해

정답 22 ② 23 ① 24 ② 25 ① 26 ② 27 ③ 28 ① 29 ③

② 유압 펌프의 회전방향을 바꾸기 위해
③ 유압유의 흐름방향을 바꾸기 위해
④ 유압계통 내의 압력을 상승시키기 위해

해설 스풀 밸브는 오일의 흐름방향을 바꾸는 기능을 한다.

30. 작동유를 한 방향으로는 흐르게 하고 반대 방향으로는 흐르지 않게 하기 위해 사용하는 밸브는?

① 감압 밸브 ② 무부하 밸브
③ 체크 밸브 ④ 릴리프 밸브

해설 체크 밸브(check valve)는 역류를 방지하고, 회로 내의 잔류압력을 유지시키며, 오일이 한쪽 방향으로만 흐르도록 한다.

31. 방향제어밸브에서 내부 누유에 영향을 미치는 요소가 아닌 것은?

① 관로의 유량
② 밸브 간극의 크기
③ 밸브 양단의 압력 차이
④ 유압유 점도

해설 방향제어밸브에서 내부 누유에 영향을 미치는 요소는 밸브 간극의 크기, 밸브 양단의 압력 차이, 유압유의 점도 등이다.

32. 유압 모터의 속도를 감속하는데 사용하는 밸브는?

① 체크 밸브
② 디셀러레이션 밸브
③ 변환 밸브
④ 압력 스위치

해설 디셀러레이션 밸브는 캠(cam)으로 조작되는 유압 밸브이며 액추에이터의 속도를 서서히 감속시킬 때 사용한다.

33. 일반적으로 캠(cam)으로 조작되는 유압 밸브로서 액추에이터의 속도를 서서히 감속시키는 밸브는?

① 디셀러레이션 밸브
② 카운터 밸런스 밸브
③ 방향제어밸브
④ 프레필 밸브

정답 30 ③ 31 ① 32 ② 33 ①

4-6 유압 탱크 구조와 기능

1 유압 탱크의 구조

① 유압 탱크는 주입구 캡, 유면계, 격판(배플), 스트레이너, 드레인 플러그 등으로 구성되어 있으며, 유압유를 저장하는 장치이다.

② 유압 펌프 흡입구멍에는 스트레이너를 설치하며, 흡입구멍은 유압 탱크 가장 밑면과 어느 정도 공간을 두고 설치하여야 한다.

③ 유압 펌프 흡입구멍과 탱크로의 귀환구멍(복귀구멍) 사이에는 격판(baffle plate)을 설치한다.

④ 유압 펌프 흡입구멍은 탱크로의 귀환구멍(복귀구멍)으로부터 가능한 한 멀리 떨어진 위치에 설치한다.

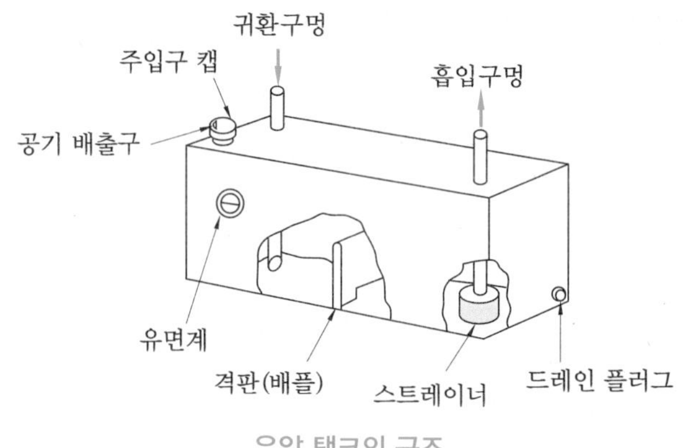

유압 탱크의 구조

2 유압 탱크의 기능

① 스트레이너가 설치되어 있어 유압장치 내로 불순물이 혼입되는 것을 방지한다.

② 유압 탱크 외벽으로의 열 방출에 의해 적정온도를 유지할 수 있다.

③ 격판(배플)을 설치하여 유압유의 출렁거림을 방지하고, 기포 발생 방지 및 제거 작용을 한다.

지게차 운전기능사

출제 예상 문제

01. 일반적인 오일 탱크의 구성품이 아닌 것은?

① 유압 실린더
② 스트레이너
③ 드레인 플러그
④ 배플 플레이트

해설 오일 탱크는 주입구, 스트레이너, 유면계, 배플 플레이트(격판), 드레인 플러그 등으로 구성된다.

02. 다음 중 유압유 탱크의 기능이 아닌 것은 어느 것인가?

① 유압 회로에 필요한 압력 설정
② 유압 회로에 필요한 유량 확보
③ 격판에 의한 기포 분리 및 제거
④ 스트레이너 설치로 회로 내 불순물 혼입 방지

해설 **오일 탱크의 기능** : 유압 회로에 필요한 유량 확보, 격판에 의한 기포 분리 및 제거, 스트레이너 설치로 회로 내 불순물 혼입 방지

03. 유압 탱크에 대한 구비조건으로 가장 거리가 먼 것은?

① 적당한 크기의 주유구 및 스트레이너를 설치한다.
② 오일 냉각을 위한 쿨러를 설치한다.
③ 오일에 이물질이 혼입되지 않도록 밀폐되어야 한다.
④ 드레인(배출밸브) 및 유면계를 설치한다.

04. 유압장치의 오일 탱크에서 유압 펌프 흡입구의 설치에 대한 설명으로 틀린 것은?

① 유압 펌프 흡입구는 반드시 탱크 가장 밑면에 설치한다.
② 유압 펌프 흡입구에는 스트레이너(오일 여과기)를 설치한다.
③ 유압 펌프 흡입구와 탱크로의 귀환구멍(복귀구멍) 사이에는 격리판(baffle plate)을 설치한다.
④ 유압 펌프 흡입구는 탱크로의 귀환구멍(복귀구멍)으로부터 될 수 있는 한 멀리 떨어진 위치에 설치한다.

해설 유압 펌프 흡입구는 탱크 밑면과 어느 정도 공간을 두고 설치한다.

05. 유압유에 포함된 불순물을 제거하기 위해 유압 펌프 흡입관에 설치하는 것은?

① 어큐뮬레이터 ② 스트레이너
③ 공기청정기 ④ 부스터

해설 스트레이너(strainer)는 유압 펌프의 흡입관에 설치하는 여과기이다.

06. 오일 탱크 내의 오일을 전부 배출시킬 때 사용하는 것은?

① 드레인 플러그 ② 배플
③ 어큐뮬레이터 ④ 리턴 라인

해설 오일 탱크 내의 오일을 배출시킬 때에는 드레인 플러그를 사용한다.

정답 01 ① 02 ① 03 ② 04 ① 05 ② 06 ①

4-7 유압유(작동유)

1 유압유의 점도

점도는 점성의 정도를 나타내는 척도이다. 유압유의 점도는 온도가 상승하면 저하되고, 온도가 내려가면 높아진다.

(1) 유압유의 점도가 높을 때의 영향

① 유압이 높아지므로 유동저항이 커져 압력손실이 증가한다.
② 내부마찰이 증가하므로 동력손실이 증가한다.
③ 열 발생의 원인이 될 수 있다.

(2) 유압유의 점도가 낮을 때의 영향

① 유압장치(회로) 내의 유압이 낮아진다.
② 유압 펌프의 효율이 저하된다.
③ 유압 실린더와 유압 모터의 작동속도가 늦어진다.
④ 유압 실린더 · 유압 모터 및 제어 밸브에서 누출현상이 발생한다.

참고 유압유에 점도가 서로 다른 2종류의 오일을 혼합하면 열화 현상을 촉진시킨다.

2 유압유의 구비조건

① 내열성이 크고, 인화점 및 발화점이 높아야 한다.
② 점성과 적절한 유동성이 있어야 한다.
③ 점도지수 및 체적탄성계수가 커야 한다.
④ 압축성, 밀도, 열팽창계수가 작아야 한다.
⑤ 화학적 안정성(산화 안정성)이 커야 한다.
⑥ 기포 분리 성능(소포성)이 커야 한다.

3 유압유 첨가제

유압유 첨가제에는 산화 방지제, 유성 향상제, 마모 방지제, 소포제(거품 방지제), 유동점 강하제, 점도지수 향상제 등이 있다.

4 유압유에 수분이 미치는 영향

유압유에 수분이 생성되는 주원인은 공기혼입 때문이며, 유압유에 수분이 유입되었을 때의 영향은 다음과 같다.

① 유압유의 산화와 열화를 촉진시킨다.
② 유압장치의 내마모성을 저하시킨다.
③ 유압유의 윤활성 및 방청성을 저하시킨다.
④ 수분함유 여부는 가열한 철판 위에 유압유를 떨어뜨려 점검한다.

5 유압유 열화 판정방법

① 자극적인 악취 유무로 확인(냄새로 확인)한다.
② 수분이나 침전물의 유무로 확인한다.
③ 점도상태 및 색깔의 변화를 확인한다.
④ 흔들었을 때 생기는 거품이 없어지는 양상을 확인한다.
⑤ 유압유 교환을 판단하는 조건은 점도의 변화, 색깔의 변화, 수분의 함유 여부이다.

6 유압유의 온도

① 유압유의 정상작동 온도범위는 40~80℃ 정도이다.
② 난기운전 후 유압유의 온도범위는 25~30℃ 정도이다.
③ 최저허용 유압유의 온도범위는 40℃ 정도이다.
④ 최고허용 유압유의 온도범위는 80℃ 정도이다.
⑤ 열화가 발생하기 시작하는 유압유의 온도범위는 100℃ 이상이다.

지게차
운전기능사

출제 예상 문제

01. 유압유의 주요기능이 아닌 것은?

① 열을 흡수한다.
② 동력을 전달한다.
③ 필요한 요소 사이를 밀봉한다.
④ 움직이는 기계요소를 마모시킨다.

02. 다음 [보기]에서 유압 작동유가 갖추어야 할 조건으로 모두 맞는 것은?

보기
㉮ 압력에 대해 비압축성일 것
㉯ 밀도가 작을 것
㉰ 열팽창계수가 작을 것
㉱ 체적탄성계수가 작을 것
㉲ 점도지수가 낮을 것
㉳ 발화점이 높을 것

① ㉮, ㉯, ㉰, ㉱ ② ㉯, ㉰, ㉲, ㉳
③ ㉯, ㉱, ㉲, ㉳ ④ ㉮, ㉯, ㉰, ㉳

해설 **유압유의 구비조건** : 압력에 대해 비압축성일 것, 밀도가 작을 것, 열팽창계수가 작을 것, 체적탄성계수가 클 것, 점도지수가 높을 것, 인화점 발화점이 높을 것, 내열성이 크고, 거품이 없을 것

03. 유압장치의 유압유가 갖추어야 할 특성으로 틀린 것은?

① 내열성이 작고, 거품이 많을 것
② 화학적 안전성 및 윤활성이 클 것
③ 고압 · 고속 운전계통에서 마멸방지성이 높을 것
④ 확실한 동력전달을 위하여 비압축성일 것

04. 유압유의 첨가제가 아닌 것은?

① 마모 방지제
② 유동점 강하제
③ 산화 방지제
④ 점도지수 방지제

해설 유압유 첨가제에는 마모 방지제, 점도지수 향상제, 산화 방지제, 소포제(기포 방지제), 유동점 강하제 등이 있다.

05. 유압유에 사용되는 첨가제 중 산의 생성을 억제함과 동시에 금속의 표면에 부식 억제 피막을 형성하여 산화 물질이 금속에 직접 접촉하는 것을 방지하는 것은?

① 산화 방지제 ② 산화 촉진제
③ 방청제 ④ 소포제

해설 산화 방지제는 산의 생성을 억제함과 동시에 금속의 표면에 부식 억제 피막을 형성하여 산화 물질이 금속에 직접 접촉하는 것을 방지한다.

06. 금속간의 마찰을 방지하기 위한 방안으로 마찰계수를 저하시키기 위하여 사용되는 첨가제는?

① 유동점 강하제 ② 유성 향상제
③ 점도지수 향상제 ④ 방청제

해설 유성 향상제는 금속간의 마찰을 방지하기 위한 방안으로 마찰계수를 저하시키기 위하여 사용되는 첨가제이다.

정답 01 ④ 02 ④ 03 ① 04 ④ 05 ① 06 ②

07. 유압 오일에서 온도에 따른 점도변화 정도를 표시하는 것은?

① 점도분포 ② 관성력
③ 점도지수 ④ 윤활성

해설 점도지수는 유압유가 온도에 따른 점도변화 정도를 표시하는 것이다.

08. 유압유가 넓은 온도범위에서 사용되기 위한 조건으로 가장 알맞은 것은?

① 산화작용이 양호해야 한다.
② 발포성이 높아야 한다.
③ 소포성이 낮아야 한다.
④ 점도지수가 높아야 한다.

해설 작동유가 넓은 온도범위에서 사용되기 위해서는 점도지수가 높아야 한다.

09. 유압유의 점도에 대한 설명으로 틀린 것은?

① 온도가 상승하면 점도는 낮아진다.
② 점성의 정도를 표시하는 값이다.
③ 점도가 낮아지면 유압이 떨어진다.
④ 점성계수를 밀도로 나눈 값이다.

10. 유압유의 점도가 지나치게 높았을 때 나타나는 현상이 아닌 것은?

① 오일누설이 증가한다.
② 유동저항이 커져 압력손실이 증가한다.
③ 동력손실이 증가하여 기계효율이 감소한다.
④ 내부마찰이 증가하고, 압력이 상승한다.

해설 유압유의 점도가 너무 높으면 유동저항이 커져 압력손실이 증가하고, 동력손실이 증가하여 기계효율이 감소하며, 내부마찰이 증가하고, 압력이 상승한다.

11. 다음 [보기]에서 유압 계통에 사용되는 오일의 점도가 너무 낮을 경우 나타날 수 있는 현상으로 모두 맞는 것은?

보기
㉮ 유압 펌프 효율 저하
㉯ 오일 누설 증가
㉰ 유압 회로 내의 압력 저하
㉱ 시동 저항 증가

① ㉮, ㉰, ㉱ ② ㉮, ㉯, ㉰
③ ㉯, ㉰, ㉱ ④ ㉮, ㉯, ㉱

해설 **유압유의 점도가 너무 낮으면** : 유압 펌프의 효율이 저하되고, 유압유의 누설이 증가하며, 유압 계통(회로) 내의 압력이 저하되고, 액추에이터(유압 실린더와 유압 모터)의 작동속도가 늦어진다.

12. 유체의 압력에 영향을 주는 요소로 가장 관계가 적은 것은?

① 유체의 점도 ② 관로의 직경
③ 유체의 흐름량 ④ 작동유 탱크용량

해설 압력에 영향을 주는 요소는 유체의 흐름량(유량), 유체의 점도, 관로지름의 크기이다.

13. 유압유의 압력이 낮아지는 원인과 가장 거리가 먼 것은?

① 유압 펌프의 성능이 불량할 때
② 유압유의 점도가 높아졌을 때
③ 유압유의 점도가 낮아졌을 때
④ 유압계통 내에서 누설이 있을 때

해설 **유압유의 압력이 낮아지는 원인** : 유압유의 점도가 낮아졌을 때, 유압계통 내에서 누설이 있을 때, 유압 펌프가 마모되었을 때, 유압 펌프 성능이 노후되었을 때, 유압 펌프의 성능이 불량할 때

정답 07 ③ 08 ④ 09 ④ 10 ① 11 ② 12 ④ 13 ②

14. 작동유에 대한 설명으로 틀린 것은?

① 점도지수가 낮아야 한다.
② 점도는 압력손실에 영향을 미친다.
③ 마찰 부분의 윤활작용 및 냉각작용도 한다.
④ 공기가 혼입되면 유압 기기의 성능은 저하된다.

해설 작동유는 점도지수가 높아야 한다.

15. 유압장치에서 사용하는 작동유의 정상작동 온도범위로 가장 적합한 것은?

① 120~150℃　② 40~80℃
③ 90~110℃　④ 10~30℃

해설 작동유의 정상작동 온도범위는 40~80℃ 정도이다.

16. 유압유(작동유)의 온도상승 원인에 해당하지 않는 것은?

① 작동유의 점도가 너무 높을 때
② 유압 모터 내에서 내부마찰이 발생될 때
③ 유압 회로 내의 작동압력이 너무 낮을 때
④ 유압 회로 내에서 공동현상이 발생될 때

해설 **유압유의 온도가 상승하는 원인** : 유압유의 점도가 너무 높을 때, 유압장치 내에서 내부마찰이 발생될 때, 유압 회로 내의 작동압력이 너무 높을 때, 유압 회로 내에서 캐비테이션이 발생될 때

17. 유압유 온도가 과열되었을 때 유압 계통에 미치는 영향으로 틀린 것은?

① 온도변화에 의해 유압 기기가 열 변형되기 쉽다.
② 유압유의 점도 저하에 의해 누출되기 쉽다.
③ 유압 펌프의 효율이 높아진다.
④ 유압유의 열화를 촉진한다.

18. 유압유 탱크에 저장되어 있는 유압유의 양을 점검할 때의 유압유 온도는?

① 과랭 온도일 때
② 정상작동 온도일 때
③ 완랭 온도일 때
④ 열화 온도일 때

해설 유압유의 양은 정상작동 온도일 때 점검한다.

19. 유압유의 점검사항과 관계없는 것은?

① 윤활성　② 마멸성
③ 소포성　④ 점도

해설 유압유의 점검사항은 점도, 내마멸성, 소포성, 윤활성이다.

20. 작동유에 수분이 혼입되었을 때 나타나는 현상이 아닌 것은?

① 윤활능력 저하
② 작동유의 열화 촉진
③ 유압 기기의 마모 촉진
④ 오일 탱크의 오버플로

해설 **작동유에 수분이 혼입되면** : 윤활능력 저하, 작동유의 열화 촉진, 유압 기기의 마모 촉진, 방청성 저하, 산화와 열화 촉진

21. 유압 작동유에 수분이 미치는 영향이 아닌 것은?

① 작동유의 윤활성을 저하시킨다.
② 작동유의 방청성을 저하시킨다.
③ 작동유의 산화와 열화를 촉진시킨다.
④ 작동유의 내마모성을 향상시킨다.

22. 현장에서 오일의 오염도 판정방법 중 가열한 철판 위에 오일을 떨어뜨리는 방법은

정답 14 ① 15 ② 16 ③ 17 ③ 18 ② 19 ② 20 ④ 21 ④ 22 ③

오일의 무엇을 판정하기 위한 방법인가?

① 먼지나 이물질 함유
② 오일의 열화
③ 수분 함유
④ 산성도

해설 가열한 철판 위에 오일을 떨어뜨리는 방법은 오일의 수분 함유 여부를 판정하기 위한 방법이다.

23. 유압 작동유를 교환하고자 할 때 선택조건으로 가장 적합한 것은?

① 유명 정유회사 제품
② 가장 가격이 비싼 유압 작동유
③ 제작사에서 해당 건설기계에 추천하는 유압 작동유
④ 시중에서 쉽게 구입할 수 있는 유압 작동유

24. 유압유 교환을 판단하는 조건이 아닌 것은?

① 점도의 변화 ② 색깔의 변화
③ 수분의 함량 ④ 유량의 감소

25. 서로 다른 2종류의 유압유를 혼합하였을 경우에 대한 설명으로 옳은 것은?

① 서로 보완 가능한 유압유의 혼합은 권장사항이다.
② 열화현상을 촉진시킨다.
③ 유압유의 성능이 혼합으로 인해 월등해진다.
④ 점도가 달라지나 사용에는 전혀 지장이 없다.

해설 서로 다른 2종류의 유압유를 혼합하면 열화현상을 촉진시킨다.

26. 유압유의 열화를 촉진시키는 가장 직접적인 요인은?

① 유압유의 온도 상승
② 배관에 사용되는 금속의 강도 약화
③ 공기 중의 습도 저하
④ 유압 펌프의 고속회전

해설 유압유의 온도가 상승하면 열화가 촉진된다.

27. 현장에서 오일의 열화를 확인하는 인자가 아닌 것은?

① 오일의 점도 ② 오일의 냄새
③ 오일의 색깔 ④ 오일의 유동

해설 오일의 열화를 확인하는 인자는 오일의 점도, 오일의 냄새, 오일의 색깔 등이다.

28. 현장에서 오일의 열화를 찾아내는 방법이 아닌 것은?

① 색깔의 변화나 수분, 침전물의 유무 확인
② 흔들었을 때 생기는 거품이 없어지는 양상 확인
③ 자극적인 악취 유무 확인
④ 오일을 가열하였을 때 냉각되는 시간 확인

해설 작동유의 열화를 판정하는 방법 : 점도 상태로 확인, 색깔의 변화나 수분, 침전물의 유무 확인, 자극적인 악취 유무 확인(냄새로 확인), 흔들었을 때 생기는 거품이 없어지는 양상 확인

29. 유압유의 노화촉진 원인이 아닌 것은?

① 유온이 높을 때
② 다른 오일이 혼입되었을 때
③ 수분이 혼입되었을 때
④ 플러싱을 했을 때

해설 플러싱이란 유압유가 노화되었을 때 유압 계통을 세척하는 작업이다.

정답 23 ③ 24 ④ 25 ② 26 ① 27 ④ 28 ④ 29 ④

30. 난연성 작동유의 종류에 해당하지 않는 것은?

① 석유계 작동유
② 유중수형 작동유
③ 물–글리콜형 작동유
④ 인산에스테르형 작동유

해설 **난연성 작동유의 종류**
㉠ 합성계열(에스테르 계열) 난연성 작동유 : 인산에스테르형, 폴리에스테르형(지방산)
㉡ 수성계열(글리콜 계열, 에멀션 계열) 난연성 작동유 : 물–글리콜 계열, 수중유형 작동유(O/W에멀션 계열), 유중수형 작동유(W/O에멀션 계열)

31. 유압장치에서 오일에 거품이 생기는 원인으로 가장 거리가 먼 것은?

① 오일 탱크와 유압 펌프 사이에서 공기가 유입될 때
② 오일이 부족하여 공기가 일부 흡입되었을 때
③ 유압 펌프 축 주위의 흡입 쪽 실(seal)이 손상되었을 때
④ 유압유의 점도지수가 클 때

32. 유압장치 내부에 국부적으로 높은 압력이 발생하여 소음과 진동이 발생하는 현상은?

① 벤트포트 ② 노이즈
③ 오리피스 ④ 캐비테이션

해설 캐비테이션(공동현상)은 저압 부분의 유압이 진공에 가까워짐으로써 기포가 발생하며, 기포가 파괴되어 국부적인 고압이나 소음과 진동이 발생하고, 양정과 효율이 저하되는 현상이다.

33. 공동(cavitation)현상이 발생하였을 때의 영향 중 가장 거리가 먼 것은?

① 체적효율이 감소한다.
② 고압 부분의 기포가 과포화상태로 된다.
③ 최고압력이 발생하여 급격한 압력파가 일어난다.
④ 유압장치 내부에 국부적인 고압이 발생하여 소음과 진동이 발생된다.

해설 **공동현상이 발생하면**
㉠ 저압 부분의 기포가 과포화상태로 된다.
㉡ 최고압력이 발생하여 급격한 압력파가 일어난다.
㉢ 체적효율이 감소한다.
㉣ 유압장치 내부에 국부적인 고압이 발생하여 소음과 진동이 발생된다.

34. 유압 회로 내에서 서지압(surge pressure)은 어느 것인가?

① 과도적으로 발생하는 이상 압력의 최댓값
② 정상적으로 발생하는 압력의 최댓값
③ 정상적으로 발생하는 압력의 최솟값
④ 과도적으로 발생하는 이상 압력의 최솟값

해설 서지압이란 유압 회로에서 과도하게 발생하는 이상 압력의 최댓값이다.

35. 유압 회로 내의 밸브를 갑자기 닫았을 때, 오일의 속도 에너지가 압력 에너지로 변하면서 일시적으로 큰 압력 증가가 생기는 현상을 무엇이라 하는가?

① 캐비테이션(cavitation) 현상
② 서지(surge) 현상
③ 채터링(chattering) 현상
④ 에어레이션(aeration) 현상

해설 **서지 현상** : 유압 회로 내의 밸브를 갑자기 닫았을 때 오일의 속도 에너지가 압력 에너지로 변하면서 일시적으로 큰 압력 증가가 생기는 현상

정답 30 ① 31 ④ 32 ④ 33 ② 34 ① 35 ②

4-8 그 밖의 부속장치

1 어큐뮬레이터(축압기, accumulator)

① 유압 펌프에서 발생한 유압을 저장하고, 맥동을 소멸시키며 유압 에너지의 저장, 충격흡수 등에 이용되는 기구이다.

② 블래더형 어큐뮬레이터(축압기)의 고무주머니 내에는 질소가스를 주입한다.

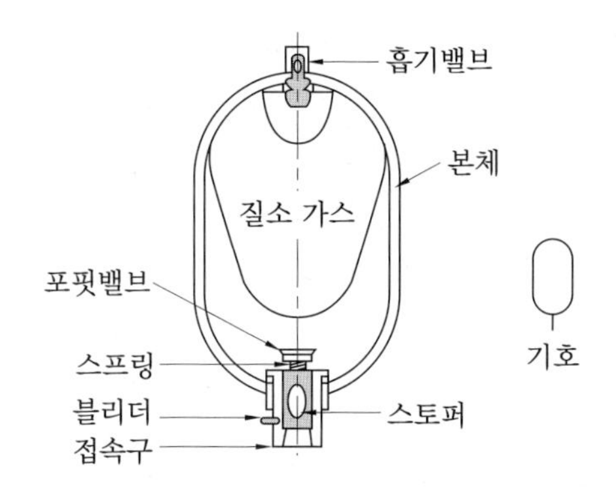

블래더형 어큐뮬레이터의 구조

2 오일 여과기(oil filter)

① 오일 여과기는 유압유 내에 금속의 마모된 찌꺼기나 카본 덩어리 등의 이물질을 제거하는 장치이다.

② 종류에는 흡입 여과기, 고압 여과기, 저압 여과기 등이 있다.

③ 스트레이너는 유압 펌프의 흡입 쪽에 설치되어 여과작용을 한다.

④ 여과입도가 너무 조밀하면(여과입도 수가 높으면) 공동현상(캐비테이션)이 발생한다.

⑤ 유압장치의 수명 연장을 위한 가장 중요한 요소는 유압유 및 오일 여과기의 점검 및 교환이다.

3 오일 냉각기(oil cooler)

① 오일 냉각기는 유압유 온도를 알맞게 유지하기 위해 유압유를 냉각시키는 장치이다.

② 유압유의 양은 정상인데 유압장치가 과열하면 가장 먼저 오일 냉각기를 점검한다.

③ 구비조건은 촉매작용이 없을 것, 오일 흐름에 저항이 작을 것, 온도조정이 잘될 것, 정비 및 청소하기가 편리할 것 등이다.

④ 수랭식 오일 냉각기는 냉각수를 이용하여 유압유 온도를 항상 적정한 온도로 유지하며, 소형으로 냉각능력은 크지만 고장이 발생하면 유압유 중에 물이 혼입될 우려가 있다.

4 유압 호스(hydraulic hose)

① 플렉시블 호스는 내구성이 강하고 작동 및 움직임이 있는 곳에 사용하기 적합하다.
② 가장 큰 압력에 견딜 수 있는 것은 나선 와이어 블레이드 호스이다.

5 오일 실(oil seal)

유압유의 누출을 방지하는 부품이며, 유압유가 누출되면 오일 실(seal)을 가장 먼저 점검한다. O-링은 유압 기기의 고정 부위에서 유압유의 누출을 방지하며, 구비조건은 다음과 같다.

① 탄성이 양호하고, 압축변형이 적을 것
② 정밀가공 면을 손상시키지 않을 것
③ 내압성과 내열성이 클 것
④ 설치하기가 쉬울 것
⑤ 피로강도가 크고, 비중이 적을 것

6 유압 회로 및 유압 기호

(1) 유압의 기본 회로

유압의 기본 회로에는 오픈(개방) 회로, 클로즈(밀폐) 회로, 병렬 회로, 직렬 회로, 탠덤 회로 등이 있다.

① **언로드 회로** : 일하던 도중에 유압 펌프 유량이 필요하지 않게 되었을 때 유압유를 저압으로 탱크에 귀환시킨다.
② **속도제어 회로** : 유압 회로에서 유량 제어를 통하여 작업속도를 조절하는 방식에는 미터인 회로, 미터아웃 회로, 블리드 오프 회로, 카운터 밸런스 회로 등이 있다.
(가) 미터-인 회로(meter-in circuit) : 액추에이터의 입구 쪽 관로에 직렬로 설치한 유량 제어 밸브로 유량을 제어하여 속도를 제어한다.
(나) 미터-아웃 회로(meter-out circuit) : 액추에이터의 출구 쪽 관로에 직렬로 설치한 유량 제어 밸브로 유량을 제어하여 속도를 제어한다.

㈐ 블리드 오프 회로(bleed off circuit) : 유량 제어 밸브를 실린더와 병렬로 설치하여 유압 펌프 토출량 중 일정한 양을 탱크로 되돌리므로 릴리프 밸브에서 과잉압력을 줄일 필요가 없는 장점이 있으나 부하변동이 급격한 경우에는 정확한 유량 제어가 곤란하다.

(2) 유압 기호

① 기호 회로도에 사용되는 유압 기호의 표시방법

㈎ 기호에는 흐름의 방향을 표시한다.
㈏ 각 기기의 기호는 정상상태 또는 중립상태를 표시한다.
㈐ 오해의 위험이 없는 경우에는 기호를 회전하거나 뒤집어도 된다.
㈑ 기호에는 각 기기의 구조나 작용압력을 표시하지 않는다.
㈒ 기호가 없어도 바르게 이해할 수 있는 경우에는 드레인 관로를 생략해도 된다.

② 유압 · 공기압 기호

기호	명칭	기호	명칭
	유압 펌프		공기압 모터
	가변조작 또는 조정수단	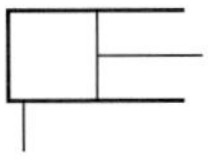	단동 실린더 편로드
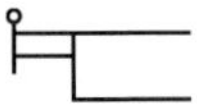	레버	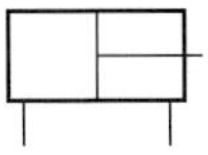	복동 실린더 편로드
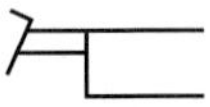	페달	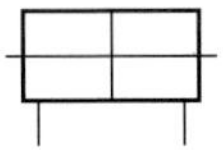	복동 실린더 양로드
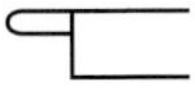	플런저	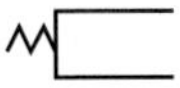	스프링
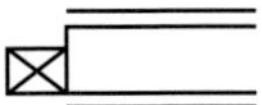	전기식 피드백		공기유압변환기 (단동형)
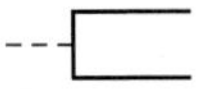	직접 파일럿 조작	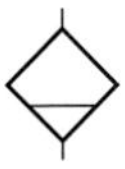	드레인 배출기

기호	명칭	기호	명칭
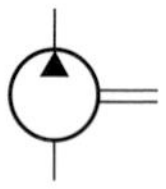	정용량형 유압펌프	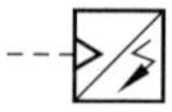	아날로그 변환기
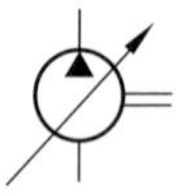	가변용량형 유압펌프	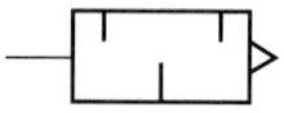	소음기
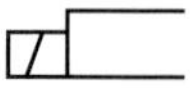	단동 솔레노이드		스톱 밸브
	복동 솔레노이드		체크 밸브
	유압 동력원	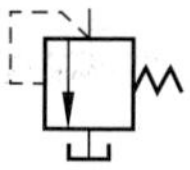	릴리프 밸브
	공기압 동력원	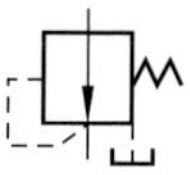	감압 밸브
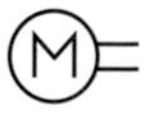	전동기	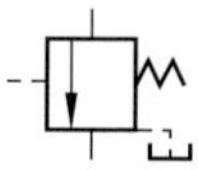	시퀀스 밸브
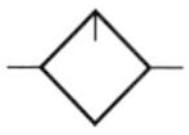	루브리케이터	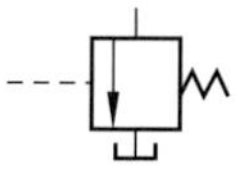	무부하 밸브
	기름탱크(통기식)		가변 교축 밸브
	공기탱크		어큐뮬레이터
	압력계	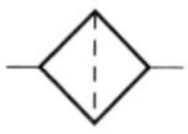	필터
	온도계	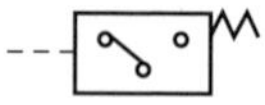	압력 스위치
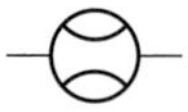	유량계	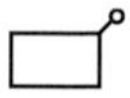	리밋스위치

지게차 운전기능사

출제 예상 문제

01. 유압 펌프에서 발생한 유압을 저장하고 맥동을 제거시키는 것은?

① 어큐뮬레이터
② 언로딩 밸브
③ 릴리프 밸브
④ 스트레이너

해설 어큐뮬레이터(축압기)의 용도는 압력 보상, 체적변화 보상, 유압 에너지 축적, 유압 회로 보호, 맥동 감쇠, 충격 압력 흡수, 일정 압력 유지, 보조동력원으로 사용 등이다.

02. 어큐뮬레이터(축압기)의 사용 용도에 해당하지 않는 것은?

① 오일 누설 억제
② 유압 회로 내의 압력 보상
③ 충격압력의 흡수
④ 유압 펌프의 맥동 감소

03. 기체-오일 방식 어큐뮬레이터에 가장 많이 사용되는 가스는?

① 산소 ② 질소
③ 아세틸렌 ④ 이산화탄소

해설 가스형 어큐뮬레이터(축압기)에는 질소가스를 주입한다.

04. 축압기의 종류 중 가스-오일 방식이 아닌 것은?

① 스프링 하중 방식(spring loaded type)
② 피스톤 방식(piston type)
③ 다이어프램 방식(diaphragm type)
④ 블래더 방식(bladder type)

해설 가스-오일 방식 축압기에는 피스톤 방식, 다이어프램 방식, 블래더 방식

05. 유압장치에서 금속가루 또는 불순물을 제거하기 위해 사용되는 부품으로 짝지어진 것은?

① 필터와 어큐뮬레이터
② 스크레이퍼와 필터
③ 필터와 스트레이너
④ 어큐뮬레이터와 스트레이너

해설 금속가루 또는 불순물을 제거하기 위해 필터와 스트레이너를 사용한다.

06. 건설기계에 사용하고 있는 필터의 종류가 아닌 것은?

① 배출 필터 ② 흡입 필터
③ 고압 필터 ④ 저압 필터

07. 유압장치에서 오일 여과기에 걸러지는 오염물질의 발생 원인으로 가장 거리가 먼 것은?

① 유압장치의 조립과정에서 먼지 및 이물질 혼입
② 작동중인 엔진의 내부 마찰에 의하여 생긴 금속가루 혼입
③ 유압장치를 수리하기 위하여 해체하였을 때 외부로부터 이물질 혼입
④ 유압유를 장기간 사용함에 있어 고온·고압 하에서 산화생성물이 생김

정답 01 ① 02 ① 03 ② 04 ① 05 ③ 06 ① 07 ②

08. **오일 필터의 여과입도가 너무 조밀하였을 때 가장 발생하기 쉬운 현상은?**

① 오일누출 현상
② 공동현상
③ 맥동현상
④ 블로바이 현상

해설 필터의 여과입도 수(mesh)가 너무 높으면(여과입도가 너무 조밀하면) 오일 공급 불충분으로 공동(캐비테이션)현상이 발생한다.

09. **유압장치의 수명 연장을 위해 가장 중요한 요소는?**

① 오일 탱크의 세척
② 오일 냉각기의 점검 및 세척
③ 유압 펌프의 교환
④ 오일 필터의 점검 및 교환

해설 유압장치의 수명 연장을 위한 가장 중요한 요소는 오일 및 오일 필터의 점검 및 교환이다.

10. **유압 회로에서 유압유 온도를 알맞게 유지하기 위해 오일을 냉각하는 부품은?**

① 방향 제어 밸브
② 어큐뮬레이터
③ 유압 밸브
④ 오일 쿨러

11. **유압장치에서 오일 쿨러(oil cooler)의 구비조건으로 틀린 것은?**

① 촉매작용이 없을 것
② 오일 흐름에 저항이 클 것
③ 온도조정이 잘될 것
④ 정비 및 청소하기가 편리할 것

해설 오일 쿨러는 오일 흐름의 저항이 작을 것

12. **수랭식 오일 냉각기(oil cooler)에 대한 설명으로 틀린 것은?**

① 소형으로 냉각능력이 크다.
② 고장 시 오일 중에 물이 혼입될 우려가 있다.
③ 대기온도나 냉각수 온도 이하의 냉각이 용이하다.
④ 유온을 항상 적정한 온도로 유지하기 위하여 사용된다.

해설 수랭식 오일 냉각기는 유온을 항상 적정한 온도로 유지하기 위하여 사용하며, 소형으로 냉각능력은 크지만 고장이 발생하면 오일 중에 물이 혼입될 우려가 있다.

13. **유압장치에 사용되는 오일 실(seal)의 종류 중 O-링이 갖추어야 할 조건은?**

① 체결력이 작을 것
② 탄성이 양호하고 압축변형이 적을 것
③ 작동 시 마모가 클 것
④ 오일의 입 · 출입이 가능할 것

해설 O-링은 탄성이 양호하고, 압축변형이 적을 것

14. **유압장치에서 피스톤 로드에 있는 먼지 또는 오염물질 등이 실린더 내로 혼입되는 것을 방지하는 것은?**

① 필터(filter)
② 더스트 실(dust seal)
③ 밸브(valve)
④ 실린더 커버(cylinder cover)

해설 더스트 실은 피스톤 로드에 있는 먼지 또는 오염물질 등이 실린더 내로 혼입되는 것을 방지한다.

정답 08 ② 09 ④ 10 ④ 11 ② 12 ③ 13 ② 14 ②

15. 실(seal)의 구분에서 밀봉장치 중 고정 부분에만 사용되는 것으로 정확하게 표현된 것은?

① 패킹(packing)
② 로드 실(rod seal)
③ 개스킷(gasket)
④ 메커니컬 실(mechanical seal)

해설 개스킷(gasket)은 고정 부분(접합 부분)에만 사용되는 밀봉장치이다.

16. 유압 작동부에서 오일이 새고 있을 때 일반적으로 먼저 점검하여야 하는 것은?

① 밸브(valve)
② 기어(gear)
③ 플런저(plunger)
④ 실(seal)

해설 유압 작동 부분에서 오일이 누유되면 가장 먼저 실(seal)을 점검하여야 한다.

17. 유압 계통에서 오일누설 시의 점검사항이 아닌 것은?

① 오일의 윤활성 ② 실(seal)의 파손
③ 실(seal)의 마모 ④ 볼트의 이완

해설 오일이 누설되면 실(seal)의 파손, 실(seal)의 마모, 볼트의 이완 등을 점검한다.

18. 유압장치 운전 중 갑작스럽게 유압배관에서 오일이 분출되기 시작하였을 때 가장 먼저 운전자가 취해야 할 조치는?

① 작업장치를 지면에 내리고 엔진 시동을 정지한다.
② 작업을 멈추고 배터리 선을 분리한다.
③ 오일이 분출되는 호스를 분리하고 플러그를 막는다.
④ 유압 회로 내의 잔압을 제거한다.

해설 유압배관에서 오일이 분출되기 시작하면 가장 먼저 작업장치를 지면에 내리고 엔진 시동을 정지한다.

19. 유압장치에서 작동 및 움직임이 있는 곳의 연결 관으로 적합한 것은?

① 플렉시블 호스 ② 구리 파이프
③ 강 파이프 ④ PVC 호스

해설 플렉시블 호스는 내구성이 강하고 작동 및 움직임이 있는 곳에 사용하기 적합하다.

20. 유압 호스 중 가장 큰 압력에 견딜 수 있는 형식은?

① 고무형식
② 나선 와이어 블레이드형식
③ 와이어리스 고무 블레이드형식
④ 직물 블레이드형식

해설 유압장치에 사용하는 유압 호스로 가장 큰 압력에 견딜 수 있는 것은 나선 와이어 블레이드형식이다.

21. 유압 회로에서 호스의 노화현상이 아닌 것은?

① 호스의 표면에 갈라짐이 발생한 경우
② 코킹 부분에서 오일이 누유되는 경우
③ 액추에이터의 작동이 원활하지 않을 경우
④ 정상적인 압력상태에서 호스가 파손될 경우

해설 **호스의 노화현상**
㉠ 호스의 표면에 갈라짐(crack)이 발생한 경우
㉡ 호스의 탄성이 거의 없는 상태로 굳어 있는 경우
㉢ 정상적인 압력상태에서 호스가 파손될 경우
㉣ 코킹 부분에서 오일이 누출되는 경우

정답 15 ③ 16 ④ 17 ① 18 ① 19 ① 20 ② 21 ③

22. 유압 건설기계의 고압호스가 자주 파열되는 원인으로 가장 적합한 것은?

① 유압 펌프의 고속 회전
② 오일의 점도 저하
③ 릴리프 밸브의 설정압력 불량
④ 유압 모터의 고속 회전

해설 릴리프 밸브의 설정압력이 불량하면 고압호스가 자주 파열된다.

23. 유압장치의 계통 내에 슬러지 등이 생겼을 때 이것을 용해하여 깨끗이 하는 작업은?

① 코킹 ② 플러싱
③ 서징 ④ 트램핑

해설 플러싱은 유압 회로 내의 이물질, 열화된 오일 및 슬러지 등을 회로 밖으로 배출시켜 회로를 깨끗하게 하는 작업이다.

24. 작업 중에 유압 펌프로부터 토출량이 필요하지 않게 되었을 때, 토출량을 탱크에 저압으로 귀환시키는 회로는?

① 시퀀스 회로
② 어큐뮬레이터 회로
③ 블리드 오프 회로
④ 언로드 회로

해설 언로드 회로(unloader circuit)는 작업 중에 유압 펌프 유량이 필요하지 않게 되었을 때 오일을 저압으로 탱크에 귀환시킨다.

25. 유압 회로에서 속도 제어 회로에 속하지 않는 것은?

① 시퀀스 회로
② 미터–인 회로
③ 블리드 오프 회로
④ 미터–아웃 회로

해설 속도 제어 회로에는 미터–인(meter in) 회로, 미터–아웃(meter out) 회로, 블리드 오프(bleed off) 회로가 있다.

26. 액추에이터의 입구 쪽 관로에 유량 제어 밸브를 직렬로 설치하여 작동유의 유량을 제어함으로써 액추에이터의 속도를 제어하는 회로는?

① 시스템 회로(system circuit)
② 블리드 오프 회로(bleed–off circuit)
③ 미터인 회로(meter–in circuit)
④ 미터아웃 회로(meter–out circuit)

해설 미터인 회로는 유압 액추에이터의 입구 쪽에 유량 제어 밸브를 직렬로 연결하여 액추에이터로 유입되는 유량을 제어하여 액추에이터의 속도를 제어한다.

27. 유량 제어 밸브를 실린더와 병렬로 연결하여 실린더의 속도를 제어하는 회로는?

① 미터–인 회로
② 미터–아웃 회로
③ 블리드 오프 회로
④ 블리드 온 회로

해설 블리드 오프 회로는 유량 제어 밸브를 실린더와 병렬로 연결하여 실린더의 속도를 제어한다.

28. 유압장치에서 가장 많이 사용되는 유압 회로도는?

① 조합 회로도
② 그림 회로도
③ 단면 회로도
④ 기호 회로도

해설 일반적으로 많이 사용하는 유압 회로도는 기호 회로도이다.

정답 22 ③ 23 ② 24 ④ 25 ① 26 ③ 27 ③ 28 ④

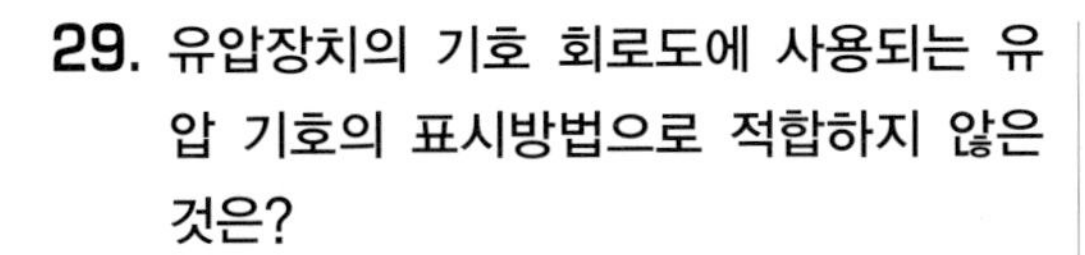

29. 유압장치의 기호 회로도에 사용되는 유압 기호의 표시방법으로 적합하지 않은 것은?

① 기호에는 각 기기의 구조나 작용압력을 표시하지 않는다.
② 기호에는 흐름의 방향을 표시한다.
③ 각 기기의 기호는 정상상태 또는 중립상태를 표시한다.
④ 기호는 어떠한 경우에도 회전하여 표시하지 않는다.

해설 기호 회로도에 사용되는 유압 기호는 오해의 위험이 없는 경우에는 기호를 회전하거나 뒤집어도 된다.

30. 다음 그림의 유압기호가 나타내는 것은?

① 유압 밸브　　② 차단 밸브
③ 오일 탱크　　④ 유압 실린더

31. 다음 유압 도면기호의 명칭은?

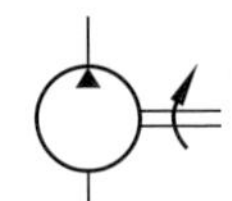

① 스트레이너　　② 유압 모터
③ 유압 펌프　　④ 압력계

32. 가변 용량형 유압 펌프의 기호 표시는?

① 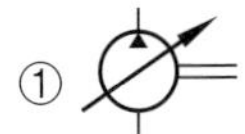　　② 
③　　④

33. 다음 그림과 같은 유압 기호에 해당하는 밸브는?

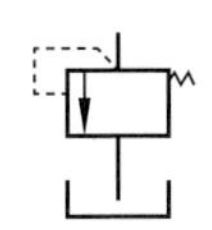

① 체크 밸브
② 카운터 밸런스 밸브
③ 릴리프 밸브
④ 리듀싱 밸브

34. 다음 유압기호가 나타내는 것은?

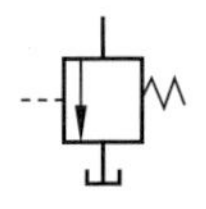

① 릴리프 밸브　　② 감압 밸브
③ 순차 밸브　　④ 무부하 밸브

35. 다음 그림의 유압 기호는 무엇을 표시하는가?

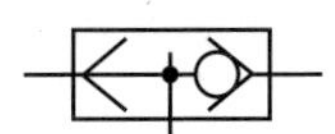

① 고압 우선형 셔틀 밸브
② 저압 우선형 셔틀 밸브
③ 급속 배기 밸브
④ 급속 흡기 밸브

36. 다음 그림에서 체크 밸브를 나타낸 것은?

①　　②
③　　④

37. 방향 전환 밸브의 조작 방식에서 단동 솔레노이드 기호는?

①　　②
③　　④

정답 29 ④　30 ③　31 ③　32 ①　33 ③　34 ④　35 ①　36 ①　37 ①

해설 ①은 솔레노이드 조작 방식, ②는 간접 조작 방식, ③은 레버 조작 방식, ④는 기계 조작 방식

38. 단동 실린더의 기호 표시로 맞는 것은?

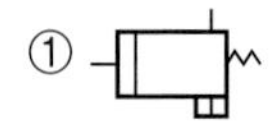

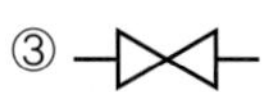

39. 다음 그림과 같은 실린더의 명칭은?

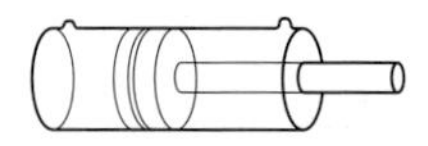

① 단동 실린더
② 단동 다단 실린더
③ 복동 실린더
④ 복동 다단 실린더

40. 복동 실린더 양 로드형을 나타내는 유압 기호는?

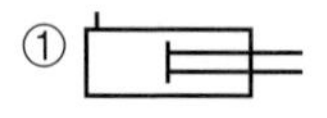

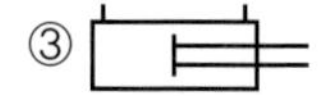

41. 유압 · 공기압 도면기호 중 다음 그림이 나타내는 것은?

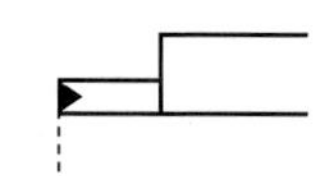

① 유압 파일럿(외부)
② 공기압 파일럿(외부)
③ 유압 파일럿(내부)
④ 공기압 파일럿(내부)

42. 다음 그림의 공 · 유압 기호는 무엇을 표시하는가?

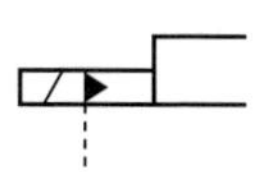

① 전자 · 공기압 파일럿
② 전자 · 유압 파일럿
③ 유압 2단 파일럿
④ 유압가변 파일럿

43. 다음 그림의 유압 기호는 무엇을 표시하는가?

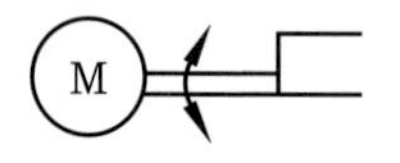

① 복동 가변식 전자 액추에이터
② 회전형 전기 액추에이터
③ 단동 가변식 전자 액추에이터
④ 직접 파일럿 조작 액추에이터

44. 다음 그림의 유압 기호는 무엇을 표시하는가?

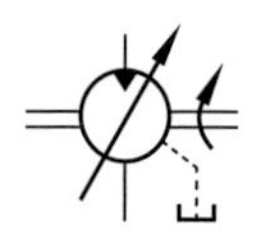

① 가변 유압 모터 ② 유압 펌프
③ 가변 토출 밸브 ④ 가변 흡입 밸브

45. 다음 그림의 유압 기호는 무엇을 표시하는가?

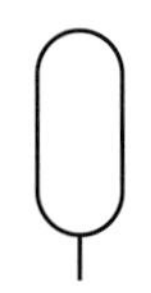

① 유압 실린더 ② 어큐뮬레이터
③ 오일 탱크 ④ 유압 실린더 로드

정답 38 ④ 39 ③ 40 ④ 41 ① 42 ② 43 ② 44 ① 45 ②

46. 다음 유압 도면기호에서 여과기의 기호 표시는?

① 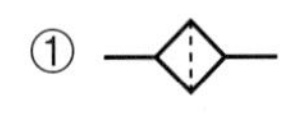　② 

③　④ 

47. 다음 그림의 유압 기호에서 "A" 부분이 나타내는 것은?

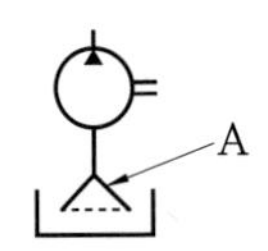

① 오일 냉각기
② 스트레이너
③ 가변 용량 유압 펌프
④ 가변 용량 유압 모터

48. 유압 도면기호에서 압력 스위치를 나타내는 것은?

① 　② 

③ 　④ 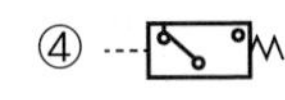

49. 공 · 유압 기호 중 그림이 나타내는 것은?

① 밸브　② 공기압
③ 유압　④ 전기

50. 다음 그림의 유압 기호는 무엇을 표시하는가?

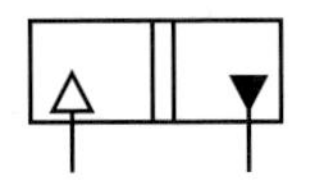

① 공기 · 유압 변환기
② 증압기
③ 촉매 컨버터
④ 어큐뮬레이터

51. 공 · 유압 기호 중 그림이 나타내는 것은?

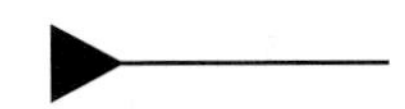

① 유압 동력원　② 공기압 동력원
③ 전동기　④ 원동기

정답 46 ① 47 ② 48 ④ 49 ③ 50 ① 51 ①

제 5 장

작업장치 익히기

5-1 작업장치에 따른 지게차의 분류

(1) 하이 마스트(high mast) 지게차(2단 마스트 지게차)

하이 마스트는 마스트가 2단으로 되어 있으며, 포크의 승강이 빠르고 높은 능률을 발휘할 수 있다. 가장 일반적인 지게차이다.

(2) 3단 마스트(triple stage mast) 지게차

3단 마스트는 마스트가 3단으로 되어 있어 높은 장소에서의 적재 · 적하 작업에 유리하다.

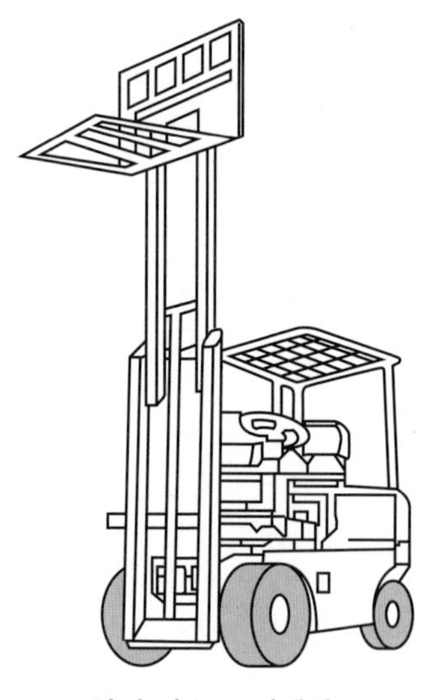

하이 마스트 지게차

3단 마스트 지게차

(3) 로드 스태빌라이저(load stabilizer)

로드 스태빌라이저는 고르지 못한 노면이나 경사지 등에서 깨지기 쉬운 화물이나 불안전한 화물의 낙하를 방지하기 위해 포크 상단에 상하 작동할 수 있는 압력판을 부착한 것이다.

(4) 블록 클램프(block clamp)

블록 클램프는 집게작업을 할 수 있는 장치를 지니고 있다.

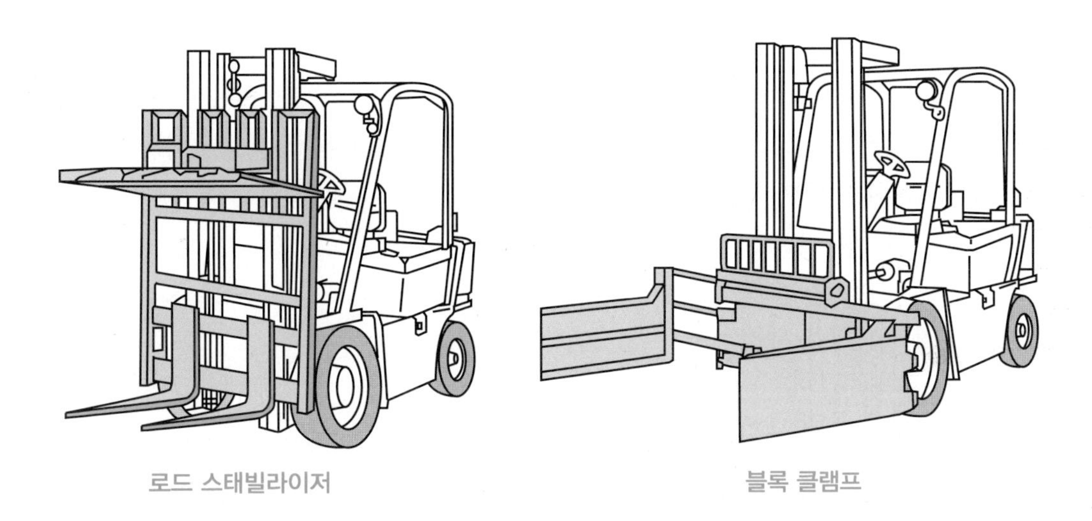

로드 스태빌라이저　　　　블록 클램프

(5) 로테이팅 클램프(rotating clamp)

로테이팅 클램프는 원추형 화물을 조이거나 회전시켜 운반 또는 적재하는 데 적합하다.

(6) 힌지드 버킷(hinged bucket)

힌지드 버킷은 석탄, 소금, 비료, 모래 등 흘러내리기 쉬운 화물의 운반에 사용된다. 작업을 할 때마다 질량이 다르기 때문에 질량을 확인한 후 사용한다.

로테이팅 클램프　　　　힌지드 버킷

(7) 힌지드 포크(hinged fork)

힌지드 포크는 원목, 파이프 등의 운반 및 적재용이며, 포크의 하향 각도가 크므로 포크 끝 부분이 지면에 닿지 않도록 주의하여야 한다.

(8) 롤 클램프 암(roll clamp arm)

롤 클램프 암은 긴 암(long arm)의 끝 부분이 둥근(roll) 형태의 화물을 취급할 수 있도록 클램프 암을 설치한 것으로 컨테이너 안쪽이나 포크가 닿지 않는 작업범위에 있는 둥근 형태의 화물을 취급한다.

힌지드 포크　　　　롤 클램프 암

(9) 사이드 시프트 포크(side shift fork)

사이드 시프트 포크는 지게차의 방향을 바꾸지 않고도 백 레스트와 포크를 좌우로 움직여 지게차 중심에서 벗어난 파렛트(pallet)의 화물을 용이하게 적재 · 적하작업을 할 수 있다.

(10) 램(ram)

원통형(코일 등)의 화물을 램에 끼워 운반할 때 사용한다. 중량물을 취급할 때는 화물을 램의 뒷부분까지 삽입한 후 주행하여야 한다. 긴 화물을 취급할 때는 주변의 작업자나 설비에 접촉하지 않도록 하고, 선회할 때에는 주행속도를 충분히 낮추어야 한다.

(11) 로테이팅 포크(rotating fork)

포크를 360° 회전시킬 수 있어 박스 파렛트에 화물을 싣는 낱개 물품의 방출도 가능하다. 포크를 급회전시키면 화물의 무게변동에 의해 마스트가 비틀리거나 최악의 경우 전도될 위험성이 있으므로 주의하여야 한다.

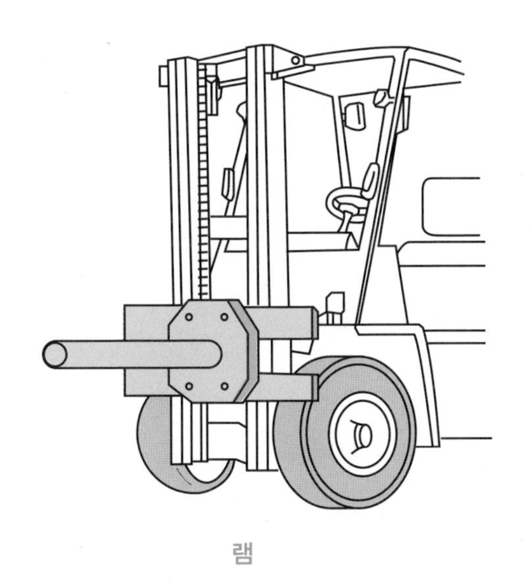
램

로테이팅 포크

5-2 지게차 작업장치의 구성

(1) 마스트(mast)

백 레스트와 포크가 가이드 롤러(또는 리프트 롤러)를 통하여 상 · 하 미끄럼 운동을 할 수 있는 레일(rail) 역할을 한다.

(2) 백 레스트(back rest)

포크의 화물 뒤쪽을 받쳐주는 부분이다.

(3) 핑거보드(finger board)

포크가 설치되는 부분으로 백 레스트에 지지되며, 리프트 체인의 한쪽 끝이 부착되어 있다.

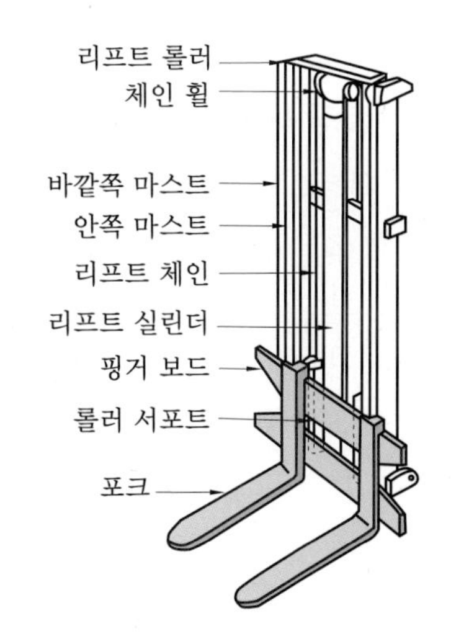

작업장치의 구성

(4) 리프트 체인(트랜스퍼 체인)

포크의 좌우수평 높이 조정 및 리프트 실린더와 함께 포크의 상하작용을 도와준다. 그리고 리프트 체인의 한쪽은 바깥쪽 마스터 스트랩에 고정되고 다른 한쪽은 로드의 상단 가로축의 스프로킷을 지나서 핑거보드에 고정된다.

(5) 포크(fork)

L자형의 2개로 되어 있으며, 핑거보드에 체결되어 화물을 받쳐드는 부분이다. 포크의 간격은 파렛트 폭의 1/2~3/4 정도가 좋다.

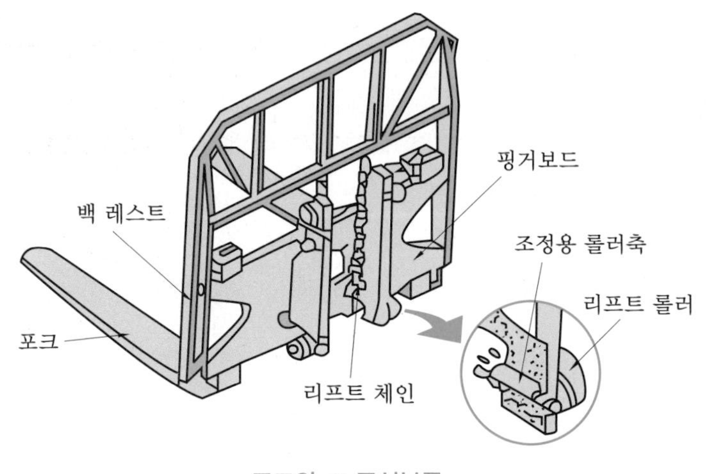

포크와 그 구성부품

(6) 가이드의 구조와 기능

지게차 포크 가이드는 포크를 이용하여 다른 화물을 이동할 목적으로 사용하기 위해서 필요하다.

(7) 조작 레버

① 리프트 레버(lift lever)의 작동

㈎ 포크를 상승시킬 때 : 리프트 레버를 당기면 유압유가 리프트 실린더에 압송되므로 피스톤 로드가 팽창되어 포크가 상승한다. 포크에 중량물을 탑재한 경우에는 왼발로 인칭페달을 밟고, 오른발로 가속페달을 밟으면서 리프트 레버를 당긴다.

㈏ 포크를 하강시킬 때 : 리프트 레버를 밀면 리프트 실린더 아래쪽 방의 유압유는 탱크로 복귀하며 포크와 화물의 자체중량에 의해 내려간다.

② 틸트 레버(tilt lever)의 작동

㈎ 마스트를 앞으로 기울일 때(전경) : 틸트 레버를 앞으로 밀면 피스톤 로드가 팽창하면서 마스트가 앞으로 기울어진다.

㈏ 마스트를 뒤로 기울일 때(후경) : 틸트 레버를 뒤로 당기면 피스톤 로드가 수축되면서 마스트가 뒤로 기울어진다.

지게차 운전기능사

출제 예상 문제

01. 다음 중 지게차에 대한 설명으로 틀린 것은?

① 지게차는 화물을 운반하거나 하역작업을 한다.
② 지게차는 뒷바퀴 구동방식을 주로 사용한다.
③ 조향은 뒷바퀴로 한다.
④ 디젤엔진을 주로 사용한다.

해설 지게차는 앞바퀴 구동, 뒷바퀴 조향방식을 사용한다.

02. 다음 중 지게차의 특징이 아닌 것은?

① 앞바퀴 조향방식이다.
② 완충장치가 없다.
③ 엔진은 뒤쪽에 설치되어 있다.
④ 틸트와 리프트 실린더가 있다.

03. 다음 중 지게차의 구성품이 아닌 것은?

① 마스트 ② 블레이드
③ 평형추 ④ 틸트 실린더

해설 지게차는 마스트, 백 레스트, 핑거보드, 리프트 체인, 포크, 리프트 실린더, 틸트 실린더, 평형추(밸런스 웨이트) 등으로 구성되어 있다.

04. 지게차 작업장치의 구성품에 속하지 않는 것은?

① 파워 셔블 ② 포크
③ 틸트 실린더 ④ 마스트 장치

05. 다음 중 작업용도에 따른 지게차의 종류가 아닌 것은?

① 로테이팅 클램프(rotating clamp)
② 곡면 포크(curved fork)
③ 로드 스태빌라이저(load stabilizer)
④ 힌지드 버킷(hinged bucket)

해설 지게차 작업장치에는 하이 마스트, 3단 마스트, 사이드 시프트 마스트 포크, 로드 스태빌라이저, 로테이팅 클램프, 블록 클램프, 힌지드 버킷, 힌지드 포크 등이 있다.

06. 지게차의 작업장치 중 깨지기 쉬운 화물이나 불안전한 화물의 낙하를 방지하기 위하여 포크 상단에 상하 작동할 수 있는 압력판을 부착한 형식은?

① 로드 스태빌라이저
② 힌지드 포크
③ 사이드 시프트 포크
④ 하이 마스트

해설 로드 스태빌라이저는 깨지기 쉬운 화물이나 불안전한 화물의 낙하를 방지하기 위하여 포크 상단에 상하 작동할 수 있는 압력판을 부착한 지게차이다.

07. 지게차를 작업용도에 따라 분류할 때 원추형 화물을 조이거나 회전시켜 운반 또는 적재하는 데 적합한 것은?

① 로드 스태빌라이저
② 로테이팅 클램프
③ 사이드 시프트 포크
④ 힌지드 버킷

정답 01 ② 02 ① 03 ② 04 ① 05 ② 06 ① 07 ②

해설 로테이팅 클램프는 원추형 화물을 조이거나 회전시켜 운반 또는 적재하는 데 적합하다.

08. **지게차의 작업장치 중 석탄, 소금, 비료, 모래 등 비교적 흘러내리기 쉬운 화물 운반에 이용되는 작업장치는?**

① 블록 클램프
② 로테이팅 포크
③ 힌지드 버킷
④ 사이드 시프트 포크

해설 힌지드 버킷은 석탄, 소금, 비료, 모래 등 흘러내리기 쉬운 화물의 운반용이다.

09. **지게차의 작업장치 중 둥근 목재나 파이프 등을 작업하는 데 적합한 것은?**

① 힌지드 포크
② 사이드 시프트
③ 하이 마스트
④ 블록 클램프

해설 힌지드 포크는 둥근 목재, 파이프 등의 화물을 운반 및 적재하는 데 적합하다.

10. **지게차에서는 화물의 종류에 따라서 포크 대신 부속장치를 장착하여 사용할 수 있다. 이 부속장치에 속하지 않는 것은?**

① 크레인 ② 버킷
③ 디퍼 ④ 램

11. **지게차에서 사용하는 부속장치가 아닌 것은?**

① 밸런스 웨이트
② 백 레스트
③ 현가 스프링
④ 핑거보드

12. **지게차 마스트 어셈블리의 구성품이 아닌 것은?**

① 리프트 체인 ② 오일펌프
③ 포크 ④ 핑거보드

13. **지게차의 주된 구동방식은 어느 것인가?**

① 전후 구동
② 중간차축 구동
③ 앞바퀴 구동
④ 뒷바퀴 구동

해설 지게차의 구동방식은 앞바퀴 구동이다.

14. **지게차의 앞바퀴는 어느 곳에 설치되는가?**

① 너클 암에 설치된다.
② 등속 조인트에 설치된다.
③ 섀클 핀에 설치된다.
④ 직접 프레임에 설치된다.

해설 지게차의 앞바퀴는 직접 프레임에 설치된다.

15. **다음 중 지게차의 하중을 지지하는 것은?**

① 구동차축 ② 마스터 실린더
③ 차동장치 ④ 최종 구동장치

해설 지게차의 하중을 지지하는 것은 구동차축(앞차축)이다.

16. **토크 컨버터를 장착한 지게차의 동력전달 순서로 맞는 것은?**

① 엔진 → 토크 컨버터 → 변속기 → 앞 구동축 → 종감속기어 및 차동장치 → 최종감속기어 → 앞바퀴
② 엔진 → 토크 컨버터 → 변속기 → 종감속기어 및 차동장치 → 앞 구동축 →

정답 08 ③ 09 ① 10 ① 11 ③ 12 ② 13 ③ 14 ④ 15 ① 16 ②

최종감속기어 → 앞바퀴

③ 엔진 → 변속기 → 토크 컨버터 → 종감속기어 및 차동장치 → 최종감속기어 → 앞 구동축 → 앞바퀴

④ 엔진 → 변속기 → 토크 컨버터 → 종감속기어 및 차동장치 → 앞 구동축 → 최종감속기어 → 앞바퀴

해설 토크 컨버터를 장착한 지게차의 동력전달 순서는 엔진 → 토크 컨버터 → 변속기 → 종감속기어 및 차동장치 → 앞 구동축 → 최종감속기어 → 앞바퀴

17. 축전지와 전동기를 동력원으로 하는 지게차는?

① 전동 지게차　② 유압 지게차

③ 엔진 지게차　④ 수동 지게차

해설 전동 지게차는 축전지와 전동기를 동력원으로 한다.

18. 전동 지게차의 동력전달 순서로 맞는 것은?

① 축전지 → 제어 기구 → 구동 모터 → 변속기 → 종감속 및 차동기어장치 → 뒷바퀴

② 축전지 → 구동 모터 → 제어 기구 → 변속기 → 종감속 및 차동기어장치 → 뒷바퀴

③ 축전지 → 제어 기구 → 구동 모터 → 변속기 → 종감속 및 차동기어장치 → 앞바퀴

④ 축전지 → 구동 모터 → 제어 기구 → 변속기 → 종감속 및 차동기어장치 → 앞바퀴

해설 전동 지게차의 동력전달 순서는 축전지 → 제어 기구 → 구동 모터 → 변속기 → 종감속 및 차동기어장치 → 앞바퀴

19. 지게차 스프링 장치에 대한 설명으로 맞는 것은?

① 스프링 장치를 사용하지 않는다.

② 코일 스프링 장치를 사용한다.

③ 판 스프링 장치를 사용한다.

④ 탠덤 드라이브 장치를 사용한다.

해설 지게차에는 주행 중 완충작용을 하는 스프링 장치를 사용하지 않는다.

20. 지게차는 자동차와 다르게 현가 스프링을 사용하지 않는 이유를 설명한 것으로 옳은 것은?

① 롤링이 생기면 화물이 떨어질 수 있기 때문에

② 현가장치가 있으면 조향이 어렵기 때문에

③ 화물에 충격을 줄여주기 위해

④ 앞차축이 구동축이기 때문에

해설 지게차에서 현가 스프링을 사용하지 않는 이유는 롤링(좌우 진동)이 생기면 화물이 떨어지기 때문이다.

21. 지게차의 뒷부분에 설치되어 있으며 포크에 화물을 실었을 때 차체가 앞쪽으로 기울어지는 것을 방지하기 위하여 설치되어 있는 것은?

① 변속기　② 평형추

③ 엔진　④ 클러치

해설 평형추(밸런스 웨이트)는 지게차의 뒷부분에 설치되어 있으며 포크에 화물을 실었을 때 차체가 앞쪽으로 기울어지는 것을 방지하기 위하여 설치한다.

정답 17 ①　18 ③　19 ①　20 ①　21 ②

22. 지게차의 작업장치에 대한 설명으로 틀린 것은?

① 마스트(mast) : 상 · 하 미끄럼 운동을 할 수 있는 레일이다.
② 핑거보드(finger board) : 포크가 설치되며, 백 레스트에 지지되어 있다.
③ 백 레스트(back rest) : 화물이 운전석 쪽으로 넘어지지 않도록 받쳐주는 부분이다.
④ 리프트 체인(lift chain) : 포크의 상하운동을 도와주고 한쪽 끝은 백 레스트에, 다른 한쪽은 마스트 스트랩에 고정된다.

해설 리프트 체인은 한쪽은 바깥쪽 마스터 스트랩에 고정되고, 다른 한쪽은 로드의 상단 가로축의 스프로킷을 지나서 핑거보드에 고정된다.

23. 지게차 작업장치에 부착된 것이 아닌 것은?

① 마스트(mast)
② 포크(fork)
③ 백 레스트(back rest)
④ 밸런스 웨이트(balance weight)

해설 지게차 작업장치는 마스트, 백 레스트, 핑거보드, 리프트 체인(트랜스퍼 체인), 포크로 구성되어 있다.

24. 지게차의 마스트(mast)에 설치되어 있지 않는 것은?

① 조정 밸브 ② 틸트 실린더
③ 포크 ④ 리프트 실린더

25. 지게차의 체인길이는 무엇으로 조정하는가?

① 핑거보드 이너 레일을 이용하여
② 틸트 실린더 조정 로드를 이용하여
③ 핑거보드 롤러의 위치를 이용하여
④ 리프트 실린더 조정 로드를 이용하여

해설 체인길이는 핑거보드 롤러의 위치를 이용하여 조절한다.

26. 지게차의 조종 레버 명칭이 아닌 것은?

① 리프트 레버
② 틸트 레버
③ 전 · 후진 레버
④ 밸브 레버

해설 지게차의 조종 레버에는 전 · 후진 레버, 리프트 레버, 틸트 레버가 있다.

27. 지게차의 리프트 실린더에서 사용하는 유압 실린더의 형식으로 맞는 것은?

① 단동식 ② 복동식
③ 왕복식 ④ 틸트식

해설 리프트 실린더는 포크가 상승할 때에만 유압이 작용하는 단동식이다.

28. 다음 중 지게차 리프트 실린더의 주된 역할은?

① 마스터를 틸트시킨다.
② 마스터를 하강 이동시킨다.
③ 포크를 상승 · 하강시킨다.
④ 포크를 앞뒤로 기울게 한다.

해설 리프트 실린더(lift cylinder)는 포크를 상승 · 하강시키는 작용을 한다.

29. 지게차 포크를 하강시키는 방법으로 가장 적합한 것은?

① 가속페달을 밟지 않고 리프트 레버를 뒤로 당긴다.

정답 22 ④ 23 ④ 24 ① 25 ③ 26 ④ 27 ① 28 ③ 29 ②

② 가속페달을 밟지 않고 리프트 레버를 앞으로 민다.
③ 가속페달을 밟고 리프트 레버를 앞으로 민다.
④ 가속페달을 밟고 리프트 레버를 뒤로 당긴다.

해설 리프트 실린더는 포크를 상승시킬 때만 유압이 작동하는 단동형이므로 포크를 하강시킬 때에는 가속페달을 밟지 않고 리프트 레버를 앞으로 민다.

30. **지게차의 리프트 레버 조작에 대한 설명 중 틀린 것은?**

① 리프트 레버를 앞쪽으로 밀면 포크가 내려간다.
② 리프트 레버를 당기면 포크가 올라간다.
③ 포크를 상승시킬 때에는 가속페달을 밟아야 한다.
④ 포크를 하강시킬 때에는 가속페달을 밟아야 한다.

31. **지게차의 리프트 실린더 작동회로에 사용되는 플로 레귤레이터(슬로 리턴) 밸브의 역할은?**

① 포크의 하강속도를 조절하여 포크가 천천히 내려오도록 한다.
② 포크가 상승하다가 리프트 실린더 중간에서 정지 시 실린더 내부 누유를 방지한다.
③ 포크 상승 시 작동유의 압력을 높여준다.
④ 화물을 하강할 때 신속하게 내려오도록 한다.

해설 리프트 실린더 작동회로에 플로 레귤레이터(flow regulator, 슬로 리턴) 밸브를 사용하는 이유는 포크를 천천히 하강시키도록 하기 위함이다.

32. **지게차의 리프트 실린더 작동회로에서 플로 프로텍터(벨로시티 퓨즈)를 사용하는 주된 목적은?**

① 화물을 하강할 때 신속하게 내려올 수 있도록 작용한다.
② 포크의 정상 하강 시 천천히 내려올 수 있게 한다.
③ 제어 밸브와 리프트 실린더 사이에서 배관 파손 시 화물의 급강하를 방지한다.
④ 리프트 실린더 회로에서 포크 상승 중 중간 정지 시 내부 누유를 방지한다.

해설 플로 프로텍터(flow protector, 벨로시티 퓨즈)는 제어 밸브와 리프트 실린더 사이에서 배관이 파손되었을 때 화물의 급강하를 방지한다.

33. **지게차에서 리프트 실린더의 상승력이 부족한 원인과 거리가 먼 것은?**

① 리프트 실린더에서 유압유 누출
② 틸트 로크 밸브의 밀착 불량
③ 오일 필터의 막힘
④ 유압 펌프의 불량

해설 리프트 실린더의 상승력이 부족한 원인 : 유압 펌프의 불량, 오일 필터의 막힘, 리프트 실린더에서 유압유 누출

34. **지게차 포크의 상승속도가 느린 원인이 아닌 것은?**

① 유압유가 부족할 때
② 제어 밸브가 손상되었거나 마모되었을 때
③ 피스톤의 마모가 심할 때
④ 포크가 약간 휘었을 때

정답 30 ④ 31 ① 32 ③ 33 ② 34 ④

35. **지게차의 리프트 레버를 당겨 상승 상태를 점검하였더니 2/3 정도는 잘 상승하다가 그 후 상승이 잘 안 되는 경우 점검해야 하는 부분은?**

① 엔진 오일량
② 유압 탱크의 오일량
③ 냉각수량
④ 틸트레버의 작동 상태

해설 포크가 2/3 정도는 잘 상승하다가 그 후 상승이 잘 안 되는 경우에는 유압 탱크 내의 오일량을 점검한다.

36. **다음 중 지게차에서 틸트 실린더의 역할은?**

① 차체 수평 유지
② 포크의 상하 이동
③ 마스트 앞 · 뒤 경사
④ 차체 좌우 회전

해설 틸트 실린더(tilt cylinder)는 마스트 앞 · 뒤로 경사(기울임)시키는 작용을 한다.

37. **지게차의 틸트 레버를 운전석에서 운전자 몸 쪽으로 당기면 마스트는 어떻게 기울어지는가?**

① 운전자의 몸 쪽에서 멀어지는 방향으로 기운다.
② 지면 방향 아래쪽으로 내려온다.
③ 운전자의 몸 쪽 방향으로 기운다.
④ 지면에서 위쪽으로 올라간다.

해설 틸트 레버(tilt lever)를 운전자 몸 쪽으로 당기면 마스트는 운전자의 몸 쪽 방향으로 기운다.

38. **지게차에서 포크에 화물을 적재한 상태의 마스트 경사로 적합한 것은?**

① 진행방향 왼쪽으로 기울어지도록 한다.
② 진행방향 오른쪽으로 기울어지도록 한다.
③ 진행방향 뒤쪽으로 기울어지도록 한다.
④ 진행방향 앞쪽으로 기울어지도록 한다.

해설 포크에 화물을 적재 상태에서 마스트는 진행방향 뒤쪽으로 기울여야 한다.

39. **지게차의 화물운반 작업 중 가장 적당한 것은?**

① 마스트를 뒤로 6° 정도 경사시켜서 운반한다.
② 샤퍼를 뒤로 6° 정도 경사시켜서 운반한다.
③ 댐퍼를 뒤로 3° 정도 경사시켜서 운반한다.
④ 바이브레이터를 뒤로 8° 정도 경사시켜서 운반한다.

해설 포크에 화물을 적재한 상태에서는 마스트는 뒤로 6° 정도 경사시켜서 운반하여야 한다.

40. **지게차의 마스트를 기울일 때 갑자기 엔진의 시동이 정지되면 어떤 밸브가 작동하여 그 상태를 유지하는가?**

① 스로틀 밸브 ② 감압 밸브
③ 리프트 밸브 ④ 틸트 로크 밸브

해설 틸트 로크 밸브(tilt lock valve)는 마스트를 기울일 때 갑자기 엔진의 시동이 정지되면 작동하여 그 상태를 유지시킨다. 이때 틸트 레버를 조작하여도 마스트가 경사되지 않는다.

정답 35 ② 36 ③ 37 ③ 38 ③ 39 ① 40 ④

지게차
운전기능사

제 2 편

작업 전 점검

제1장 외관 점검

제2장 누유 · 누수 확인

제3장 계기판 점검

제4장 마스트 · 체인 점검

제5장 엔진 시동 상태 점검

제 1 장 외관 점검

1-1 타이어 공기압 및 손상 점검

1 타이어의 손상 및 공기압 점검

(1) 타이어의 역할

① 지게차의 하중을 지지한다.
② 지게차의 동력과 제동력을 전달한다.
③ 노면에서의 충격을 흡수한다.

(2) 타이어의 마모 한계

마모가 심한 타이어는 빗길 운전에서 수막현상 발생비율이 높아져 사고의 위험이 높다. 타이어의 교체 시기는 ▲형이 표시된 부분을 보면 홈 속에 돌출된 부분이 마모 한계 표시이다.

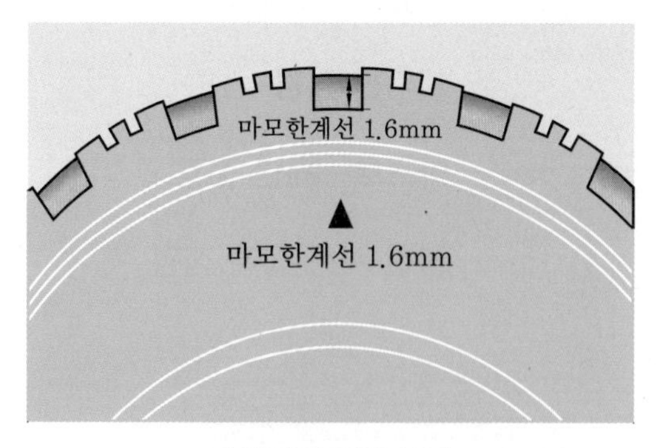

타이어의 교체 시기

(3) 타이어 마모 한계를 초과하여 사용하면 발생되는 현상

① 제동력이 저하되어 브레이크 페달을 밟아도 타이어가 미끄러져 제동거리가 길어진다.
② 우천에서 주행할 때 도로와 타이어 사이의 물이 배수가 잘되지 않아 타이어가 물에 떠있는 것과 같은 수막현상이 발생한다.

③ 도로를 주행할 때 도로의 작은 이물질에 의해서도 타이어 트레드에 상처가 발생하여 사고의 원인이 된다.

2 지게차 외관 점검

(1) 지게차가 안전하게 주기되었는지 확인한다.

지게차 외관을 점검하기 위해서는 지게차의 주기상태를 육안으로 확인한다. 지면이 평탄한지, 포크는 지면에 정확하게 내려졌는지, 마스트는 전경되었는지 확인한다.

(2) 오버 헤드 가드를 점검한다.

지게차로 작업할 때 화물의 낙하 및 날아오는 물건에 대해 운전자를 보호하기 위한 안전장치인 오버 헤드 가드의 균열 및 변형을 점검한다.

(3) 백 레스트를 점검한다.

지게차로 작업할 때 화물이 마스트 또는 조종석 쪽으로 쏟아지는 것을 방지하기 위한 안전장치인 백 레스트의 균열 및 변형을 점검한다.

(4) 포크를 점검한다.

포크의 휨, 균열, 이상 마모 및 핑거보드와의 정상 연결 상태를 확인한다.

(5) 핑거보드를 점검한다.

핑거보드의 균열 및 변형을 점검한다.

(6) 작업 전 지게차 점검사항

① 팬벨트 장력을 점검한다.

팬벨트의 장력 점검방법은 오른손 엄지손가락으로 팬벨트 중앙을 약 10kgf 힘으로 눌러 처지는 양을 확인한다. 벨트의 처지는 양이 13~15mm이면 정상이다. 벨트장력이 느슨하면 엔진을 시동할 때 벨트의 미끄럼 현상이 발생하여 소음이 발생한다.

② 공기청정기를 점검한다.

건식 공기청정기 엘리먼트가 더러우면 압축공기로 안에서 밖으로 불어내어 청소한다.

③ 그리스 주입 상태를 점검한다.

각 작업장치 작동 부분의 그리스 주입 상태를 확인하여 그리스 주입이 부족하면 그리스를 주입한다.

④ 후진 경보장치를 점검한다.

지게차를 후진 운전할 때 뒷면에 통행 중인 다른 작업자나 물체와의 충돌 및 접촉을 방지하기 위한 접근 경보장치의 음량을 확인하고 경광등의 점등 상태를 점검한다.

⑤ 룸 미러를 점검한다.

지게차 운전을 할 때 후방 사각지역의 근로자나 다른 건설기계와의 충돌 및 협착을 방지하기 위한 안전장치인 룸 미러의 정상 위치 및 오염 여부를 점검하고 오염되었으면 오염물질을 제거한다.

⑥ 전조등 점등 여부를 점검한다.

짙은 안개 및 야간작업을 할 때 안전작업을 확보하는 전조등의 점등 여부를 점검한다.

⑦ 후미등 점등 여부를 점검한다.

후진할 때 충돌을 방지하기 위한 등으로 지게차의 위치 표시를 위한 안전장치인 후미등의 점등 여부를 점검한다.

1-2 조향장치 및 제동장치 점검

1 제동장치 점검

(1) 제동 상태 점검

① 포크를 지면으로부터 20cm 들어 올린다.
② 브레이크 페달을 밟은 상태로 전 · 후진 레버를 전진에 넣는다.
③ 주차 브레이크를 해제한다.
④ 브레이크 페달에서 발을 떼고 가속페달을 서서히 밟는다.
⑤ 브레이크 페달을 밟아 제동이 되면 제동장치는 정상이다.

(2) 제동장치 고장 점검

① 브레이크 라이닝과 드럼과의 간극이 클 때

㈎ 브레이크 작동이 늦어진다.
㈏ 브레이크 페달의 행정이 길어진다.
㈐ 브레이크 페달이 발판에 닿아 제동 작용이 불량해진다.

② 브레이크 라이닝과 드럼과의 간극이 적을 때

㈎ 라이닝과 드럼의 마모가 촉진된다.

(나) 베이퍼 로크의 원인이 된다.

③ **제동불량 원인**

(가) 브레이크 회로 내의 오일누설 및 공기가 혼입되었을 때

(나) 라이닝에 오일, 물 등이 묻었을 때

(다) 라이닝 또는 드럼이 과도하게 편마모되었을 때

(라) 라이닝과 드럼의 간극이 너무 클 때

(마) 브레이크 페달의 자유간극이 너무 클 때

2 조향장치 점검

조향핸들을 조작하여 유격상태를 점검하고 조향핸들에 이상 진동이 느껴지는지 확인한다. 조향핸들을 조작할 때 조향비율 및 조작력에 큰 차이가 느껴진다면 점검이 필요하다.

(1) 조향핸들이 무거운 원인

① 타이어의 공기압이 부족할 때

② 조향기어의 백래시가 작을 때

③ 조향기어 박스의 오일 양이 부족할 때

④ 앞바퀴 얼라인먼트(정렬)가 불량할 때

⑤ 타이어의 마멸이 과대할 때

(2) 조향핸들 조작상태 점검

조향핸들을 왼쪽 및 오른쪽으로 끝까지 돌렸을 때 양쪽 바퀴의 돌아가는 위치의 각도가 같으면 정상이다.

1-3 엔진 시동 전 · 후 점검

① 엔진이 공회전할 때 이상한 소음이 발생하는지 점검한다.

② 흡입 및 배기 밸브 간극 및 밸브 기구 불량으로 이상한 소음이 발생하는지 점검한다.

③ 엔진 내 · 외부 각종 베어링의 불량으로 이상한 소음이 발생하는지 점검한다.

④ 발전기 및 물 펌프 구동벨트의 불량으로 이상한 소음이 발생하는지 점검한다.

⑤ 배기계통 불량으로 이상한 소음이 발생하는지 점검한다.

제 2 장 누유 · 누수 확인

2-1 엔진 누유 점검

(1) 엔진오일의 누유 점검

엔진오일 누유 점검은 엔진에서 누유된 부분이 있는지 육안으로 확인한다. 주기된 지게차의 지면을 확인하여 엔진오일의 누유 흔적을 확인한다.

(2) 엔진오일 양 점검

① 유면표시기를 빼어 유면표시기에 묻은 오일을 깨끗이 닦는다.
② 유면표시기를 다시 끼웠다 빼어 오일이 묻은 부분이 상한선(F)과 하한선(L)의 중간 부분에 위치하면 정상이다.

2-2 유압 실린더 누유 점검

① 유압유가 유압장치에서 누유된 부분이 있는지 육안으로 확인한다.
② 주기된 지게차의 지면을 확인하여 유압유의 누유 흔적을 확인한다.

(1) 유압장치의 정상작동을 위해 각 실린더 및 유압호스의 누유 상태를 점검한다.

유압 펌프 배관 및 호스와의 이음 부분의 누유, 제어 밸브의 누유, 리프트 실린더 및 틸트 실린더의 누유를 확인한다. 유압유 양을 확인하여 부족하면 유압유를 보충한다.

(2) 유압유 유면표시기

① 유압유 유면표시기는 유압유 탱크 내의 유압유 양을 점검할 때 사용되는 표시기이다.
② 유면표시기에는 아래쪽에 L(low or min), 위쪽에 F(full or max)의 눈금이 표시되어 있다.
③ 유압유 양이 유면표시기의 L과 F 중간에 위치하고 있으면 정상이다.

2-3 제동장치 및 조향장치 누유 점검

(1) 제동장치의 누유 점검

마스터 실린더 및 제동계통 파이프 연결 부위의 누유를 점검한다.

(2) 조향장치 누유 점검

조향장치 파이프 연결 부위에서의 누유를 점검한다.

2-4 냉각수 점검

(1) 냉각수의 누수 점검

① 냉각수 누수 점검은 냉각장치에서 누수된 부분이 있는지 육안으로 확인한다.
② 주기된 지게차의 지면을 확인하여 냉각수의 누수 흔적을 확인한다.

(2) 냉각수 양 점검

엔진 과열을 방지하기 위해 냉각장치 호스 클램프의 풀림 여부 및 각부 이음에서의 냉각수의 누수를 육안으로 확인하고 냉각수 양이 부족하면 냉각수를 보충한다.

지게차 운전기능사

제 3 장 계기판 점검

3-1 계기 및 경고등, 방향지시등, 전조등 점검

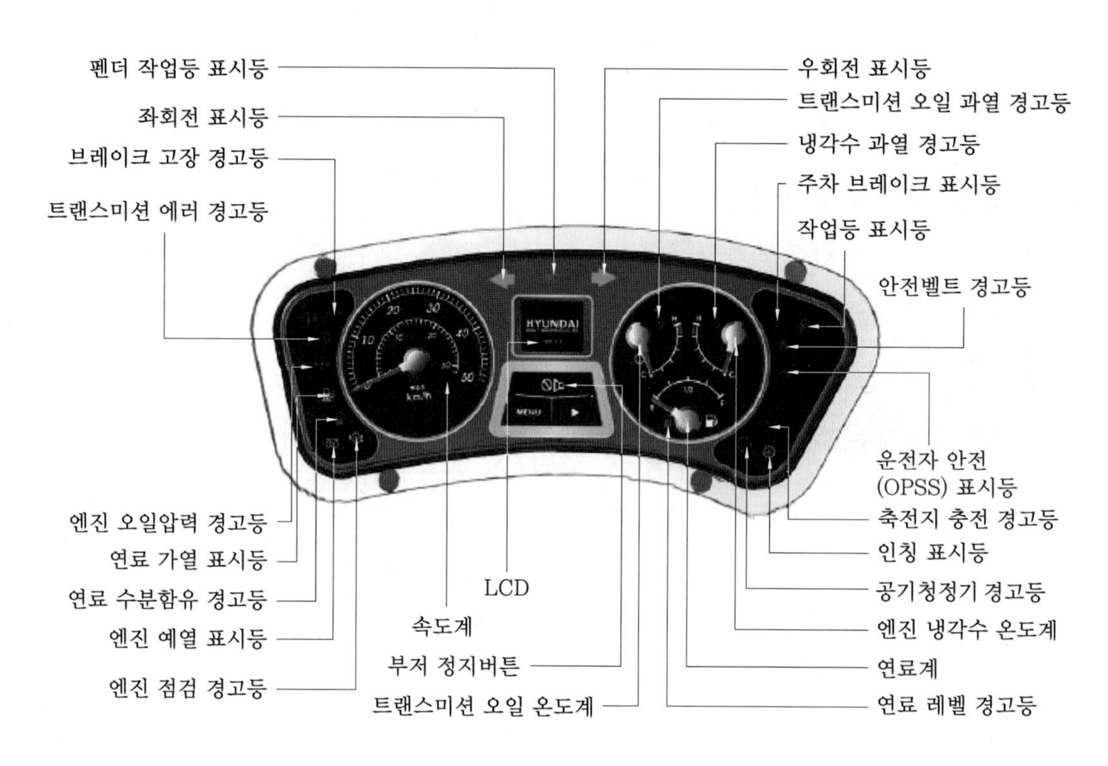

계기판의 각부 명칭

(1) 엔진오일 압력경고등 점검

엔진오일 압력경고등은 엔진이 작동하는 도중 유압이 규정값 이하로 저하하면 경고등이 점등된다. 경고등이 점등되면 엔진 시동을 정지시키고 윤활장치를 점검한다.

(2) 냉각수 온도계 점검

냉각수 온도게이지를 점검하여 냉각수 정상 순환 여부를 확인한다. 냉각수 온도게이지는 저온에서 고온으로 점진적인 증가를 보이도록 작동된다.

(3) 연료계 점검

연료계를 확인하여 연료가 부족하면 보충한다.

(4) 방향지시등 및 전조등 점검

방향지시등 및 전조등을 확인하여 전구가 점등되지 않으면 전구를 교환한다.

(5) 아워미터(hourmeter ; 시간계) 점검

아워미터를 점검하여 지게차 가동시간을 확인한다.

제 4 장 마스트 · 체인 점검

4-1 체인 연결 부위 점검

(1) 포크와 체인의 연결 부위 균열 상태 점검

포크와 리프트 체인 연결부의 균열 여부를 확인하며 포크의 휨, 이상 마모, 균열 및 핑거보드와의 연결 상태를 점검한다.

(2) 리프트 체인 점검

좌우 리프트 체인의 유격상태를 확인한다.

4-2 마스트 및 베어링 점검

(1) 리프트 체인 및 마스트 베어링 점검

리프트 레버를 조작, 리프트 실린더를 작동하여 리프트 체인 고정 핀의 마모 및 헐거움을 점검하고 마스트 롤러 베어링의 정상작동 상태를 점검한다.

(2) 마스트 상 · 하 작동 상태 점검

마스트의 휨, 이상 마모, 균열여부 및 변형을 확인하며, 리프트 실린더를 조작하여 마스트의 정상작동 상태를 점검한다.

엔진 시동 상태 점검

5-1 축전지 점검

1 축전지 단자 및 케이블 결선상태 점검

① 축전지 단자의 파손 상태를 점검하며 축전지 단자를 보호하기 위하여 고무커버를 씌운다.
② 축전지 배선의 결선상태를 점검한다.

2 축전지 충전상태 점검

(1) 축전지 점검

① 축전지 충전 상태를 점검 창을 통하여 확인하고 방전되었으면 축전지를 충전한다.
② MF 축전지의 점검방법은 점검 창의 색깔로 확인할 수 있다.
- ● 초록색 : 충전된 상태
- ● 검은색 : 방전된 상태(충전 필요)
- ○ 흰색 : 축전지 점검(축전지 교환)

(2) 축전지를 충전할 때 주의사항

① 충전장소에는 환기장치를 설치한다.
② 축전지가 방전되었으면 즉시 충전한다.
③ 충전 중 전해액의 온도는 45℃ 이상 상승시키지 않는다.
④ 충전 중인 축전지 근처에서 불꽃을 가까이 하지 않는다.
⑤ 축전지를 과다 충전시키지 않는다.
⑥ 지게차에서 축전지를 떼어내지 않고 충전할 경우에는 축전지와 기동전동기 연결배선을 분리한다.

5-2 예열장치 점검

[예열플러그 단선 원인]

① 엔진이 과열되었을 때
② 엔진 가동 중에 예열시킬 때
③ 예열플러그에 규정 이상의 과대 전류가 흐를 때
④ 예열시간이 너무 길 때
⑤ 예열플러그를 설치할 때 조임 불량

5-3 시동장치 점검

[기동전동기가 회전하지 않는 원인]

① 시동스위치 접촉 및 배선 불량일 때
② 계자코일이 손상되었을 때
③ 브러시가 정류자에 밀착이 안 될 때
④ 전기자 코일이 단선되었을 때

5-4 지게차 난기운전

한랭할 때 엔진을 시동 후 바로 작업을 시작하면 유압 기기의 갑작스러운 동작으로 인해 유압장치의 고장을 유발하게 되므로, 작업 전에 유압유 온도를 상승시키는 것을 난기운전이라고 한다. 동절기 또는 한랭한 경우에는 반드시 난기운전을 해야 한다.

[지게차 난기운전 방법]

작업 전 유압유 온도를 최소 20~27℃ 이상이 되도록 상승시키는 운전이다.
① 엔진을 시동 후 5분 정도 공회전시킨다.
② 가속페달을 서서히 밟으면서 리프트 실린더를 최고 높이까지 상승시킨다.
③ 가속페달에서 발을 떼고 리프트 실린더를 하강시킨다.
④ ②와 ③을 3~4회 정도 실시한다(동절기에는 횟수를 증가해서 실시한다).
⑤ 가속페달을 서서히 밟으면서 틸트 실린더를 후경시킨다.
⑥ 가속페달을 서서히 밟으면서 틸트 실린더를 전경시킨다.
⑦ ⑤와 ⑥을 3~4회 정도 실시한다(동절기에는 횟수를 증가해서 실시한다).

지게차 운전기능사

출제 예상 문제

01. 조향핸들의 유격이 커지는 원인과 관계 없는 것은?

① 피트먼 암의 헐거움
② 타이어 공기압 과대
③ 조향기어, 링키지 조정 불량
④ 앞바퀴 베어링 과대 마모

해설 조향핸들의 유격이 커지는 원인
㉠ 조향기어가 마모되었을 때
㉡ 피트먼 암이 헐거울 때
㉢ 조향 링키지의 조정이 불량할 때
㉣ 앞바퀴 베어링이 과대 마모되었을 때

02. 유압식 조향장치의 조향핸들 조작이 무거운 원인으로 틀린 것은?

① 유압이 낮다.
② 오일이 부족하다.
③ 유압장치에 공기가 혼입되었다.
④ 오일펌프의 회전이 빠르다.

해설 조향핸들의 조작이 무거운 원인
㉠ 유압장치 내에 공기가 유입되었을 때
㉡ 타이어의 공기압력이 너무 낮을 때
㉢ 오일이 부족하거나 유압이 낮을 때
㉣ 오일펌프의 회전속도가 느릴 때
㉤ 오일펌프의 벨트가 파손되었을 때
㉥ 오일호스가 파손되었을 때

03. 타이어식 건설기계에서 주행 중 조향핸들이 한쪽으로 쏠리는 원인이 아닌 것은?

① 타이어 공기압 불균일
② 브레이크 라이닝 간극 조정 불량
③ 베이퍼 로크 현상 발생
④ 휠 얼라인먼트 조정 불량

해설 주행 중 조향핸들이 한쪽으로 쏠리는 원인 : 타이어 공기압 불균일, 브레이크 라이닝 간극 조정 불량, 휠 얼라인먼트 조정 불량, 한쪽 휠 실린더의 작동이 불량할 때

04. 지게차에서 주행 중 조향핸들이 떨리는 원인으로 가장 거리가 먼 것은?

① 타이어 밸런스가 맞지 않을 때
② 포크가 휘었을 때
③ 스티어링 기어의 마모가 심할 때
④ 휠이 휘었을 때

해설 조향핸들이 떨리는 원인 : 타이어 밸런스가 맞지 않을 때, 휠이 휘었을 때, 스티어링 기어의 마모가 심할 때

05. 타이어식 건설기계에서 조향기어 백래시가 클 경우 발생될 수 있는 현상으로 가장 적절한 것은?

① 조향핸들이 한쪽으로 쏠린다.
② 조향각도가 커진다.
③ 조향핸들의 유격이 커진다.
④ 조향핸들의 축 방향 유격이 커진다.

해설 조향기어 백래시가 크면(기어가 마모되면) 조향핸들의 유격이 커진다.

06. 브레이크가 잘 작동되지 않을 때의 원인으로 가장 거리가 먼 것은?

① 라이닝에 오일이 묻었을 때
② 휠 실린더 오일이 누출되었을 때

정답 01 ② 02 ④ 03 ③ 04 ② 05 ③ 06 ③

③ 브레이크 페달 자유간극이 작을 때
④ 브레이크 드럼의 간극이 클 때

해설 브레이크 페달의 자유간극이 작으면 급제동되기 쉽다.

07. 유압식 브레이크 장치에서 제동페달이 리턴되지 않는 원인에 해당되는 것은?

① 진공 체크 밸브가 불량할 때
② 파이프 내에 공기가 침입하였을 때
③ 브레이크 오일 점도가 낮을 때
④ 마스터 실린더의 리턴구멍이 막혔을 때

해설 마스터 실린더의 리턴구멍이 막히면 제동이 풀리지 않는다.

08. 드럼 브레이크 구조에서 브레이크 작동 시 조향핸들이 한쪽으로 쏠리는 원인이 아닌 것은?

① 타이어 공기압이 고르지 않다.
② 한쪽 휠 실린더 작동이 불량하다.
③ 브레이크 라이닝 간극이 불량하다.
④ 마스터 실린더 체크 밸브 작용이 불량하다.

해설 **브레이크를 작동시킬 때 조향핸들이 한쪽으로 쏠리는 원인** : 타이어 공기압이 고르지 않을 때, 한쪽 휠 실린더 작동이 불량할 때, 한쪽 브레이크 라이닝 간극이 불량할 때 등이다.

09. 다음 중 엔진에서 팬벨트 장력 점검방법으로 맞는 것은?

① 벨트길이 측정게이지로 측정 점검
② 엔진의 가동이 정지된 상태에서 벨트의 중심을 엄지손가락으로 눌러서 점검
③ 엔진을 가동한 후 텐셔너를 이용하여 점검
④ 발전기의 고정 볼트를 느슨하게 하여 점검

해설 팬벨트 장력은 엔진의 가동이 정지된 상태에서 물 펌프와 발전기 사이의 벨트 중심을 엄지손가락으로 눌러서 점검한다.

10. 팬벨트에 대한 점검과정이다. 적합하지 않은 것은?

① 팬벨트는 눌러(약 10kgf) 처짐이 13~20mm 정도로 한다.
② 팬벨트는 풀리의 밑 부분에 접촉되어야 한다.
③ 팬벨트 조정은 발전기를 움직이면서 조정한다.
④ 팬벨트가 너무 헐거우면 엔진 과열의 원인이 된다.

해설 팬벨트는 풀리의 양쪽 경사진 부분에 접촉되어야 미끄러지지 않는다.

11. 건설기계 엔진에 있는 팬벨트의 장력이 약할 때 생기는 현상으로 맞는 것은?

① 발전기 출력이 저하될 수 있다.
② 물 펌프 베어링이 조기에 손상된다.
③ 엔진이 과랭된다.
④ 엔진이 부조를 일으킨다.

해설 팬벨트의 장력이 약하면 발전기 출력이 저하하고, 엔진이 과열하기 쉽다.

12. 냉각 팬의 벨트 유격이 너무 클 때 일어나는 현상으로 옳은 것은?

① 발전기의 과충전이 발생된다.
② 강한 텐션으로 벨트가 절단된다.
③ 엔진 과열의 원인이 된다.
④ 점화시기가 빨라진다.

정답 07 ④ 08 ④ 09 ② 10 ② 11 ① 12 ③

해설 냉각 팬의 벨트 유격이 너무 크면 엔진 과열의 원인이 된다.

13. 엔진에서 팬벨트 및 발전기 벨트의 장력이 너무 강할 경우에 발생될 수 있는 현상은?

① 발전기 베어링이 손상될 수 있다.
② 엔진의 밸브장치가 손상될 수 있다.
③ 충전부족 현상이 생긴다.
④ 엔진이 과열된다.

해설 팬벨트의 장력이 너무 강하면 발전기 베어링이 손상되기 쉽다.

14. 건식 공기청정기의 효율 저하를 방지하기 위한 방법으로 가장 적합한 것은?

① 기름으로 닦는다.
② 마른걸레로 닦아야 한다.
③ 압축공기로 먼지 등을 털어낸다.
④ 물로 깨끗이 세척한다.

해설 건식 공기청정기 엘리먼트는 압축공기로 안에서 밖으로 불어내어 청소한다.

15. 지게차의 운전 전 점검사항을 나타낸 것으로 적합하지 않은 것은?

① 라디에이터의 냉각수량 확인 및 부족 시 보충
② 엔진 오일량 확인 및 부족 시 보충
③ V벨트 상태 확인 및 장력 부족 시 조정
④ 배출가스의 상태 확인 및 조정

해설 배출가스의 상태 확인 및 조정은 엔진시동 후 점검사항이다.

16. 엔진 시동 전에 해야 할 가장 중요한 일반적인 점검사항은?

① 실린더의 오염도
② 충전장치
③ 유압계의 지침
④ 엔진오일과 냉각수의 양

17. 작업장치를 갖춘 지게차의 작업 전 점검사항이다. 틀린 것은?

① 제동장치 및 조종장치 기능의 이상 유무
② 하역장치 및 유압장치 기능의 이상 유무
③ 유압장치의 과열 이상 유무
④ 전조등, 후미등, 방향지시등 및 경보장치의 이상 유무

18. 엔진을 시동하여 공전 상태에서 점검하는 사항으로 틀린 것은?

① 배기가스 색 점검
② 냉각수 누수 점검
③ 팬벨트 장력 점검
④ 이상소음 발생 유무 점검

해설 **공전 상태에서 점검할 사항**
㉠ 오일의 누출 여부를 점검
㉡ 냉각수의 누출 여부를 점검
㉢ 배기가스의 색깔을 점검
㉣ 이상소음 발생 유무를 점검

19. 작업 중 운전자가 확인해야 할 것으로 가장 거리가 먼 것은?

① 온도계
② 충전경고등
③ 유압경고등
④ 실린더 압력계

해설 작업 중 운전자가 확인해야 하는 계기는 충전경고등, 유압경고등, 온도계 등이다.

정답 13 ① 14 ③ 15 ④ 16 ④ 17 ③ 18 ③ 19 ④

20. 엔진의 오일레벨 게이지에 관한 설명으로 틀린 것은?

① 윤활유 레벨을 점검할 때 사용한다.
② 윤활유를 육안검사 시에도 활용한다.
③ 엔진의 오일 팬에 있는 오일을 점검하는 것이다.
④ 반드시 엔진 작동 중에 점검해야 한다.

해설 엔진오일 점검은 반드시 엔진의 가동이 정지된 상태에서 하여야 한다.

21. 엔진오일량 점검에서 오일게이지에 상한선(Full)과 하한선(Low) 표시가 되어 있을 때 가장 적합한 것은?

① Low 표시에 있어야 한다.
② Low와 Full 표시 사이에서 Low에 가까이 있으면 좋다.
③ Low와 Full 표시 사이에서 Full에 가까이 있으면 좋다.
④ Full 표시 이상이 되어야 한다.

해설 엔진오일의 양은 오일게이지의 Low와 Full 표시 사이에서 Full에 가까이 있으면 좋다.

22. 건설기계에서 엔진을 시동한 후 정상운전 가능 상태를 확인하기 위해 운전자가 가장 먼저 점검해야 할 것은?

① 주행속도계 ② 엔진오일량
③ 냉각수 온도계 ④ 오일압력계

23. 다음 그림과 같은 경고등의 의미는?

① 엔진오일 압력경고등
② 워셔액 부족 경고등
③ 브레이크액 누유 경고등
④ 냉각수 온도경고등

해설 엔진시동 후 가장 먼저 오일압력계(또는 엔진오일 압력경고등 점등 여부)를 점검하여야 한다.

24. 운전 중 엔진오일 경고등이 점등되었을 때의 원인이 아닌 것은?

① 오일 드레인 플러그가 열렸을 때
② 윤활계통이 막혔을 때
③ 오일 필터가 막혔을 때
④ 오일 밀도가 낮을 때

해설 운전 중 엔진오일 경고등이 점등되는 원인은 오일 드레인 플러그가 열렸을 때(오일이 부족할 때), 윤활계통(오일필터 등)이 막혔을 때, 오일펌프의 작동이 불량할 때, 오일의 점도가 너무 낮을 때 등이다.

25. 건설기계 작업 시 계기판에서 오일경고등이 점등되었을 때 우선 조치사항으로 적합한 것은?

① 엔진을 분해한다.
② 즉시 엔진 시동을 끄고 오일계통을 점검한다.
③ 엔진오일을 교환하고 운전한다.
④ 냉각수를 보충하고 운전한다.

해설 계기판의 오일경고등이 점등되면 즉시 엔진의 시동을 끄고 오일계통을 점검한다.

26. 동절기 축전지 관리요령으로 틀린 것은?

① 충전이 불량하면 전해액이 결빙될 수 있으므로 완전충전시킨다.
② 엔진 시동을 쉽게 하기 위하여 축전지를 보온시킨다.
③ 전해액 수준이 낮으면 운전 후 즉시 증

정답 20 ④ 21 ③ 22 ④ 23 ① 24 ④ 25 ② 26 ③

류수를 보충한다.

④ 전해액 수준이 낮으면 운전 시작 전 아침에 증류수를 보충한다.

해설 동절기의 축전지 관리는 충전이 불량하면 전해액이 결빙될 수 있으므로 완전충전시켜야 하고, 엔진 시동을 쉽게 하기 위하여 축전지를 보온시키는 것이 좋다. 전해액 수준이 낮으면 운전 시작 전 아침에 증류수를 보충한다.

27. 축전지의 소비된 전기에너지를 보충하기 위한 충전방법이 아닌 것은?

① 정전류 충전　② 정전압 충전
③ 급속충전　④ 초 충전

해설 축전지의 충전방법에는 정전류 충전, 정전압 충전, 단별전류 충전, 급속충전 등이 있다.

28. 축전지를 충전기에 의해 충전 시 정전류 충전범위로 틀린 것은?

① 최대충전 전류 : 축전지 용량의 20%
② 최소충전 전류 : 축전지 용량의 5%
③ 최대충전 전류 : 축전지 용량의 50%
④ 표준충전 전류 : 축전지 용량의 10%

해설 정전류 충전전류 범위
㉠ 표준충전 전류는 축전지 용량의 10%
㉡ 최소충전 전류는 축전지 용량의 5%
㉢ 최대충전 전류는 축전지 용량의 20%

29. 축전지의 충전에서 충전말기에 전류가 거의 흐르지 않기 때문에 충전능률이 우수하며 가스 발생이 거의 없으나 충전초기에 많은 전류가 흘러 축전지 수명에 영향을 주는 단점이 있는 충전방법은?

① 정전류 충전　② 정전압 충전
③ 단별전류 충전　④ 급속충전

해설 정전압 충전은 충전 시작에서부터 충전이 완료될 때까지 일정한 전압으로 충전하는 방법이며, 축전지의 충전에서 충전말기에 전류가 거의 흐르지 않기 때문에 충전능률이 우수하며 가스 발생이 거의 없으나 충전초기에 많은 전류가 흘러 축전지 수명에 영향을 주는 단점이 있다.

30. 급속충전을 할 때 주의사항으로 옳지 않은 것은?

① 충전시간은 가급적 짧아야 한다.
② 충전 중인 축전지에 충격을 가하지 않는다.
③ 통풍이 잘되는 곳에서 충전한다.
④ 축전지가 차량에 설치된 상태로 충전한다.

해설 급속충전을 할 때에는 축전지의 접지케이블을 분리한 후 충전한다.

31. 납산 축전지를 충전할 때 화기를 가까이 하면 위험한 이유는?

① 수소가스가 폭발성 가스이기 때문에
② 산소가스가 폭발성 가스이기 때문에
③ 수소가스가 조연성 가스이기 때문에
④ 산소가스가 인화성 가스이기 때문에

해설 축전지 충전 중에 화기를 가까이 하면 위험한 이유는 발생하는 수소가스가 폭발하기 때문이다.

32. 축전지가 낮은 충전율로 충전되는 이유가 아닌 것은?

① 축전지의 노후
② 레귤레이터의 고장
③ 전해액 비중의 과다
④ 발전기의 고장

해설 축전지가 충전되지 않는 원인
㉠ 축전지 극판이 손상되었거나 노후된 때

정답 27 ④　28 ③　29 ②　30 ④　31 ①　32 ③

㉡ 축전지 본선(B+) 연결 부분의 접속이 이완되었을 때
㉢ 축전지 접지케이블의 접속이 이완되었을 때
㉣ 레귤레이터(전압조정기)가 고장 났을 때
㉤ 발전기가 고장 났을 때
㉥ 전장부품에서 전기사용량이 많을 때

33. 예열플러그를 빼서 보았더니 심하게 오염되었다. 그 원인은 다음 중 어느 것인가?

① 불완전 연소 또는 노킹
② 엔진의 과열
③ 예열플러그의 용량 과다
④ 냉각수 부족

해설 예열플러그가 심하게 오염되는 경우는 불완전 연소 또는 노킹이 발생하였기 때문이다.

34. 예열플러그의 고장이 발생하는 경우로 거리가 먼 것은?

① 엔진이 과열되었을 때
② 발전기의 발전전압이 낮을 때
③ 예열시간이 길었을 때
④ 정격이 아닌 예열플러그를 사용했을 때

해설 **예열플러그의 단선 원인** : 예열시간이 너무 길 때, 엔진이 과열된 상태에서 빈번한 예열, 예열플러그를 규정 토크로 조이지 않았을 때, 정격이 아닌 예열플러그를 사용했을 때, 규정 이상의 과대전류가 흐를 때

35. 예열장치의 고장원인이 아닌 것은?

① 가열시간이 너무 길면 자체 발열에 의해 단선된다.
② 접지가 불량하면 전류의 흐름이 적어 발열이 충분하지 못하다.
③ 규정 이상의 전류가 흐르면 단선되는 고장의 원인이 된다.
④ 예열릴레이가 회로를 차단하면 예열플러그가 단선된다.

해설 예열릴레이는 예열시킬 때에는 예열플러그로만 축전지 전류를 공급하고, 시동할 때에는 기동전동기로만 전류를 공급하는 부품이다.

36. 기동전동기가 회전하지 않는 원인으로 틀린 것은?

① 배선과 스위치가 손상되었다.
② 기동전동기의 피니언이 손상되었다.
③ 배터리의 용량이 작다.
④ 기동전동기가 소손되었다.

해설 기동전동기의 피니언이 손상되면 플라이휠 링 기어와의 물림이 불량해지며, 기동전동기는 회전한다.

37. 엔진에 사용되는 기동전동기가 회전이 안되거나 회전력이 약한 원인이 아닌 것은?

① 시동스위치의 접촉이 불량하다.
② 배터리 단자와 터미널의 접촉이 나쁘다.
③ 브러시가 정류자에 잘 밀착되어 있다.
④ 축전지 전압이 낮다.

38. 기동전동기는 정상 회전하지만 피니언이 플라이휠 링 기어와 물리지 않을 경우 고장원인이 아닌 것은?

① 전동기축의 스플라인 섭동 부분이 불량일 때
② 기동전동기의 클러치 피니언의 앞 끝이 마모되었을 때
③ 마그네틱 스위치의 플런저가 튀어나오는 위치가 틀릴 때

정답 33 ① 34 ② 35 ④ 36 ② 37 ③ 38 ④

④ 정류자 상태가 불량할 때

해설 정류자 상태가 불량하면 기동전동기가 원활하게 작동하지 못한다.

39. 시동스위치를 시동(ST) 위치로 했을 때 솔레노이드 스위치는 작동되나 기동전동기는 작동되지 않는 원인으로 틀린 것은?

① 축전지 방전으로 전류 용량 부족
② 시동스위치 불량
③ 엔진 내부 피스톤 고착
④ 기동전동기 브러시 손상

해설 시동스위치를 시동 위치로 했을 때 솔레노이드 스위치는 작동되나 기동전동기가 작동되지 않는 원인은 축전지 용량의 과다 방전, 엔진 내부 피스톤 고착, 전기자 코일 또는 계자 코일의 개회로(단선) 등이다.

40. 겨울철에 디젤엔진 기동전동기의 크랭킹 회전수가 저하되는 원인으로 틀린 것은?

① 엔진오일의 점도 상승
② 온도에 의한 축전지의 용량 감소
③ 점화 스위치의 저항 증가
④ 기온 저하로 기동부하 증가

해설 겨울철에 기동전동기 크랭킹 회전수가 낮아지는 원인은 엔진오일의 점도 상승, 온도에 의한 축전지의 용량 감소, 기온 저하로 기동부하 증가 등이다.

41. 지게차에서 난기운전을 할 때 리프트 레버로 포크를 올렸다 내렸다 하고, 틸트 레버를 작동시키는 목적으로 가장 알맞은 것은?

① 유압 실린더 내부의 녹을 제거하기 위해
② 오일 여과기 내의 오물이나 금속 분말을 제거하기 위해
③ 유압유의 온도를 올리기 위해
④ 유압 탱크 내의 공기빼기를 위해

해설 난기운전을 할 때 리프트 레버로 포크를 올렸다 내렸다 하고, 틸트 레버를 작동시키는 목적은 유압유의 온도를 올리기 위함이다.

42. 작업 전 지게차의 워밍업 운전 및 점검 사항으로 틀린 것은?

① 엔진 시동 후 5분간 저속운전을 실시한다.
② 엔진 시동 후 작동유의 온도가 정상범위 내에 도달하도록 고속으로 전·후진 주행을 2~3회 실시한다.
③ 리프트 레버를 사용하여 상승·하강운동을 전체행정으로 2~3회 실시한다.
④ 틸트 레버를 사용하여 전체행정으로 전후 경사운동을 2~3회 실시한다.

해설 지게차의 난기운전(워밍업) 방법
㉠ 엔진을 시동 후 5분 정도 공회전시킨다.
㉡ 리프트 레버를 사용하여 포크의 상승·하강운동을 실린더 전체행정으로 2~3회 실시한다.
㉢ 포크를 지면으로 부터 20cm 정도로 올린 후 틸트 레버를 사용하여 전체행정으로 포크를 앞뒤로 2~3회 작동시킨다.

정답 39 ② 40 ③ 41 ③ 42 ②

지게차
운전기능사

제 3 편

화물 적재 및 하역작업

제1장 화물의 무게중심 확인

제2장 화물 하역작업

제 1 장 화물의 무게중심 확인

1-1 화물의 종류 및 무게중심

1 컨테이너(container)

컨테이너는 단위별 화물의 수송, 보관 등을 쉽게 할 수 있어 선정된 포장방법이다. 형태는 일반적으로 직사각형으로 되어 있고 ISO 6346에 따라 소유자와 연번 중량 등을 나타내는 표시가 문에 표시되어 있다. TEU(twenty-feet equivalent unit)는 길이 20피트를 의미한다.

2 파렛트 및 단위별 포장 종류

① 지게차용 파렛트는 목재, 철제, 알루미늄, 플라스틱, 하드보드 등 화물의 사용목적에 따라 장·단점을 검토하여 적재, 운반, 하역을 할 때 작업이 쉽도록 제작되고 사용자가 선택하여 사용하는 포장방법이다.

② 일반 파렛트는 외형, 규격은 비슷하나 재질은 나무, 플라스틱, 강철, 알루미늄 등으로 제작된다.

③ 개별 포장은 각종 철재, 나무, 섬유 등 단위별로 개당 처리 또는 묶음 처리하여도 작업이 가능한 화물이다.

④ 화물 종류별 비중을 참고하여 작업 전 사전에 내용물을 파악하여야 한다.

1-2 작업장치 상태 점검

① 적재하고자 하는 화물의 바로 앞에 도달하면 지게차를 안전한 속도로 감속한다.

② 화물 앞에 가까이 갔을 때에는 일단 지게차를 정지하여 마스트를 수직으로 한다.

③ 포크의 간격(폭)은 컨테이너 및 파렛트 폭의 1/2 이상 3/4 이하 정도로 유지하여 적재하여야 한다.

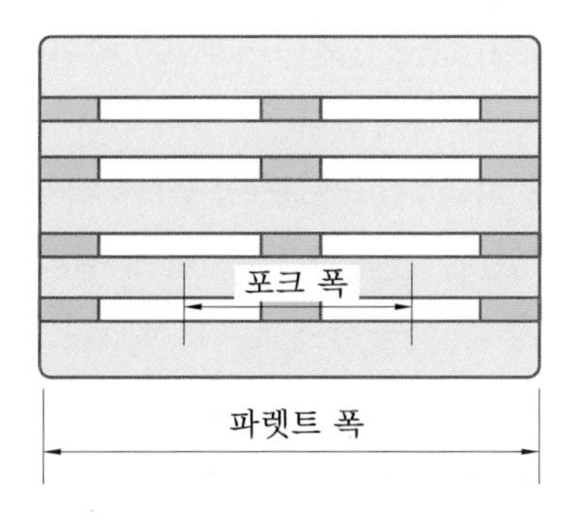

포크 폭 간격

④ 컨테이너, 파렛트, 스키드(skid)에 포크를 꽂아 넣을 때에는 지게차를 화물에 대해 똑바로 향하고, 포크의 삽입위치를 확인한 후에 천천히 포크를 넣는다.

⑤ 단위포장 화물은 화물의 무게중심에 따라 포크 폭을 조정하고 천천히 포크를 완전히 넣는다.

⑥ 지면으로부터 화물을 들어 올릴 때에는 다음과 같은 순서에 따라 작업을 실시한다.

1. 일단 포크를 지면으로부터 5～10cm 들어 올린 후에 화물의 안정 상태와 포크에 대한 편하중이 없는지 등을 확인한다.
2. 이상이 없음을 확인한 후에 마스트를 충분히 뒤로 기울이고, 포크를 지면으로부터 약 20～30cm의 높이를 유지한 상태에서 약간 후진을 하면서 브레이크 페달을 밟았을 때 화물의 내용물에 동하중이 발생되는지를 확인한다.
3. 적재 후 마스트를 지면에 내려놓은 후 반드시 화물의 적재상태의 이상 유무를 확인한 후 포크를 지면으로부터 약 20～30cm의 높이를 유지한 상태로 주행한다.

1-3 화물의 결착

① 파렛트는 적재하는 화물의 중량에 따른 충분한 강도를 가지고 심한 손상이나 변형이 없는지를 확인하고 적재한다.

② 파렛트에 실려 있는 화물은 안전하고 확실하게 적재되어 있는지를 확인하며, 불안정한 적재 또는 화물이 무너질 우려가 있는 경우에는 밧줄로 묶거나 그 밖의 안전조치를 한 후에 적재한다.

③ 화물의 바닥이 불균형 형태인 경우 포크와 화물의 사이에 고임목을 사용하여 안정시킨다.

④ 화물이 불안정할 경우 슬링(sling) 와이어로프, 체인블록(chain block) 등 결착도구(공구)를 사용하여 지게차와 결착한다.

⑤ 결착할 때 화물의 형태에 따라 결착도구(공구)와 화물 사이의 손상을 방지하기 위하여 보호대를 사용할 수 있다. 금속과 금속 간에 결착 시 중간에 목재 및 하드보드(hard board), 종이, 천 등을 사용하여 금속 사이의 미끄러짐 방지 및 완충역할을 하도록 한다.

1-4 포크 삽입 확인

① 지게차는 화물을 적재하였을 때 평형추(counter weight) 무게에 의하여 안정된 상태를 유지할 수 있도록 제작된 건설기계이며, 다음 그림과 같이 최대하중 이하에서 적재하여야 한다.

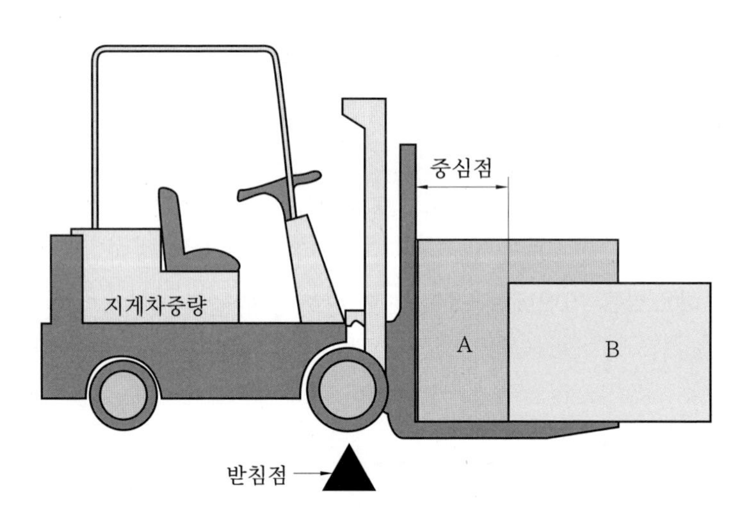

화물 A, B가 같은 무게라도 B 화물의 경우 받침점(fulcrum)을 기준으로 지게차의 앞쪽에 가해지는 임계하중이 증가한다.

지게차 중심점

② 지게차의 이상적인 적재 안전작업은 지게차의 임계하중 모멘트(forklift tipping load moment), 즉 평형추가 장착된 뒷부분이 들리지 않는 상태로서 화물은 포크의 중심점 안쪽으로 작업하여 임계하중 모멘트 안에서 작업하는 것이 이상적인 안전작업이다.

③ 마스트는 레일 확장 방식으로 리프트 실린더가 확장되거나 수축되면 실린더 로드에 연결된 크로스 바가 상하 작동되고 크로스 바(cross bar)와 포크 장착장치(cage)에 연결된 체인에 의하여 상하 작동되는 원리이므로 무게중심은 화물의 높이에 따라서 변동 폭이 증가하기 때문에 주의하여야 한다.

④ 표준생산품(STD)은 2단 마스트이지만, 고소작업을 위하여 3단 이상을 선택 구입하여 사용할 수 있다.

⑤ 마스트와 차체에 부착된 유압 실린더로 마스트를 숙이거나 뒤로 젖히어 포크의 각도를 변형하고 포크를 위 아래로 조절하여 작업을 수행한다.

⑥ 지게차에 부착 사용하는 작업장치를 이해한다. 포크의 작업장치는 용도에 따라서 부착할 수 있으며 그 밖에 여러 형태의 많은 작업장치가 있다(항만전용 컨테이너 작업용, 고소작업용, 벌크(bulk)용, 철 자재전용, 자동하역용, 버킷용, 롤로 된 종이류 전용, 작업대 등).

제 2 장 화물 하역작업

하역 장소를 답사하여 하역 장소의 지반 및 주변 여건을 확인하여야 한다. 일반 비포장인 경우 야적장에 지반이 견고한지 확인하고 불안정하면 작업관리자에게 통보하여 수정 후 하역 장소에서 하역할 수 있도록 한다. 화물을 하역하는 경우에는 다음과 같은 순서로 한다.

① 하역하는 장소의 바로 앞에 오면 지게차를 안전한 주행속도로 감속한다.

② 하역하는 장소의 앞에 접근하였을 때에는 지게차를 일단 정지한다.

③ 하역하는 장소에 화물의 붕괴, 파손 등의 위험이 없는지 확인한다.

④ 마스트를 수직으로 하고 포크를 수평으로 한 후, 내려놓을 위치보다 약간 높은 위치까지 올린다.

⑤ 내려놓을 위치를 잘 확인한 후, 천천히 전진하여 예정된 위치에 내린다.

⑥ 천천히 후진하여 포크를 10~20cm 정도 빼내고, 다시 약간 들어 올려 안전하고 올바른 하역 위치까지 밀어 넣고 내려야 한다.

⑦ 파렛트 또는 스키드로부터 포크를 빼낼 때에도 넣을 때와 마찬가지로 접촉 또는 비틀리지 않도록 조작한다.

⑧ 하역하는 경우에 포크를 완전히 올린 상태에서는 마스트 앞뒤 작동을 거칠게 조작하지 않는다.

⑨ 하역하는 상태에서는 절대로 지게차에서 내리거나 이탈하여서는 안 된다.

⑩ 주행할 때 앞뒤 안정도는 4%, 좌우 안정도는 6% 이내이며 마스트는 앞뒤 작동이 5~12%이므로 마스트를 작동할 때 변동하중이 가산됨을 숙지하여야 한다.

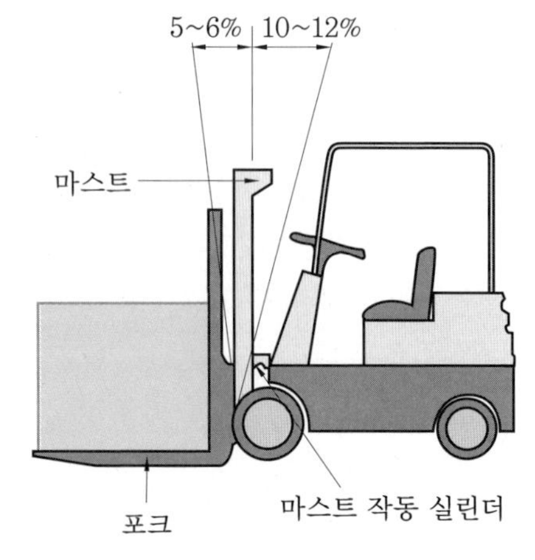

마스트 앞뒤 조정

지게차 운전기능사

출제 예상 문제

01. 다음 중 지게차의 작업을 쉽게 하기 위하여 사용하는 것은?

① 컨테이너 ② 스키드
③ 지브 ④ 널빤지

해설 스키드(skid)는 파렛트와 함께 지게차 등에 하역기계에 의해 화물을 운반할 때에 사용하는 기구이다.

02. 지게차로 화물을 적하작업 할 때 작업을 용이하게 하는 것은?

① 화물 밑에 고이는 상자
② 화물 밑에 고이는 판자
③ 화물 밑에 고이는 드럼통
④ 화물 밑에 고이는 파렛트

해설 파렛트(pallet)는 지게차로 화물을 실어 나를 때 화물을 안정적으로 옮기기 위해 사용하는 구조물이다.

03. 지게차의 안전작업에 관한 설명으로 틀린 것은?

① 정격용량을 초과하는 화물을 싣고 균형을 맞추려면 밸런스 웨이트(balance weight)에 사람을 태워야 한다.
② 부피가 큰 화물로 인하여 전방시야가 방해를 받을 경우에는 후진으로 운행한다.
③ 경사면에서 운행을 할 때에는 화물이 언덕 위를 향하도록 하고 후진한다.
④ 포크(fork) 끝 부분으로 화물을 올려서는 안 된다.

04. 지게차 화물취급 작업 시 준수하여야 할 사항으로 틀린 것은?

① 화물 앞에서 일단 정지해야 한다.
② 지게차를 화물 쪽으로 반듯하게 향하고 포크가 파렛트를 마찰하지 않도록 주의한다.
③ 파렛트에 실려 있는 물체의 안전한 적재 여부를 확인한다.
④ 화물의 근처에 왔을 때에는 가속페달을 살짝 밟는다.

해설 화물의 근처에 왔을 때에는 브레이크 페달을 가볍게 밟아 정지할 준비를 한다.

05. 지게차의 화물취급 방법 중 설명이 틀린 것은?

① 지게차가 경사진 상태에서는 적하작업을 할 수 없다.
② 포크에 실린 화물을 내릴 때에는 마스트를 수직으로 하고 천천히 내린다.
③ 내리막길에서는 급제동을 자주하면서 천천히 내려간다.
④ 노면이 거친 곳에서는 천천히 운행한다.

해설 지게차로 화물을 운반할 때 내리막길에서는 후진으로 천천히 내려가야 한다.

06. 지게차의 적재방법으로 틀린 것은?

① 화물을 올릴 때에는 포크를 수평으로 한다.
② 화물이 무거우면 사람이나 중량물로 밸

정답 01 ② 02 ④ 03 ① 04 ④ 05 ③ 06 ②

런스 웨이트를 삼는다.
③ 포크로 물건을 찌르거나 물건을 끌어서 올리지 않는다.
④ 적재할 장소에 도달했을 때 천천히 정지한다.

해설 지게차에 허용 적재하중을 초과하는 화물을 적재해서는 안 된다.

07. 지게차의 화물적재 방법 설명 중 틀린 것은?

① 화물을 쌓을 장소에 도착하면 일단 정지한다.
② 마스트가 수직이 되게 틸트시키고, 화물을 쌓을 위치보다 조금 높은 위치까지 포크를 상승시킨다.
③ 화물을 쌓을 위치를 잘 확인하고 나서 천천히 전진하여 예정된 위치에 화물을 내린다.
④ 화물을 정해진 위치에 정확히 쌓기 위해서는 포크에 사람을 태워서 작업하는 편이 좋다.

해설 지게차로 화물을 적재할 때 포크에 사람을 태워서 작업해서는 안 된다.

08. 지게차의 하역작업 과정으로 맞는 것은?

① 마스트 틸트 → 포크 하강 → 화물 하역
② 마스트 틸트 → 포크 삽입 → 포크 상승
③ 포크 삽입 → 포크 상승 → 마스트 틸트
④ 포크 하강 → 마스트 틸트 → 화물 하역

해설 **하역작업 과정** : 포크 하강 → 마스트 틸트 → 화물 하역

09. 지게차 하역작업 시 안전한 방법이 아닌 것은?

① 허용 적재 하중을 초과하는 화물의 적재는 금한다.
② 가벼운 것은 위로, 무거운 것은 밑으로 적재한다.
③ 굴러갈 위험이 있는 물체는 고임목으로 고인다.
④ 무너질 위험이 있는 경우 화물 위에 사람이 올라간다.

해설 무너질 위험이 있는 경우에 화물 위에 사람이 올라가서는 안 된다.

10. 지게차 하역작업에 관한 설명 중 틀린 것은?

① 운반하려는 화물 앞 가까이 오면 속도를 줄인다.
② 화물 앞에서 일단 정지한다.
③ 틸트 기구를 이용해 화물을 당긴다.
④ 포크는 파렛트에 대해 항상 평행을 유지시킨다.

해설 틸트 기구를 이용하여 화물을 당기면 화물이 파손될 우려가 있다.

11. 지게차로 화물을 하역할 때의 방법으로 틀린 것은?

① 화물 앞에서 일단 정지한다.
② 포크가 파렛트를 긁거나 비비면서 들어가도록 한다.
③ 운반하려는 화물 앞 가까이 오면 속도를 줄인다.
④ 포크를 밀어 넣을 위치를 확인한 후 천천히 넣는다.

해설 포크가 파렛트를 긁거나 비비면서 들어가도록 하면 파렛트가 파손될 우려가 있다.

정답 07 ④ 08 ④ 09 ④ 10 ③ 11 ②

12. 평탄한 노면에서의 지게차를 운전하여 하역작업 시 올바른 방법이 아닌 것은?

① 불안정한 적재의 경우에는 빠르게 작업을 진행시킨다.
② 포크를 삽입하고자 하는 곳과 평행하게 한다.
③ 파렛트에 실은 화물이 안정되고 확실하게 실려 있는지를 확인한다.
④ 화물 앞에서 정지한 후 마스트가 수직이 되도록 기울여야 한다.

해설 불안정한 적재의 경우에는 조심스럽게 작업을 진행시켜야 한다.

13. 지게차의 작업방법을 설명한 것 중 적당한 것은?

① 화물을 싣고 평지에서 주행할 때에는 브레이크 페달을 급격히 밟아도 된다.
② 화물을 싣고 비탈길을 내려올 때에는 후진하여 천천히 내려온다.
③ 자동변속기가 장착된 지게차는 전진이 진행 중 브레이크 페달을 밟지 않고, 후진을 시켜도 된다.
④ 비탈길을 오르내릴 때에는 마스트를 전면으로 기울인 상태에서 전진 운행한다.

해설 포크에 화물을 싣고 비탈길을 내려올 때에는 천천히 후진으로 내려온다.

14. 지게차 작업방법 중 틀린 것은?

① 경사 길에서 내려올 때에는 후진으로 진행한다.
② 주행방향을 바꿀 때에는 완전정지 또는 저속에서 행한다.
③ 조향바퀴가 지면에서 5cm 이하로 떨어졌을 때에는 카운터 웨이트의 중량을 높인다.
④ 틸트는 화물이 백 레스트에 완전히 닿도록 하고 운행한다.

해설 조향바퀴가 지면에서 5cm 이하로 떨어질 때에는 규정 적재하중 이상의 화물을 적재한 상태이므로 신속하게 포크를 지면에 내려야 한다.

15. 지게차 작업방법 중 틀린 것은?

① 옆 좌석에 다른 사람을 태워서는 안 되며, 포크는 엘리베이터용으로 사용할 수 있다.
② 젖은 손, 기름이 묻은 손, 구두를 신고서 작업을 해서는 안 된다.
③ 화물을 2단으로 적재 시 안전에 주의하여야 한다.
④ 마스트를 전방으로 기울이고 화물을 운반해서는 안 된다.

해설 포크는 엘리베이터용으로 사용해서는 안 되며, 지게차에는 운전자 이외에 탑승해서는 안 된다.

16. 지게차에서 파렛트에 있는 화물을 작업할 때 주의할 사항이 아닌 것은?

① 포크를 파렛트 구멍에 평행하게 놓는다.
② 포크를 적당한 높이까지 올린다.
③ 포크를 올리기 전에 위쪽에 전선 등이 있는지 점검한다.
④ 마스트를 전방으로 기울이고 주행한다.

해설 마스트를 후방으로 기울이고 화물을 운반하여야 한다.

정답 12 ① 13 ② 14 ③ 15 ① 16 ④

17. 지게차로 적재작업을 할 때 유의사항으로 틀린 것은?

① 화물이 무너지거나 파손 등의 위험성 여부를 확인한다.
② 화물을 높이 들어 올려 아랫부분을 확인하며 천천히 출발한다.
③ 운반하려고 하는 화물 가까이 가면 속도를 줄인다.
④ 화물 앞에서 일단 정지한다.

해설 지게차로 적재작업을 할 때 화물을 높이 들어 올리고 운행하면 전복되기 쉽다.

18. 지게차의 적재작업 방법을 설명한 것 중 틀린 것은?

① 화물을 올릴 때에는 포크가 수평이 되도록 한다.
② 화물을 올릴 때에는 가속페달을 밟는 동시에 리프트 레버를 조작한다.
③ 포크로 화물을 찌르거나 화물을 끌어 올리지 않는다.
④ 화물이 무거우면 사람이나 중량물로 밸런스 웨이트를 삼는다.

해설 화물이 무거우면 사람이나 중량물로 밸런스 웨이트(평형추)를 삼아서는 안 된다.

19. 지게차 작업에 대한 설명으로 틀린 것은?

① 화물을 싣기 위해 마스트를 약간 전경시키고 포크를 끼워 물건을 싣는다.
② 목적지에 도착 후 화물을 내리기 위해 틸트 실린더를 후경시켜 전진한다.
③ 틸트 레버는 앞으로 밀면 마스트가 앞으로 기울고 따라서 포크가 앞으로 기운다.
④ 포크를 상승시킬 때는 리프트 레버를 뒤쪽으로, 하강시킬 때는 앞쪽으로 민다.

해설 목적지에 도착 후 화물을 내리기 위해 포크를 수평으로 한 후 전진한다.

20. 지게차 작업 시 안전수칙으로 틀린 것은?

① 포크를 이용하여 사람을 싣거나 들어 올리지 않아야 한다.
② 경사지를 오르거나 내려올 때는 급회전을 금해야 한다.
③ 주차 시에는 포크를 완전히 지면에 내려야 한다.
④ 화물을 적재하고 경사지를 내려갈 때는 운전시야 확보를 위해 전진으로 운행해야 한다.

해설 화물을 적재하고 경사지를 내려갈 때는 후진으로 천천히 운행해야 한다.

정답 17 ② 18 ④ 19 ② 20 ④

지게차
운전기능사

제4편

화물 운반작업 및 운전시야 확보

제1장 화물 운반작업

제2장 운전시야 확보

제 1 장 화물 운반작업

1-1 전 · 후진 주행방법

1 주행자세

엔진을 시동한 후 난기운전이 완료되면 포크가 지면에서 약 20~30cm 정도가 되도록 리프트 레버를 뒤로 당긴 후 틸트 레버를 뒤로 당겨 마스트를 6° 정도 기울인다.

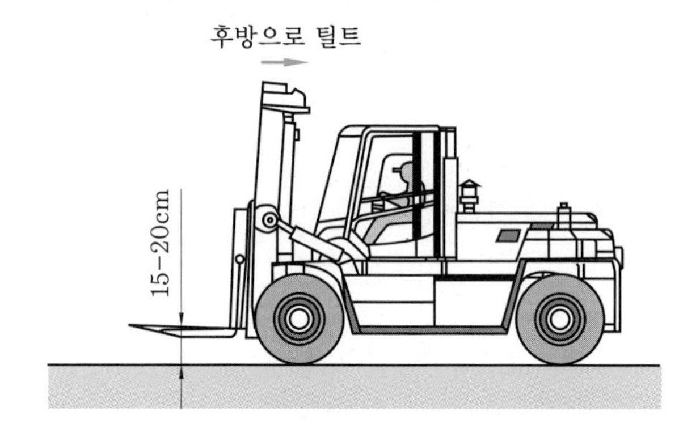

주행자세

2 전 · 후진 레버 조작방법

① 전 · 후진 레버를 중립(N) 위치에서 앞쪽으로 밀면 전진(F)이 선택되고, 뒤쪽으로 당기면 후진(R)이 선택되며, 전 · 후진 레버를 앞뒤로 돌리면 주행속도를 1~3단으로 조정할 수 있다.

② 적재작업을 할 때에는 1~2단으로 한다.

③ 고속주행 중 전 · 후진 레버에 의한 급격한 감속은 피하고 브레이크 페달을 이용하여 감속한다.

④ 갑작스런 출발을 방지하기 위한 중립 잠금 장치가 장착되어 있다.

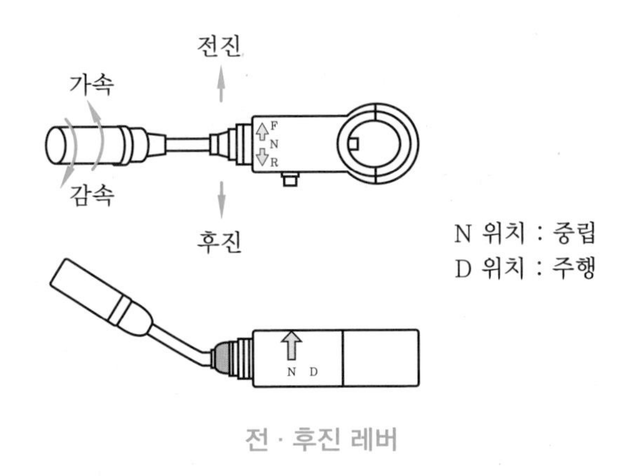

전 · 후진 레버

3 지게차 출발방법

① 안전띠와 안전모를 착용한다.
② 브레이크 페달을 밟고, 주차 브레이크를 해제한다.
③ 브레이크 페달을 밟은 상태에서 전 · 후진 레버를 전진 또는 후진의 위치로 한 후 브레이크 페달을 놓고 가속페달을 가볍게 밟으면서 출발한다.

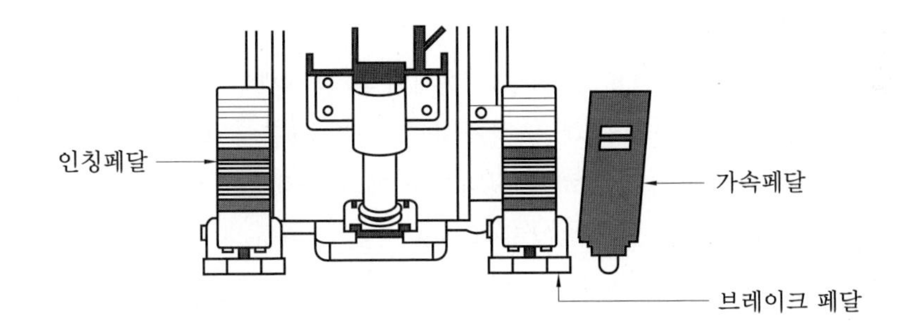

지게차의 페달 위치

4 전 · 후진 전환방법

① 지게차를 정지시킨 후 전 · 후진 전환을 한다.
② 전 · 후진 레버를 전진 또는 후진의 원하는 위치로 전환한다.
③ 전 · 후진 전환을 할 때에는 전환 방향의 안전을 확인한다.
④ 고속에서 전 · 후진 방향의 전환을 피한다.
⑤ 전 · 후진 레버를 앞으로 밀거나 뒤로 당김으로써 전진, 중립, 후진을 선택할 수 있다.

5 지게차의 선회방법

① 조향핸들을 회전하고자 하는 방향으로 돌리면 지게차가 회전한다.
② 지게차는 조향 실린더에 의해 좌 · 우로 각각 52°씩 회전한다.
③ 고속에서의 급회전 및 경사지에서의 회전을 피한다.
④ 주행 중 엔진의 가동이 정지하면 조향핸들이 움직이지 않으므로 전복 위험이 있다.

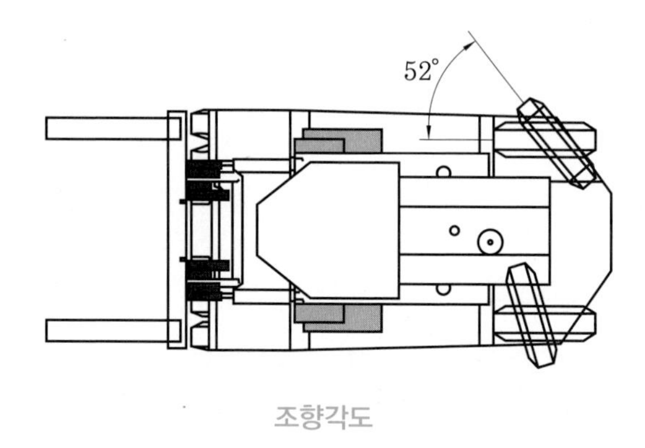

조향각도

6 주행 중 주의사항

① 주행 중 계기판의 경고등이 점등되면 지게차를 정지시킨 후 전 · 후진 레버를 중립으로 하고 엔진을 공회전시킨 다음 정지시킨다. 그 다음 문제점을 해결한다.
② 작업 중 지게차에 부하가 급격히 떨어지면 지게차 주행속도가 빨라지므로 주의한다.
③ 울퉁불퉁한 길에서는 안전을 고려하여 저속으로 주행한다.
④ 30분 이상 연속으로 주행하지 않는다.
⑤ 30분 이상 주행을 할 때에는 10분 동안 정차상태에서 휴식을 취한다. 과도한 연속 주행은 브레이크 및 타이어 발열을 유발하여 해당 부품의 내구 수명을 단축할 수 있다.

1-2 화물 운반작업

1 유도자의 수신호

신호수는 안전관리자처럼 건설현장에 의무적으로 몇 명씩 둬야 한다는 규정은 없다. 그러나 현행 산업안전보건기준에 관한 규칙 제40조 제1항에 따르면 다음 사항에 대하여 건설기계로 작업할 때 사업주는 원칙적으로 신호수를 배치하여야 한다.

① 건설기계로 작업할 때 근로자에게 위험이 미칠 우려가 있는 경우
② 운전 중인 건설기계에 접촉되어 근로자가 부딪칠 위험이 있는 장소
③ 지반의 부동침하 및 갓길 붕괴 위험이 있을 경우
④ 근로자를 출입시키는 경우
⑤ 신호수는 교육을 통해 일정한 신호방법을 정해 신호하도록 하여야 한다.
⑥ 운전자는 신호수의 신호에 따라야 한다.

2 신호수와 운전자 사이의 수신호 방법

① 작업장 내 신호 방법은 지게차 사용자지침서에 의하나 모든 건설기계 신호지침과 거의 동일하다.
② 건설기계의 운전신호는 작업장의 책임자가 지명한 사람 이외에는 하여서는 아니 된다.
③ 신호수는 지게차 조종사와 긴밀한 연락을 취하여야 한다.
④ 신호수는 1인으로 하여 수신호, 경적 등을 정확하게 사용하여야 한다.
⑤ 신호수의 부근에 혼동되기 쉬운 경적, 음성, 동작 등이 있어서는 안 된다.
⑥ 신호수는 운전자의 중간 시야가 차단되지 않는 위치에 항상 있어야 한다.
⑦ 신호수는 지게차의 성능, 작동 등을 충분히 이해하고 비상상태에서는 응급처치가 가능하도록 항시 현장의 상황을 확인하여야 한다.

3 출입구 확인

① 차폭과 입구의 폭을 확인하도록 한다.
② 부득이 포크를 올려서 출입하는 경우에는 출입구 높이에 주의한다.
③ 얼굴 및 손이나 발을 차체의 밖으로 내밀지 않도록 한다.
④ 반드시 주위 안전 상태를 확인한 후 출입하여야 한다.

제 2 장

운전시야 확보

2-1 운전시야 확보

1 제한속도 준수 규칙

① 제한속도 내에서 주행은 현장여건에 맞추어야 하므로 필수요건은 아니지만 화물의 종류와 지면의 상태에 따라서 운전자가 반드시 준수하여야 할 사항이다.
② 일반도로를 주행할 때에는 통행 제한구역 및 시간이 있으므로 관련법규를 준수하여야 이동이 가능하므로 목적지까지 이동가능 여부가 사전 확인되어야 한다.

2 안전경고 표시

① 운행통로를 확인하여 장애물을 제거하고 주행동선을 확인한다.
② 작업장 내 안전 표지판은 목적에 맞는 표지판을 정 위치에 설치하였는지 확인한다.
③ 지게차는 운전자 앞쪽에서 화물적재 작업이 주목적이기 때문에 적재 후 이동할 때 통로의 확인 및 하역할 때 하역장소에 대한 사전답사가 요구되며, 반드시 신호수 지시에 따라 작업이 진행되는 방법을 사전에 숙지해야 한다.

3 신호수의 도움으로 동선 확보

① 신호수와는 서로의 맞대면으로 항시 통하여야 한다.
② 차량에 적재를 할 때에는 차량 운전자 입회하에 작업을 진행하여야 한다.
④ 지게차 화물은 전방 작업이므로 시야가 확보되지 않은 작업 상태에서는 신호수를 요구하여 충돌과 낙하의 사고를 예방하여야 한다.

2-2 지게차 및 주변상태 확인

1 운전 중 작업장치 성능 확인 및 이상소음

(1) 동력전달장치 소음 상태

자동변속기의 경우 전·후진 레버를 작동할 때 덜컹거림 발생 여부를 확인한 후 이상 소음 없이 주행하는지 확인한다.

(2) 조향장치

조향핸들의 허용 규격이 정상인지 상하좌우 및 앞뒤로 덜컹거림의 발생 여부를 확인한다.

(3) 주차 브레이크

주차 브레이크 레버를 완전히 당긴 상태에서 여유를 확인하고 평탄한 노면에서 저속으로 주행할 때 레버 작동으로 브레이크 작동상태 및 소음 발생 여부를 확인한다.

(4) 주행 브레이크

브레이크 페달의 유격 및 페달을 밟았을 때 페달과 바닥판의 간격 유무를 확인한다.

(5) 작업장치의 소음 상태

① 마스트 고정 핀(foot pin) 및 부싱 상태 확인
② 가이드 및 롤러 베어링 정상 작동 확인
③ 리프트 실린더 및 연결핀, 부싱 상태 확인
④ 브래킷 및 연결 부분 상태 확인
⑤ 리프트 체인 마모 및 좌우 균형 상태 확인
⑥ 마스트를 올림 상태에서 정지시켰을 때 자체 하강이 없는지 확인(실린더 내 피스톤 실 누유 상태 확인)

(6) 포크 이송장치 소음 상태

① 유압 실린더 고정 핀, 부싱의 정상적인 연결 상태 확인
② 유압호스 연결 및 고정 상태 확인
③ 구조물의 손상 및 외관 상태 확인
④ 가이드 및 롤러 베어링 정상 작동 확인
⑤ 포크 이동 및 각 부분 주유 상태 확인

(7) 작동장치 이상 소음

① 마스트를 최대한 올리고 내림을 2~3회 반복하여 이상 소음 확인
② 마스트를 앞뒤로 2~3회 반복 조종하여 이상 소음 확인
③ 포크 폭을 2~3회 반복 조종하여 이상 소음 확인

(8) 후각(냄새)에 의한 판단

① 주행 중 냄새로 이상 유무의 확인 방법
② 엔진 과열로 엔진오일의 타는 냄새 확인
③ 브레이크 라이닝 타는 냄새 확인
④ 유압유의 과열로 인한 냄새 확인
⑤ 각종 구동 부위의 베어링 타는 냄새 확인

(9) 포크의 이상 유무 확인방법

작업 전 포크를 육안으로 검사할 때 균열 의심이 발생되면 형광탐색 검사를 하여 대형 사고 예방을 하여야 하므로 관리자에게 통보한다.

(10) 위험요소에 관한 판단

냄새가 감지되었을 때는 열에 의한 이상 상태로 화재발생의 소지가 생기게 되므로 소화기 위치 및 정상 충전 상태를 확인하여야 한다(화재 초기 진압이 목적임).

2 운전 중 장치별 누유 · 누수 점검

① 엔진오일 누유 확인
② 엔진 냉각수 누수 확인
③ 유압유의 누유 확인
④ 하체 구성부품의 누유 확인

지게차 운전기능사

출제 예상 문제

01. 지게차의 운전 및 작업장치를 조작하는 동작의 설명으로 틀린 것은?

① 전 · 후진 레버를 앞으로 밀면 후진이 된다.

② 틸트 레버를 뒤로 당기면 마스트는 뒤로 기운다.

③ 리프트 레버를 앞으로 밀면 포크가 내려간다.

④ 전 · 후진 레버를 뒤로 당기면 후진이 된다.

해설 전 · 후진 레버를 앞으로 밀면 전진이 되고, 뒤로 당기면 후진이 된다.

02. 자동변속기가 장착된 지게차를 운행을 위해 출발하고자 할 때의 방법으로 옳은 것은?

① 클러치 페달을 밟고 전 · 후진 레버를 전진이나 후진으로 선택한다.

② 브레이크 페달을 밟고 전 · 후진 레버를 전진이나 후진으로 선택한다.

③ 인칭조절 페달을 밟고 전 · 후진 레버를 전진이나 후진으로 선택한다.

④ 브레이크 페달을 조작할 필요 없이 가속페달을 서서히 밟는다.

해설 자동변속기가 장착된 지게차는 브레이크 페달을 밟고 전 · 후진 레버를 전진이나 후진으로 선택한 다음, 가속 페달을 가볍게 밟으며 출발한다.

03. 지게차의 포크에 화물을 적재하고 주행할 때의 주의사항으로 틀린 것은?

① 전방시야가 확보되지 않을 때는 후진으로 진행하면서 경적을 울리며 천천히 주행한다.

② 포크나 카운터 웨이트 등에 사람을 태우고 주행해서는 안 된다.

③ 급한 고갯길을 내려갈 때는 전 · 후진 레버를 중립에 두거나 엔진의 시동을 끄고 타력으로 내려간다.

④ 험한 땅, 좁은 통로, 고갯길 등에서는 급발진, 급제동, 급선회하지 않는다.

해설 화물을 적재하고 급한 고갯길을 내려갈 때는 전 · 후진 레버를 저속으로 하고 후진으로 천천히 내려가야 한다.

04. 지게차 주행 시 주의해야 할 사항 중 틀린 것은?

① 포크에 사람을 태워서는 안 된다.

② 포크의 끝은 밖으로 경사지게 한다.

③ 포크에 화물을 싣고 주행할 때는 절대로 속도를 내서는 안 된다.

④ 노면상태에 따라 충분한 주의를 하여야 한다.

해설 포크 끝을 안으로 경사지게 한다.

05. 지게차를 운전할 때 유의사항으로 틀린 것은?

① 후방 시야 확보를 위해 뒤쪽에 사람을 탑승시켜야 한다.

정답 01 ① 02 ② 03 ③ 04 ② 05 ①

② 화물이 높아 전방시야가 가릴 때에는 후진하여 운전한다.
③ 주행을 할 때에는 포크를 가능한 낮게 내려 주행한다.
④ 포크 간격은 화물에 맞게 수시로 조정한다.

해설 지게차를 운행할 때 후방 시야 확보를 위해 뒤쪽에 사람을 탑승시켜서는 안 된다.

06. 지게차 운행에 대한 설명으로 옳지 않은 것은?

① 지게차에서 내려올 때에는 엔진의 시동을 끈다.
② 경사진 곳에 주차 시에는 주차 브레이크를 잠그고 타이어에 고임목을 설치한다.
③ 부서지기 쉬운 곳, 위험한 물건이 있는 근처에서 작업을 할 때에는 주의한다.
④ 좁은 도로나 플랫폼에서 작업 시에는 가장자리로 운행한다.

해설 좁은 도로나 플랫폼에서 작업을 할 때에는 가운데로 운행한다.

07. 지게차 운전 시 유의사항으로 적합하지 않은 것은?

① 내리막길에서는 급회전을 하지 않는다.
② 면허소지자 이외는 운전하지 못하도록 한다.
③ 화물적재 후 최고속 주행을 하여 작업 능률을 높인다.
④ 운전석에는 운전자 이외는 승차하지 않는다.

해설 포크에 화물을 싣고 운행할 때에는 저속으로 주행하여야 한다.

08. 지게차를 운행할 때 주의사항으로 틀린 것은?

① 내리막길에서는 브레이크 페달을 밟으면서 서서히 주행한다.
② 포크에 화물 적재 시에는 최고속도로 주행한다.
③ 급유 중은 물론 운전 중에도 화기를 가까이 하지 않는다.
④ 포크에 화물 적재 시 급제동을 하지 않는다.

해설 포크에 화물을 적재하고 운행할 때에는 저속으로 주행하여야 한다.

09. 지게차 운행사항으로 틀린 것은?

① 틸트는 화물이 백 레스트에 완전히 닿도록 한 후 운행한다.
② 주행 중 노면상태에 주의하고 노면이 고르지 않은 곳에서는 천천히 운행한다.
③ 지게차의 중량 제한은 필요에 따라 무시해도 된다.
④ 내리막길에서 급회전을 삼가한다.

해설 허용하중을 초과한 상태로 운행해서는 안 된다.

10. 지게차에서 운행할 때 지켜야 할 안전수칙으로 틀린 것은?

① 이동 시는 포크를 반드시 지상에서 높이 들고 이동할 것
② 전진에서 후진변속 시는 지게차가 정지된 상태에서 행할 것
③ 주 · 정차 시는 반드시 주차 브레이크를 작동시킬 것
④ 후진 시는 반드시 뒤를 살필 것

해설 주행을 할 때에는 포크를 지면으로부터 20~30cm 정도로 조정한 후 주행한다.

정답 06 ④ 07 ③ 08 ② 09 ③ 10 ①

11. 지게차를 운전 시 주의사항으로 틀린 것은?

① 포크에 화물적재 시에는 저속으로 주행한다.
② 사람을 옆에 태우고 운행하면 교통상황을 잘 알 수 있다.
③ 포크에 화물적재 시 전방이 안보이면 후진한다.
④ 바닥의 견고성을 확인한 후 주행한다.

해설 지게차에는 운전자 이외에 탑승해서는 안 된다.

12. 지게차 운행에 대한 안전사항 중 맞지 않는 것은?

① 전방시야가 불투명해도 작업 보조자를 승차시키지 않는다.
② 주행방향(전 · 후진)을 바꿀 때에는 저속 위치에 한다.
③ 지게차를 주차할 때에는 포크를 내려 지면에 닿도록 한다.
④ 시야가 제한된 장소에서는 앞지르기를 하지 않는다.

해설 주행방향(전 · 후진)을 바꿀 때에는 지게차를 정차시킨 상태에서 한다.

13. 지게차 주행 시 주의사항이다. 틀린 것은?

① 화물을 포크에 적재하고 주행할 때에는 절대로 가속해서는 안 된다.
② 부피가 큰 화물을 포크에 적재한 상태로 주행 시에는 전방시야가 나쁘므로 전후 · 좌우에 충분히 주의한다.
③ 화물을 포크에 적재한 상태로 도로주행 시에는 포크 끝 부분이 돌출된 상태로 주행하는 편이 좋다.
④ 들어 올려진 화물 밑에 사람이 들어가게 해서는 안 된다.

해설 화물을 포크에 적재한 상태로 도로를 주행할 때에 포크 끝부분이 돌출된 상태로 주행해서는 안 된다.

14. 지게차 운행 시 주의사항 중 틀린 것은?

① 포크에는 사람을 태우거나 들어 올리지 말아야 한다.
② 화물을 싣고 경사지를 내려갈 때에는 시야 확보를 위해 전진으로 운행해야 한다.
③ 경사지를 오르거나 내려올 때에는 급회전은 금해야 한다.
④ 주차시킬 때에는 포크를 완전히 지면에 내려 놓아야 한다.

해설 화물을 포크에 적재하고 경사지를 내려갈 때는 후진으로 천천히 운행해야 한다.

15. 지게차 운행 시 주의할 점이 아닌 것은?

① 한눈을 팔면서 운행하지 않아야 한다.
② 큰 화물로 인해 전방시야가 방해를 받을 때에는 후진으로 운행한다.
③ 포크 끝 부분으로 화물을 들어 올리지 않는다.
④ 높은 장소에서 작업 시 포크에 사람을 승차시켜서 작업을 한다.

해설 포크에 사람을 승차시켜서 작업해서는 안 된다.

16. 지게차 운행에 관한 설명으로 옳지 않은 것은?

① 지게차가 경사진 상태에서는 적하작업을 금한다.
② 주행 중 반드시 노면상태에 주의하고 노면이 거친 곳에서는 천천히 운행을 한다.

정답 11 ② 12 ② 13 ③ 14 ② 15 ④ 16 ④

③ 내리막길에서 급회전은 금한다.
④ 지게차의 중량 제한은 필요에 따라 무시해도 상관없다.

해설 지게차의 중량 제한을 무시하고 작업해서는 안 된다.

17. 지게차 운행 시 주의할 점이 아닌 것은?

① 험한 지면, 좁은 통로, 고갯길 등에서의 급발진, 급제동, 급선회를 해서는 안 된다.
② 전방시야가 가릴 때에는 후진으로 경음기를 울리면서 천천히 주행한다.
③ 급한 고갯길을 내려갈 때에는 전 · 후진 레버를 중립에 두거나 엔진의 시동을 끄고 타력으로 내려간다.
④ 포크, 파렛트, 카운터 웨이트 등에는 사람을 태우고 운행해서는 안 된다.

해설 화물을 포크에 적재하고 급한 고갯길을 내려갈 때는 후진으로 천천히 운행해야 한다.

18. 지게차 운전에서 가장 주의해야 할 사항과 관계가 먼 것은?

① 급선회에 의한 힘의 쏠림
② 급제동에 의한 힘의 쏠림
③ 언덕을 오르고 내려올 때의 하중 위치
④ 구동바퀴의 마모 상태

해설 지게차 운전에서 가장 주의해야 할 사항은 급선회에 의한 힘의 쏠림, 급제동에 의한 힘의 쏠림, 언덕을 오르고 내려올 때의 하중 위치 등이다.

19. 지게차로 급한 고갯길을 내려갈 때 운전방법으로 올바른 것은?

① 전 · 후진 레버를 중립위치에 놓는다.
② 후진으로 저속 운행을 한다.
③ 엔진 시동을 끄고 타력으로 주행한다.
④ 전진으로 고속 운행을 한다.

해설 화물을 포크에 적재하고 경사지를 내려갈 때는 후진으로 천천히 운행해야 한다.

20. 지게차에 화물을 싣고 창고나 공장을 출입할 때의 주의사항 중 틀린 것은?

① 주위 장애물 상태를 확인 후 이상이 없을 때 출입한다.
② 화물이 출입구 높이에 닿지 않도록 주의한다.
③ 팔이나 몸을 차체 밖으로 내밀지 않는다.
④ 차폭이나 출입구의 폭은 확인할 필요가 없다.

해설 화물을 싣고 창고나 공장을 출입할 때 차폭이나 출입구의 폭을 반드시 확인하여야 한다.

정답 17 ③ 18 ④ 19 ② 20 ④

지게차
운전기능사

제 5 편

작업 후 점검

제1장 안전 주차

제2장 연료 상태 점검

제 1 장

안전 주차

(1) 건설기계 관련 시행규칙에 따른 주기장을 선정한다.

(2) 지게차 안전 주차를 위한 주차 브레이크 체결 방법을 숙지한다.

① 지게차의 운전석을 떠나는 경우에는 주차 브레이크를 체결한다.

② 전 · 후진 레버를 중립으로 한 후 포크 등을 바닥면에 내리고 엔진의 가동을 정지한다.

(3) 보행자의 안전을 위한 주차방법을 연습한다.

① 마스트를 앞으로 기울게 한다.

② 포크 끝이 지면에 닿게 주차한다.

(4) 경사지에 주차하였을 때 안전을 위하여 바퀴에 고임목을 사용하여 주차한다.

① 승인된 장소에만 지게차를 주차한다. 포크는 완전히 바닥에 위치해 두고, 전 · 후진 레버는 중립위치에 둔다.

② 시동키는 빼두고 지게차의 움직임을 방지하기 위해 고임목으로 고정시킨다.

③ 경사지에 임시 주차로 주차를 하였을 때 지게차의 우발적인 움직임을 방지하기 위하여 바퀴에 고임목을 반드시 받쳐 놓고 리프트 실린더가 단동실린더임을 유의하여 포크 끝이 지면에 닿게 주차한다.

제 2 장 연료 상태 점검

(1) 연료를 주입할 때 주의사항

① 연료를 채우는 동안 폭발성 가스가 존재할 수도 있다.

② 급유장소에서 담배를 피우거나 불꽃을 일으켜서는 안 된다.

③ 지게차의 급유는 지정된 안전한 장소에서만 한다. 모두 안전해도 옥내보다는 옥외가 좋다.

④ 급유 중에는 엔진의 가동을 정지하고 지게차에서 하차한다.

⑤ 연료 수준을 너무 낮게까지 내려가게 하거나 또는 연료를 완전히 소진시켜서는 안 된다. 연료탱크 내의 침전물이나 불순물이 연료계통으로 흡수되어 들어갈 수 있기 때문이다. 그렇게 되면 엔진의 시동이 어렵게 되거나 부품이 손상을 입을 수 있다.

(2) 연료 주입 방법

① 지게차를 지정된 안정한 장소에 주차한다.

② 전 · 후진 레버를 중립에 두고 포크를 지면까지 내린다.

③ 주차 브레이크를 채우고 엔진의 가동을 정지한다.

④ 연료탱크 주입구 캡(필러 캡)을 연다.

⑤ 연료탱크를 서서히 채운다.

⑥ 연료탱크 주입구 캡(필러 캡)을 닫고 연료가 넘쳤으면 닦아내고 흡수제로 깨끗이 정리한다.

지게차 운전기능사

출제 예상 문제

01. 지게차의 유압 탱크 내의 유량을 점검하는 방법 중 올바른 것은?

① 포크를 지면에 내려놓고 점검한다.
② 엔진을 저속으로 하고 주행하면서 점검한다.
③ 포크를 최대로 높인 후 점검한다.
④ 포크를 중간위치로 올린 후 점검한다.

해설 유압 탱크 내의 유량을 점검할 때에는 포크를 지면에 내려놓는다.

02. 지게차를 주차하고자 할 때 포크는 어떤 상태로 하면 안전한가?

① 평지에 주차하면 포크의 위치는 상관없다.
② 평지에 주차하고 포크는 지면에 접하도록 내려놓는다.
③ 앞으로 3° 정도 경사지에 주차하고 마스트 전경각을 최대로 포크가 지면에 접하도록 내려놓는다.
④ 평지에 주차하고 포크는 녹이 발생하는 것을 방지하기 위하여 10cm 정도 들어 놓는다.

해설 지게차를 주차시킬 때에는 포크의 선단이 지면에 닿도록 내린 후 마스트를 전방으로 약간 경사시킨다.

03. 지게차 주차 시 취해야 할 안전조치로 틀린 것은?

① 엔진 시동을 정지시키고 주차 브레이크를 잡아당겨 주차상태를 유지시킨다.
② 포크의 선단이 지면에 닿도록 마스트를 전방으로 약간 경사시킨다.
③ 포크를 지면에서 20cm 정도 높이에 고정시킨다.
④ 시동스위치의 키를 빼내어 보관한다.

해설 02번 문제 해설 참조

04. 지게차의 주차 및 정차에 대한 안전사항으로 맞지 않는 것은?

① 마스트를 전방으로 틸트하고 포크를 지면에 내려놓는다.
② 주 · 정차 후에는 항상 지게차에 시동스위치의 키를 꽂아놓는다.
③ 시동스위치의 키를 OFF에 놓고 주차 브레이크를 잠근다.
④ 막힌 통로나 비상구에는 주차를 하지 않는다.

해설 주 · 정차 후에는 항상 지게차의 시동스위치 키는 빼놓는다.

05. 지게차의 주차 시 주의사항으로 적당하지 않은 것은?

① 주차 브레이크를 완전 풀어 놓는다.
② 포크의 선단이 지면에 닿도록 마스트를 전방으로 경사시킨다.
③ 포크를 지면에 내린다.
④ 시동스위치의 키를 빼놓는다.

해설 지게차의 운전석을 떠나는 경우에는 반드시 주차 브레이크를 체결한다.

정답 01 ① 02 ② 03 ③ 04 ② 05 ①

06. 연료 취급에 관한 설명으로 가장 거리가 먼 것은?

① 연료 주입 시 물이나 먼지 등의 불순물이 혼합되지 않도록 주의한다.
② 정기적으로 드레인 콕을 열어 연료탱크 내의 수분을 제거한다.
③ 연료 주입은 운전 중에 하는 것이 효과적이다.
④ 연료를 취급할 때에는 화기에 주의한다.

해설 작업을 마친 후에 연료를 주입하는 것이 좋다.

07. 건설기계 작업 후 연료탱크에 연료를 가득 채워주는 이유가 아닌 것은?

① 연료탱크에 수분이 생기는 것을 방지하기 위함이다.
② 다음의 작업을 준비하기 위함이다.
③ 연료의 기포 방지를 위함이다.
④ 연료의 압력을 높이기 위함이다.

해설 작업 후 연료탱크에 연료를 가득 채워주는 이유는 연료탱크 내의 수분 발생 방지, 다음의 작업 준비, 연료의 기포 방지를 위함이다.

08. 운전자가 연료탱크의 배출 콕을 열었다가 잠그는 작업을 하고 있다면, 무엇을 배출하기 위한 예방 정비 작업인가?

① 엔진오일
② 수분과 오물
③ 공기
④ 유압 오일

해설 연료탱크의 배출 콕(드레인 플러그)을 열었다가 잠그는 것은 수분과 오물을 배출하기 위함이다.

정답 06 ③ 07 ④ 08 ②

지게차
운전기능사

제6편

건설기계관리법 및 도로주행

제1장 건설기계관리법

제2장 교통법규 준수

제3장 안전운전 준수

지게차 운전기능사

제 1 장 건설기계관리법

1-1 건설기계관리법의 목적

건설기계의 등록 · 검사 · 형식승인 및 건설기계사업과 건설기계 조종사 면허 등에 관한 사항을 정하여 건설기계를 효율적으로 관리하고 건설기계의 안전도를 확보하여 건설공사의 기계화를 촉진함을 목적으로 한다.

1-2 건설기계 사업

대여업, 정비업, 매매업, 폐기업 등이 있으며, 건설기계 사업을 영위하고자 하는 자는 시 · 도지사에게 등록하여야 한다.

1-3 건설기계의 신규 등록

(1) 건설기계를 등록할 때 필요한 서류

① 건설기계의 출처를 증명하는 서류(건설기계 제작증, 수입면장, 매수증서)
② 건설기계의 소유자임을 증명하는 서류
③ 건설기계 제원표
④ 자동차손해배상보장법에 따른 보험 또는 공제의 가입을 증명하는 서류

(2) 건설기계 등록신청

건설기계를 취득한 날부터 2월(60일) 이내에 소유자의 주소지 또는 건설기계 사용본거지를 관할하는 시 · 도지사에게 하여야 한다.

1-4 등록사항 변경신고

건설기계 등록사항에 변경이 있을 때(전시 · 사변 기타 이에 준하는 비상사태 및 상속 시의 경우는 제외)에는 등록사항의 변경신고를 변경이 있는 날부터 30일 이내에 하여야 한다.

1-5 건설기계 등록말소 사유

① 거짓이나 그 밖의 부정한 방법으로 등록을 한 경우
② 건설기계가 천재지변 또는 이에 준하는 사고 등으로 사용할 수 없게 되거나 멸실된 경우
③ 건설기계의 차대(車臺)가 등록 시의 차대와 다른 경우
④ 건설기계안전기준에 적합하지 아니하게 된 경우
⑤ 최고(催告)를 받고 지정된 기한까지 정기검사를 받지 아니한 경우
⑥ 건설기계를 수출하는 경우
⑦ 건설기계를 도난당한 경우
⑧ 건설기계를 폐기한 경우
⑨ 건설기계해체재활용업을 등록한 자에게 폐기를 요청한 경우
⑩ 구조적 제작 결함 등으로 건설기계를 제작자 또는 판매자에게 반품한 경우
⑪ 건설기계를 교육 · 연구 목적으로 사용하는 경우
⑫ 대통령령으로 정하는 내구연한을 초과한 건설기계. 다만, 정밀진단을 받아 연장된 경우는 그 연장기간을 초과한 건설기계

1-6 건설기계 조종사 면허

건설기계 조종사 면허를 받으려는 사람은 국가기술자격법에 따른 해당 분야의 기술자격을 취득하고 국 · 공립병원, 시 · 도지사가 지정하는 의료기관의 적성검사에 합격하여야 한다.

(1) 건설기계 조종사 면허의 결격사유

① 18세 미만인 사람

② 건설기계 조종 상의 위험과 장해를 일으킬 수 있는 정신질환자 또는 뇌전증 환자

③ 앞을 보지 못하는 사람, 듣지 못하는 사람

④ 마약, 대마, 향정신성 의약품 또는 알코올 중독자

(2) 자동차 제1종 대형면허로 조종할 수 있는 건설기계

덤프트럭, 아스팔트살포기, 노상안정기, 콘크리트믹서트럭, 콘크리트펌프, 천공기(트럭적재식을 말한다), 특수건설기계 중 국토교통부장관이 지정하는 건설기계이다.

(3) 건설기계 조종사 면허를 반납하여야 하는 사유

① 건설기계 면허가 취소된 때

② 건설기계 면허의 효력이 정지된 때

③ 면허증의 재교부를 받은 후 잃어버린 면허증을 발견한 때

(4) 건설기계 면허 적성검사 기준

① 두 눈을 동시에 뜨고 잰 시력이 0.7 이상일 것(교정시력을 포함)

② 두 눈의 시력이 각각 0.3 이상일 것(교정시력을 포함)

③ 55데시벨(보청기를 사용하는 사람은 40데시벨)의 소리를 들을 수 있고, 언어 분별력이 80% 이상일 것

④ 시각은 150도 이상일 것

⑤ 마약 · 알코올 중독의 사유에 해당되지 아니할 것

⑥ 건설기계조종사는 10년마다(65세 이상인 경우는 5년마다) 주소지를 관할하는 시장 · 군수 또는 구청장이 실시하는 정기적성검사를 받아야 한다.

1-7 등록번호표

(1) 등록번호표에 표시되는 사항

기종, 등록관청, 등록번호, 용도 등이 표시된다.

(2) 등록번호표의 색칠

① **자가용 :** 녹색 판에 흰색 문자

② **영업용** : 주황색 판에 흰색 문자
③ **관용** : 흰색 판에 검은색 문자
④ **임시운행 번호표** : 흰색 페인트 판에 검은색 문자

(3) 건설기계 등록번호

① **자가용** : 1001-4999
② **영업용** : 5001-8999
③ **관용** : 9001-9999

1-8 건설기계 임시운행 사유

① 등록신청을 하기 위하여 건설기계를 등록지로 운행하는 경우
② 신규 등록검사 및 확인검사를 받기 위하여 건설기계를 검사장소로 운행하는 경우
③ 수출을 하기 위하여 건설기계를 선적지로 운행하는 경우
④ 수출을 하기 위하여 등록말소한 건설기계를 점검 · 정비의 목적으로 운행하는 경우
⑤ 신개발 건설기계를 시험 · 연구의 목적으로 운행하는 경우
⑥ 판매 또는 전시를 위하여 건설기계를 일시적으로 운행하는 경우

1-9 건설기계 검사

우리나라에서 건설기계에 대한 정기검사를 실시하는 검사업무 대행기관은 대한건설기계안전관리원이다.

(1) 건설기계 검사의 종류

① **신규등록검사** : 건설기계를 신규로 등록할 때 실시하는 검사이다.
② **정기검사** : 건설공사용 건설기계로서 3년의 범위에서 국토교통부령으로 정하는 검사유효기간이 끝난 후에 계속하여 운행하려는 경우에 실시하는 검사와 대기환경보전법 및 소음 · 진동관리법에 따른 운행차의 정기검사이다.
③ **구조변경 검사** : 건설기계의 주요 구조를 변경 또는 개조한 때 실시하는 검사이다.
④ **수시검사** : 성능이 불량하거나 사고가 자주 발생하는 건설기계의 안전성 등을 점검하기 위하여 수시로 실시하는 검사와 건설기계 소유자의 신청을 받아 실시하는 검사이다.

(2) 정기검사 신청기간 및 검사기간 산정

① 정기검사를 받고자 하는 자는 검사유효기간 만료일 전후 각각 30일 이내에 신청한다.

② 건설기계 정기검사 신청기간 내에 정기검사를 받은 경우 다음 정기검사 유효기간의 산정은 종전 검사유효기간 만료일의 다음 날부터 기산한다.

③ 정기검사 유효기간을 1개월 경과한 후에 정기검사를 받은 경우 다음 정기검사 유효기간 산정 기산일은 검사를 받은 날의 다음 날부터이다.

(3) 정기검사 최고

정기검사를 받지 아니한 건설기계의 소유자에 대하여는 정기검사의 유효기간이 만료된 날부터 3개월 이내에 국토교통부령이 정하는 바에 따라 10일 이내의 기한을 정하여 정기검사를 받을 것을 최고하여야 한다.

(4) 검사소에서 검사를 받아야 하는 건설기계

덤프트럭, 콘크리트믹서트럭, 콘크리트펌프(트럭적재식), 아스팔트살포기, 트럭지게차(국토교통부장관이 정하는 특수건설기계인 트럭지게차를 말한다)

(5) 당해 건설기계가 위치한 장소에서 검사하는(출장검사) 경우

① 도서지역에 있는 경우

② 자체 중량이 40ton을 초과하거나 축중이 10ton을 초과하는 경우

③ 너비가 2.5m를 초과하는 경우

④ 최고속도가 시간당 35km 미만인 경우

(6) 정비명령

정비명령은 검사에 불합격한 해당 건설기계 소유자에게 하며, 정비명령 기간은 6개월 이내이다.

1-10 건설기계의 구조변경을 할 수 없는 경우

① 건설기계의 기종 변경

② 육상작업용 건설기계의 규격을 증가시키기 위한 구조 변경

③ 육상작업용 건설기계의 적재함 용량을 증가시키기 위한 구조 변경

1-11 건설기계 사후 관리

① 건설기계를 판매한 날부터 12개월 동안 무상으로 건설기계의 정비 및 정비에 필요한 부품을 공급하여야 한다.
② 12개월 이내에 건설기계의 주행거리가 20,000km(원동기 및 차동장치의 경우에는 40,000km)를 초과하거나 가동시간이 2,000시간을 초과한 때에는 12개월이 경과한 것으로 본다.

1-12 건설기계 조종사 면허취소 사유

(1) 면허취소 사유

① 거짓이나 그 밖의 부정한 방법으로 건설기계 조종사 면허를 받은 경우
② 건설기계 조종사의 효력정지 기간 중 건설기계를 조종한 경우
③ 건설기계 조종사 면허의 결격사유에 해당하게 된 경우
④ 건설기계의 조종 중 고의 또는 과실로 중대한 사고를 일으킨 경우
(가) 고의로 인명피해(사망 · 중상 · 경상 등)를 입힌 경우
(나) 과실로 3명 이상을 사망하게 한 경우
(다) 과실로 7명 이상에게 중상을 입힌 경우
(라) 과실로 19명 이상에게 경상을 입힌 경우

(2) 면허정지 기간

① 인명피해를 입힌 경우
(가) 사망 1명마다 : 면허효력정지 45일
(나) 중상 1명마다 : 면허효력정지 15일
(다) 경상 1명마다 : 면허효력정지 5일

② 건설기계 조종 중에 고의 또는 과실로 가스공급시설을 손괴하거나 가스공급시설의 기능에 장애를 입혀 가스의 공급을 방해한 경우 : 면허효력정지 180일

1-13 벌칙

(1) 2년 이하의 징역 또는 2천만 원 이하의 벌금

① 등록되지 아니한 건설기계를 사용하거나 운행한 자
② 등록이 말소된 건설기계를 사용하거나 운행한 자
③ 시 · 도지사의 지정을 받지 아니하고 등록번호표를 제작하거나 등록번호를 새긴 자

(2) 1년 이하의 징역 또는 1천만 원 이하의 벌금

① 건설기계조종사면허를 받지 아니하고 건설기계를 조종한 자
② 건설기계조종사면허가 취소되거나 건설기계조종사면허의 효력정지처분을 받은 후에도 건설기계를 계속하여 조종한 자
③ 건설기계를 도로나 타인의 토지에 버려둔 자
④ 구조변경검사 또는 수시검사를 받지 아니한 자
⑤ 정비명령을 이행하지 아니한 자

(3) 100만 원 이하의 벌금

① 등록번호를 지워 없애거나 그 식별을 곤란하게 한 자
② 형식승인, 형식변경승인 또는 확인검사를 받지 아니하고 건설기계의 제작 등을 한 자
③ 사후관리에 관한 명령을 이행하지 아니한 자

1-14 특별표지판 부착대상 건설기계

① 길이가 16.7m 이상인 경우
② 너비가 2.5m 이상인 경우
③ 최소회전반경이 12m 이상인 경우
④ 높이가 4m 이상인 경우
⑤ 총중량이 40톤 이상인 경우
⑥ 축하중이 10톤 이상인 경우

지게차 운전기능사

출제 예상 문제

01. 건설기계관리법의 입법 목적에 해당되지 않는 것은?

① 건설기계의 효율적인 관리를 하기 위함
② 건설기계 안전도 확보를 위함
③ 건설기계의 규제 및 통제를 하기 위함
④ 건설공사의 기계화를 촉진함

해설 **건설기계관리법의 목적** : 건설기계의 등록·검사·형식승인 및 건설기계사업과 건설기계조종사면허 등에 관한 사항을 정하여 건설기계를 효율적으로 관리하고 건설기계의 안전도를 확보하여 건설공사의 기계화를 촉진함을 목적으로 한다.

02. 건설기계관련법상 건설기계의 정의를 가장 올바르게 한 것은?

① 건설공사에 사용할 수 있는 기계로서 대통령령이 정하는 것을 말한다.
② 건설현장에서 운행하는 장비로서 대통령령이 정하는 것을 말한다.
③ 건설공사에 사용할 수 있는 기계로서 국토교통부령이 정하는 것을 말한다.
④ 건설현장에서 운행하는 장비로서 국토교통부령이 정하는 것을 말한다.

해설 건설기계라 함은 건설공사에 사용할 수 있는 기계로서 대통령령으로 정한 것이다.

03. 건설기계관리법에서 정의한 '건설기계형식'으로 가장 옳은 것은?

① 형식 및 규격을 말한다.
② 성능 및 용량을 말한다.
③ 구조·규격 및 성능 등에 관하여 일정하게 정한 것을 말한다.
④ 엔진구조 및 성능을 말한다.

해설 건설기계형식이란 구조·규격 및 성능 등에 관하여 일정하게 정한 것이다.

04. 건설기계를 조종할 때 적용받는 법령에 대한 설명으로 가장 적합한 것은?

① 건설기계관리법 및 자동차관리법의 전체 적용을 받는다.
② 건설기계관리법에 대한 적용만 받는다.
③ 도로교통법에 대한 적용만 받는다.
④ 건설기계관리법 외에 도로상을 운행할 때는 도로교통법 중 일부를 적용 받는다.

해설 건설기계를 조종할 때에는 건설기계관리법 외에 도로상을 운행할 때에는 도로교통법 중 일부를 적용 받는다.

05. 건설기계의 범위에 속하지 않는 것은?

① 공기토출량이 매분당 2.83세제곱미터 이상의 이동식인 공기압축기
② 노상안정장치를 가진 자주식인 노상안정기
③ 정지장치를 가진 자주식인 모터그레이더
④ 전동식 솔리드타이어를 부착한 것 중 도로가 아닌 장소에서만 운행하는 지게차

해설 지게차의 건설기계 범위는 타이어식으로 들어올림 장치를 가진 것. 다만, 전동식으로 솔리

정답 01 ③ 02 ① 03 ③ 04 ④ 05 ④

드타이어를 부착한 것 중 도로(「도로교통법」에 따른 도로)가 아닌 장소에서만 운행하는 것은 제외한다.

06. 건설기계 등록신청에 대한 설명으로 맞는 것은? (단, 전시 · 사변 등 국가비상사태 하의 경우 제외)

① 시 · 군 · 구청장에게 취득한 날로부터 10일 이내 등록신청을 한다.
② 시 · 도지사에게 취득한 날로부터 15일 이내 등록신청을 한다.
③ 시 · 군 · 구청장에게 취득한 날로부터 1개월 이내 등록신청을 한다.
④ 시 · 도지사에게 취득한 날로부터 2개월 이내 등록신청을 한다.

해설 건설기계 등록신청은 취득한 날로부터 2개월 이내 소유자의 주소지 또는 건설기계 사용본거지를 관할하는 시 · 도지사에게 한다.

07. 건설기계 등록신청 시 첨부하지 않아도 되는 서류는?

① 호적등본
② 건설기계 소유자임을 증명하는 서류
③ 건설기계 제작증
④ 건설기계 제원표

해설 건설기계를 등록할 때 필요한 서류
㉠ 건설기계 제작증(국내에서 제작한 건설기계의 경우)
㉡ 수입면장 기타 수입 사실을 증명하는 서류(수입한 건설기계의 경우)
㉢ 매수증서(관청으로부터 매수한 건설기계의 경우)
㉣ 건설기계의 소유자임을 증명하는 서류
㉤ 건설기계 제원표
㉥ 자동차손해배상보장법에 따른 보험 또는 공제의 가입을 증명하는 서류

08. 국내에서 제작된 건설기계를 등록할 때 필요한 서류에 해당하지 않는 것은?

① 건설기계 제작증
② 수입면장
③ 건설기계 제원표
④ 매수증서(관청으로부터 매수한 건설기계만)

해설 수입면장은 수입한 건설기계를 등록할 때 필요하다.

09. 시 · 도지사로부터 등록번호표 제작통지 등에 관한 통지서를 받은 건설기계소유자는 받은 날로부터 며칠 이내에 등록번호표 제작자에게 제작신청을 하여야 하는가?

① 3일 ② 10일
③ 20일 ④ 30일

해설 시 · 도지사로부터 통지서 또는 명령서를 받은 건설기계소유자는 그 받은 날부터 3일 이내에 등록번호표 제작자에게 그 통지서 또는 명령서를 제출하고 등록번호표 제작 등을 신청하여야 한다.

10. 건설기계 등록 · 검사증이 헐어서 못쓰게 된 경우 어떻게 하여야 되는가?

① 신규등록신청
② 등록말소신청
③ 정기검사신청
④ 재교부 신청

해설 등록 · 검사증이 헐어서 못쓰게 된 경우에는 재교부 신청을 하여야 한다.

11. 건설기계 등록사항 변경이 있을 때, 소유자는 건설기계 등록사항 변경신고서를

정답 06 ④ 07 ① 08 ② 09 ① 10 ④ 11 ④

누구에게 제출하여야 하는가?

① 관할검사소장
② 고용노동부장관
③ 행정안전부장관
④ 시 · 도지사

해설 건설기계의 소유자는 건설기계 등록사항에 변경이 있는 때에는 그 변경이 있은 날부터 30일 이내에 등록을 한 시 · 도지사에게 제출하여야 한다.

12. 건설기계 등록사항의 변경신고는 변경이 있는 날로부터 며칠 이내에 하여야 하는가? (단, 국가비상사태일 경우를 제외한다.)

① 20일 이내　② 30일 이내
③ 15일 이내　④ 10일 이내

13. 건설기계 등록사항의 변경 또는 등록이전신고 대상이 아닌 것은?

① 소유자 변경
② 소유자의 주소지 변경
③ 건설기계 소재지 변동
④ 건설기계의 사용본거지 변경

해설 등록사항의 변경 또는 등록이전신고 대상 : 소유자 변경, 소유자의 주소지 변경, 건설기계의 사용본거지 변경

14. 건설기계에서 등록의 경정은 어느 때 하는가?

① 등록을 행한 후에 그 등록에 관하여 착오 또는 누락이 있음을 발견한 때
② 등록을 행한 후에 소유권이 이전되었을 때
③ 등록을 행한 후에 등록지가 이전되었을 때
④ 등록을 행한 후에 소재지가 변동되었을 때

해설 등록의 경정은 등록을 행한 후에 그 등록에 관하여 착오 또는 누락이 있음을 발견한 때 한다.

15. 건설기계 등록말소 사유에 해당되지 않는 것은?

① 건설기계를 폐기한 경우
② 건설기계의 차대가 등록 시의 차대와 다른 경우
③ 정비 또는 개조를 목적으로 해체된 경우
④ 건설기계가 멸실된 경우

16. 건설기계 등록말소 신청서의 첨부서류가 아닌 것은?

① 건설기계 등록증
② 건설기계 검사증
③ 건설기계 운행증
④ 등록말소 사유를 확인할 수 있는 서류

해설 등록말소 신청을 할 때의 구비서류
㉠ 건설기계 등록증
㉡ 건설기계 검사증
㉢ 멸실 · 도난 · 수출 · 폐기 · 폐기요청 · 반품 및 교육 · 연구목적 사용 등 등록말소 사유를 확인할 수 있는 서류

17. 건설기계 소유자는 건설기계를 도난당한 날로 부터 얼마 이내에 등록말소를 신청하여야 하는가?

① 30일 이내
② 2개월 이내
③ 3개월 이내
④ 6개월 이내

해설 건설기계를 도난당한 경우에는 도난당한 날부터 2개월 이내에 등록말소를 신청하여야 한다.

정답 12 ② 13 ③ 14 ① 15 ③ 16 ③ 17 ②

18. 건설기계를 도난당한 때 등록말소 사유 확인서로 적당한 것은?

① 수출신용장
② 경찰서장이 발행한 도난신고 접수 확인원
③ 주민등록등본
④ 봉인 및 번호판

19. 시 · 도지사는 건설기계 등록원부를 건설기계의 등록을 말소한 날부터 몇 년간 보존하여야 하는가?

① 1년 ② 3년
③ 5년 ④ 10년

해설 건설기계 등록원부는 건설기계의 등록을 말소한 날부터 10년간 보존하여야 한다.

20. 건설기계 등록번호표에 표시되지 않는 것은?

① 기종 ② 등록번호
③ 연식 ④ 등록관청

해설 건설기계 등록번호표에는 기종, 등록관청, 등록번호, 용도 등이 표시된다.

21. 건설기계 등록번호표에 대한 설명으로 틀린 것은?

① 모든 번호표의 규격은 동일하다.
② 재질은 철판 또는 알루미늄 판이 사용된다.
③ 굴착기일 경우 기종별 기호 표시는 02로 한다.
④ 번호표에 표시되는 문자 및 외곽선은 1.5mm 튀어나와야 한다.

해설 **건설기계 등록번호표**
㉠ 덤프트럭, 콘크리트믹서트럭, 콘크리트펌프, 타워크레인의 번호표 규격은 가로 600mm, 세로 280mm이고, 그 밖의 건설기계 번호표 규격은 가로 400mm, 세로 220mm이다.
㉡ 덤프트럭, 아스팔트살포기, 노상안정기, 콘크리트믹서트럭, 콘크리트펌프, 천공기(트럭적재식)의 번호표 재질은 알루미늄이다.

22. 건설기계 등록번호표의 색칠 기준으로 틀린 것은?

① 자가용 : 녹색 판에 흰색 문자
② 영업용 : 주황색 판에 흰색 문자
③ 관용 : 흰색 판에 검은색 문자
④ 수입용 : 적색 판에 흰색 문자

해설 **등록번호표의 색칠 기준**
㉠ 자가용 건설기계 : 녹색 판에 흰색 문자
㉡ 영업용 건설기계 : 주황색 판에 흰색 문자
㉢ 관용 건설기계 : 흰색 판에 검은색 문자
㉣ 임시운행 번호표 : 흰색 페인트 판에 검은색 문자

23. 건설기계 등록번호표 중 영업용에 해당하는 것은?

① 5001~8999 ② 6001~8999
③ 9001~9999 ④ 1001~4999

해설 자가용 : 1001~4999
영업용 : 5001~8999
관용 : 9001~9999

24. 건설기계 기종별 기호 표시로 틀린 것은?

① 03 : 로더
② 06 : 덤프트럭
③ 08 : 모터그레이더
④ 09 : 기중기

해설 07 : 기중기, 09 : 롤러

정답 18 ② 19 ④ 20 ③ 21 ① 22 ④ 23 ① 24 ④

25. 다음 중 영업용 지게차를 나타내는 등록번호표는?

① 서울 04-6091
② 인천 04-9589
③ 세종 07-2536
④ 부산 07-5895

26. 건설기계 등록번호표의 봉인이 떨어졌을 경우에 조치방법으로 올바른 것은?

① 운전자가 즉시 수리한다.
② 관할 시 · 도지사에게 봉인을 신청한다.
③ 관할 검사소에 봉인을 신청한다.
④ 가까운 카센터에서 신속하게 봉인한다.

해설 봉인이 떨어졌을 경우에는 관할 시 · 도지사에게 봉인을 신청한다.

27. 건설기계등록을 말소한 때에는 등록번호표를 며칠 이내에 시 · 도지사에게 반납하여야 하는가?

① 10일 ② 15일
③ 20일 ④ 30일

해설 건설기계 등록번호표는 10일 이내에 시 · 도지사에게 반납하여야 한다.

28. 다음 중 우리나라에서 건설기계에 대한 정기검사를 실시하는 검사업무 대행기관은?

① 대한건설기계안전관리원
② 자동차정비업협회
③ 건설기계정비업협회
④ 건설기계협회

해설 우리나라에서 건설기계에 대한 정기검사를 실시하는 검사업무 대행기관은 대한건설기계안전관리원이다.

29. 건설기계관리법령상 건설기계 검사의 종류가 아닌 것은?

① 구조변경검사 ② 임시검사
③ 수시검사 ④ 신규등록검사

해설 **건설기계 검사의 종류** : 신규등록검사, 정기검사, 구조변경검사, 수시검사

30. 건설기계관리법령상 건설기계를 검사유효기간이 끝난 후에 계속 운행하고자 할 때는 어느 검사를 받아야 하는가?

① 계속검사 ② 신규등록검사
③ 수시검사 ④ 정기검사

해설 **정기검사** : 건설공사용 건설기계로서 3년의 범위에서 국토교통부령으로 정하는 검사유효기간이 끝난 후에 계속하여 운행하려는 경우에 실시하는 검사와 대기환경보전법 및 소음 · 진동관리법에 따른 운행차의 정기검사

31. 성능이 불량하거나 사고가 자주 발생하는 건설기계의 안전성 등을 점검하기 위하여 실시하는 검사와 건설기계 소유자의 신청을 받아 실시하는 검사는?

① 예비검사 ② 구조변경검사
③ 수시검사 ④ 정기검사

해설 **수시검사** : 성능이 불량하거나 사고가 자주 발생하는 건설기계의 안전성 등을 점검하기 위하여 수시로 실시하는 검사와 건설기계 소유자의 신청을 받아 실시하는 검사

32. 건설기계의 수시검사 대상이 아닌 것은?

① 소유자가 수시검사를 신청한 건설기계
② 사고가 자주 발생하는 건설기계
③ 성능이 불량한 건설기계
④ 구조를 변경한 건설기계

정답 25 ① 26 ② 27 ① 28 ① 29 ② 30 ④ 31 ③ 32 ④

33. 정기검사 대상 건설기계의 정기검사 신청기간으로 옳은 것은?

① 건설기계의 정기검사 유효기간 만료일 전후 45일 이내에 신청한다.
② 건설기계의 정기검사 유효기간 만료일 전 90일 이내에 신청한다.
③ 건설기계의 정기검사 유효기간 만료일 전후 각각 30일 이내에 신청한다.
④ 건설기계의 정기검사 유효기간 만료일 후 60일 이내에 신청한다.

해설 정기검사 대상 건설기계의 정기검사 신청기간은 건설기계의 정기검사 유효기간 만료일 전후 각각 30일 이내에 신청한다.

34. 정기검사 신청을 받은 검사대행자는 며칠 이내에 검사일시 및 장소를 신청인에게 통지하여야 하는가?

① 3일 ② 20일 ③ 15일 ④ 5일

해설 정기검사 신청을 받은 검사대행자는 5일 이내에 검사일시 및 장소를 신청인에게 통지하여야 한다.

35. 시 · 도지사는 정기검사를 받지 아니한 건설기계의 소유자에게 유효기간이 끝난 날부터 (㉮) 이내에 국토교통부령으로 정하는 바에 따라 (㉯) 이내의 기한을 정하여 정기검사를 받을 것을 최고하여야 한다. (㉮), (㉯) 안에 들어갈 알맞은 것은?

① ㉮ 1개월, ㉯ 3일
② ㉮ 3개월, ㉯ 10일
③ ㉮ 6개월, ㉯ 30일
④ ㉮ 12개월, ㉯ 60일

해설 시 · 도지사는 정기검사를 받지 아니한 건설기계의 소유자에게 유효기간이 끝난 날부터 3개월 이내에 국토교통부령으로 정하는 바에 따라 10일 이내의 기한을 정하여 정기검사를 받을 것을 최고하여야 한다.

36. 건설기계 정기검사 신청기간 내에 정기검사를 받은 경우, 다음 정기검사의 유효기간 시작 일을 바르게 설명한 것은?

① 유효기간에 관계없이 검사를 받은 다음 날부터
② 유효기간 내에 검사를 받은 것은 종전 검사유효기간 만료일부터
③ 유효기간에 관계없이 검사를 받은 날부터
④ 유효기간 내에 검사를 받은 것은 종전 검사유효기간 만료일 다음 날부터

해설 건설기계의 정기검사 신청기간 내에 정기검사를 받은 경우 다음 정기검사 유효기간의 산정은 종전 검사유효기간 만료일의 다음 날부터 기산한다.

37. 정기검사 유효기간을 1개월 경과한 후에 정기검사를 받은 경우 다음 정기검사 유효기간 산정 기산일은?

① 검사를 받은 날의 다음 날부터
② 검사를 신청한 날부터
③ 종전검사 유효기간 만료일의 다음 날부터
④ 종전검사 신청기간 만료일의 다음 날부터

해설 정기검사 유효기간을 1개월 경과한 후에 정기검사를 받은 경우 다음 정기검사 유효기간 산정 기산일은 검사를 받은 날의 다음 날부터이다.

38. 지게차의 정기검사 유효기간으로 옳은 것은?

① 1년 ② 2년 ③ 3년 ④ 4년

정답 33 ③ 34 ④ 35 ② 36 ④ 37 ① 38 ②

해설 지게차의 정기검사 유효기간은 2년이다.

39. 건설기계관리법령상 건설기계의 정기검사 유효기간이 잘못된 것은?

① 덤프트럭 : 1년
② 타워크레인 : 6개월
③ 아스팔트살포기 : 1년
④ 지게차 1톤 이상 : 3년

해설 지게차(1톤 이상)의 정기검사 유효기간은 2년이다.

40. 건설기계관리법령상 정기검사 유효기간이 3년인 건설기계는?

① 덤프트럭
② 콘크리트믹서트럭
③ 트럭적재식 콘크리트펌프
④ 무한궤도식 굴착기

해설 무한궤도식 굴착기의 정기검사 유효기간은 3년이다.

41. 건설기계의 정기검사 유효기간이 1년이 되는 것은 신규등록일로 부터 몇 년 이상 경과되었을 때인가?

① 5년 ② 10년 ③ 15년 ④ 20년

해설 건설기계의 정기검사 유효기간이 1년이 되는 것은 신규등록일로 부터 20년 이상 경과되었을 때이다.

42. 건설기계 정기검사 연기 사유가 아닌 것은?

① 건설기계를 도난당했을 때
② 건설기계를 건설현장에 투입했을 때
③ 건설기계의 사고가 발생했을 때
④ 1월 이상에 걸친 정비를 하고 있을 때

해설 **정기검사 연기 사유** : 천재지변, 건설기계의 도난, 사고 발생, 압류, 1월 이상에 걸친 정비

43. 건설기계의 검사연기신청을 하였으나 불허통지를 받은 자는 언제까지 검사를 신청하여야 하는가?

① 불허통지를 받은 날부터 5일 이내
② 불허통지를 받은 날부터 10일 이내
③ 검사신청기간 만료일부터 5일 이내
④ 검사신청기간 만료일부터 10일 이내

해설 검사연기신청을 하였으나 불허통지를 받은 자는 검사신청기간 만료일로부터 10일 이내 검사를 신청하여야 한다.

44. 건설기계의 출장검사가 허용되는 경우가 아닌 것은?

① 도서지역에 있는 건설기계
② 너비가 2.0미터를 초과하는 건설기계
③ 자체중량이 40톤을 초과하거나 축중이 10톤을 초과하는 건설기계
④ 최고속도가 시간당 35킬로미터 미만인 건설기계

해설 **출장검사를 받을 수 있는 경우**
㉠ 도서지역에 있는 경우
㉡ 자체중량이 40ton 이상 또는 축중이 10ton 이상인 경우
㉢ 너비가 2.5m 이상인 경우
㉣ 최고속도가 시간당 35km 미만인 경우

45. 검사소 이외의 장소에서 출장검사를 받을 수 있는 건설기계에 해당하는 것은?

① 덤프트럭
② 콘크리트믹서트럭
③ 아스팔트살포기
④ 지게차

정답 39 ④ 40 ④ 41 ④ 42 ② 43 ④ 44 ② 45 ④

해설 건설기계검사소에서 검사를 받아야 하는 건설기계 : 덤프트럭, 콘크리트믹서트럭, 트럭적재식 콘크리트펌프, 아스팔트살포기

46. 건설기계 정기검사를 연기하는 경우 그 연장기간은 몇 월 이내로 하여야 하는가?

① 1월 ② 2월 ③ 3월 ④ 6월

해설 정기검사를 연기하는 경우 그 연장기간은 6월 이내로 한다.

47. 건설기계의 검사를 연장 받을 수 있는 기간을 잘못 설명한 것은?

① 해외 임대를 위하여 일시 반출된 경우 : 반출기간 이내
② 압류된 건설기계의 경우 : 압류기간 이내
③ 건설기계 대여업을 휴지한 경우 : 사업의 개시신고를 하는 때까지
④ 장기간 수리가 필요한 경우 : 소유자가 원하는 기간

48. 건설기계의 제동장치에 대한 정기검사를 면제받고자 하는 경우 첨부하여야 하는 서류는?

① 건설기계매매업 신고서
② 건설기계대여업 신고서
③ 건설기계제동장치정비 확인서
④ 건설기계폐기업 신고서

49. 건설기계의 제동장치에 대한 정기검사를 면제받기 위한 건설기계제동장치정비 확인서를 발행받을 수 있는 곳은?

① 건설기계 대여회사
② 건설기계 정비업자
③ 건설기계 부품업자
④ 건설기계 매매업자

50. 건설기계관리법령상 건설기계의 구조변경검사 신청은 주요 구조를 변경 또는 개조한 날부터 며칠 이내에 하여야 하는가?

① 5일 이내 ② 15일 이내
③ 20일 이내 ④ 30일 이내

해설 구조변경검사는 주요 구조를 변경 또는 개조한 날부터 20일 이내에 신청하여야 한다.

51. 건설기계의 구조변경검사신청서에 첨부할 서류가 아닌 것은?

① 변경 전 · 후의 건설기계 외관도
② 변경 전 · 후의 주요제원 대비표
③ 변경한 부분의 도면
④ 변경한 부분의 사진

해설 구조변경검사신청서에 첨부할 서류
㉠ 변경 전 · 후의 주요제원 대비표
㉡ 변경 전 · 후 건설기계의 외관도(외관의 변경이 있는 경우에 한한다.)
㉢ 변경한 부분의 도면
㉣ 선박안전기술공단 또는 선급법인이 발행한 안전도검사증명서(수상 작업용 건설기계에 한한다.)
㉤ 건설기계를 제작하거나 조립하는 자 또는 건설기계정비업자의 등록을 한 자가 발행하는 구조변경사실을 증명하는 서류

52. 건설기계의 정비명령은 누구에게 하여야 하는가?

① 해당 건설기계 운전자
② 해당 건설기계 검사업자
③ 해당 건설기계 정비업자

정답 46 ④ 47 ④ 48 ③ 49 ② 50 ③ 51 ④ 52 ④

④ 해당 건설기계 소유자

해설 정비명령은 검사에 불합격한 해당 건설기계 소유자에게 한다.

53. 정기검사에 불합격한 건설기계의 정비명령 기간으로 옳은 것은?

① 3개월 이내 ② 4개월 이내
③ 5개월 이내 ④ 6개월 이내

해설 정비명령 기간은 6개월 이내이다.

54. 건설기계조종사면허에 관한 사항으로 틀린 것은?

① 자동차운전면허로 운전할 수 있는 건설기계도 있다.
② 면허를 받고자 하는 자는 국·공립병원, 시·도지사가 지정하는 의료기관의 적성검사에 합격하여야 한다.
③ 특수건설기계 조종은 국토교통부장관이 지정하는 면허를 소지하여야 한다.
④ 특수건설기계 조종은 특수조종면허를 받아야 한다.

55. 건설기계조종사에 관한 설명 중 틀린 것은?

① 면허의 효력이 정지된 때에는 건설기계조종사면허증을 반납하여야 한다.
② 해당 건설기계운전 국가기술자격소지자가 건설기계조종사면허를 받지 않고 건설기계를 조종한 때에는 무면허이다.
③ 건설기계조종사의 면허가 취소된 경우에는 그 사유가 발생한 날부터 30일 이내에 주소지를 관할하는 시·도지사에게 그 면허증을 반납하여야 한다.
④ 건설기계조종사가 건설기계조종사면허의 효력정지 기간 중 건설기계를 조종한 경우, 시장·군수 또는 구청장은 건설기계조종사면허를 취소하여야 한다.

해설 건설기계조종사의 면허가 취소된 경우에는 그 사유가 발생한 날부터 10일 이내에 주소지를 관할하는 시·도지사에게 그 면허증을 반납하여야 한다.

56. 건설기계조종사면허에 대한 설명 중 틀린 것은?

① 건설기계를 조종하려는 사람은 시·도지사에게 건설기계조종사면허를 받아야 한다.
② 건설기계조종사면허는 국토교통부령으로 정하는 바에 따라 건설기계의 종류별로 받아야 한다.
③ 건설기계조종사면허를 받으려는 사람은 국가기술자격법에 따른 해당 분야의 기술자격을 취득하고 적성검사에 합격하여야 한다.
④ 건설기계조종사면허증의 발급, 적성검사의 기준, 그 밖에 건설기계조종사면허에 필요한 사항은 대통령령으로 정한다.

해설 건설기계조종사면허증의 발급, 적성검사의 기준, 그 밖에 건설기계조종사면허에 필요한 사항은 국토교통부령으로 정한다.

57. 건설기계조종사의 면허 적성검사기준으로 틀린 것은?

① 두 눈의 시력이 각각 0.3 이상
② 두 눈을 동시에 뜨고 측정한 시력이 0.7 이상
③ 시각은 150도 이상
④ 청력은 10데시벨의 소리를 들을 수 있을 것

정답 53 ④ 54 ④ 55 ③ 56 ④ 57 ④

해설 **건설기계조종사의 면허 적성검사기준**

㉠ 두 눈을 동시에 뜨고 잰 시력이 0.7 이상이고, 두 눈의 시력이 각각 0.3 이상일 것(교정시력을 포함)
㉡ 55데시벨(보청기를 사용하는 사람은 40데시벨)의 소리를 들을 수 있을 것
㉢ 언어분별력이 80퍼센트 이상일 것
㉣ 시각은 150도 이상일 것

58. 건설기계조종사는 몇 년마다 주소지를 관할하는 시장 · 군수 또는 구청장이 실시하는 정기적성검사를 받아야 하는가? (단, 65세 이상인 경우는 제외)

① 3년 ② 5년
③ 7년 ④ 10년

해설 건설기계조종사는 10년마다(65세 이상인 경우는 5년마다) 주소지를 관할하는 시장 · 군수 또는 구청장이 실시하는 정기적성검사를 받아야 한다.

59. 건설기계조종사의 적성검사에 대한 설명으로 옳은 것은?

① 적성검사는 60세까지만 실시한다.
② 적성검사는 수시 실시한다.
③ 적성검사는 2년마다 실시한다.
④ 적성검사에 합격하여야 면허 취득이 가능하다.

해설 건설기계조종사면허를 받으려는 사람은 「국가기술자격법」에 따른 해당 분야의 기술자격을 취득하고 적성검사에 합격하여야 한다.

60. 건설기계조종사 면허증 발급신청 시 첨부하는 서류와 거리가 먼 것은?

① 신체검사서
② 국가기술자격수첩
③ 주민등록 등본
④ 소형건설기계조종교육 이수증

해설 **면허증 발급신청을 할 때 첨부하는 서류**

㉠ 신체검사서
㉡ 소형건설기계조종교육 이수증
㉢ 건설기계조종사면허증(건설기계조종사면허를 받은 자가 면허의 종류를 추가하고자 하는 때에 한한다.)
㉣ 6개월 이내에 촬영한 탈모상반신 사진 2매
㉤ 국가기술자격수첩
㉥ 자동차운전면허 정보(3톤 미만의 지게차를 조종하려는 경우에 한정한다.)

61. 도로교통법에 의한 제1종 대형자동차 면허로 조종할 수 없는 건설기계는?

① 콘크리트펌프
② 노상안정기
③ 아스팔트살포기
④ 타이어식 기중기

해설 **제1종 대형운전면허로 조종할 수 있는 건설기계** : 덤프트럭, 아스팔트살포기, 노상안정기, 콘크리트믹서트럭, 콘크리트펌프, 트럭적재식 천공기

62. 건설기계관리법상 소형건설기계에 포함되지 않는 것은?

① 3톤 미만의 굴착기
② 5톤 미만의 불도저
③ 5톤 이상의 기중기
④ 공기압축기

해설 **소형건설기계의 종류** : 3톤 미만의 굴착기, 3톤 미만의 로더, 3톤 미만의 지게차, 5톤 미만의 로더, 5톤 미만의 불도저, 콘크리트펌프(이동식으로 한정), 5톤 미만의 천공기(트럭적재식은 제외), 공기압축기, 쇄석기 및 준설선, 3톤 미만의 타워크레인

정답 58 ④ 59 ④ 60 ③ 61 ④ 62 ③

63. 건설기계관리법상 건설기계조종사는 성명 · 주민등록번호 및 국적의 변경이 있는 경우, 그 사실이 발생한 날부터 며칠 이내에 기재사항변경신고서를 제출하여야 하는가?

① 15일
② 20일
③ 25일
④ 30일

해설 건설기계조종사는 성명, 주민등록번호 및 국적의 변경이 있는 경우에는 그 사실이 발생한 날부터 30일 이내 주소지를 관할하는 시 · 도지사에게 제출하여야 한다.

64. 건설기계조종사의 신고의무 내용이 아닌 것은?

① 주민등록번호가 변경된 경우
② 성명이 변경된 경우
③ 국적이 변경된 경우
④ 동일 시 · 도 안에서 주소지가 변경된 경우

65. 건설기계조종사 면허증의 반납사유에 해당하지 않는 것은?

① 면허가 취소된 때
② 면허의 효력이 정지된 때
③ 건설기계조종을 하지 않을 때
④ 면허증의 재교부를 받은 후 잃어버린 면허증을 발견한 때

해설 면허증의 반납사유
㉠ 면허가 취소된 때
㉡ 면허의 효력이 정지된 때
㉢ 면허증의 재교부를 받은 후 잃어버린 면허증을 발견한 때

66. 건설기계조종사 면허가 취소되었을 경우 그 사유가 발생한 날부터 며칠 이내에 면허증을 반납하여야 하는가?

① 7일 이내
② 10일 이내
③ 14일 이내
④ 30일 이내

해설 건설기계조종사 면허가 취소되었을 경우 그 사유가 발생한 날로부터 10일 이내에 면허증을 반납해야 한다.

67. 건설기계관리법상의 건설기계사업에 해당하지 않는 것은?

① 건설기계매매업
② 건설기계폐기업
③ 건설기계정비업
④ 건설기계제작업

해설 건설기계 사업의 종류에는 매매업, 대여업, 폐기업, 정비업이 있다.

68. 건설기계매매업의 등록을 하고자 하는 자의 구비서류로 맞는 것은?

① 건설기계매매업 등록필증
② 건설기계보험증서
③ 건설기계등록증
④ 5천만 원 이상의 하자보증금예치증서 또는 보증보험증서

해설 매매업의 등록을 하고자 하는 자의 구비서류
㉠ 사무실의 소유권 또는 사용권이 있음을 증명하는 서류
㉡ 주기장소재지를 관할하는 시장 · 군수 · 구청장이 발급한 주기장시설보유 확인서
㉢ 5천만 원 이상의 하자보증금예치증서 또는 보증보험증서

정답 63 ④ 64 ④ 65 ③ 66 ② 67 ④ 68 ④

69. 건설기계관리법령상 다음 설명에 해당하는 건설기계사업은?

건설기계를 분해 · 조립 또는 수리하고 그 부분품을 가공제작 · 교체하는 등 건설기계를 원활하게 사용하기 위한 모든 행위를 업으로 하는 것

① 건설기계정비업 ② 건설기계제작업
③ 건설기계매매업 ④ 건설기계폐기업

70. 건설기계관리법령상 건설기계정비업의 등록 구분으로 옳은 것은?

① 종합건설기계정비업, 부분건설기계정비업, 전문건설기계정비업
② 종합건설기계정비업, 단종건설기계정비업, 전문건설기계정비업
③ 부분건설기계정비업, 전문건설기계정비업, 개별건설기계정비업
④ 종합건설기계정비업, 특수건설기계정비업, 전문건설기계정비업

해설 건설기계정비업의 구분에는 종합건설기계정비업, 부분건설기계정비업, 전문건설기계정비업 등이 있다.

71. 건설기계관리법령상 건설기계정비업의 범위에서 제외되는 행위로 틀린 것은?

① 창유리 또는 배터리 교환
② 트랙의 장력 조정
③ 엔진 흡 · 배기 밸브의 간극 조정
④ 에어클리너 엘리먼트 및 필터류의 교환

72. 부분건설기계정비업의 사업범위로 옳은 것은?

① 프레임 조정, 롤러, 링크, 트랙 슈의 재생을 제외한 차체 부분의 정비
② 원동기부의 완전분해 정비
③ 차체부의 완전분해 정비
④ 실린더 헤드의 탈착 정비

73. 건설기계소유자가 정비업소에 건설기계정비를 의뢰한 후 정비업자로부터 정비완료 통보를 받고 며칠 이내에 찾아가지 않을 때 보관 · 관리 비용을 지불하는가?

① 5일 ② 10일 ③ 15일 ④ 20일

해설 건설기계소유자가 정비업소에 건설기계정비를 의뢰한 후 정비업자로부터 정비완료 통보를 받고 5일 이내에 찾아가지 않을 때 보관 · 관리 비용을 지불하여야 한다.

74. 건설기계관리법상 건설기계사업자의 의무 중 틀린 것은?

① 건설기계대여업자는 건설기계를 대여하는 경우 자가용 또는 미등록 건설기계를 대여하여서는 안 된다.
② 건설기계정비업자는 정비의뢰자의 요구 또는 동의 없이 임의로 건설기계를 정비하여서는 안 된다.
③ 건설기계대여업자는 건설기계 조종사를 포함하여 대여하는 경우 조종사는 반드시 해당 건설기계 조종사 면허를 취득한 사람이어야 한다.
④ 건설기계정비업자는 정비에 필요한 신부품, 중고품 또는 재생품 중 적절한 부품을 임의로 선택하여 정비할 수 있다. 다만, 정비의뢰인에게 부품교체 후 사후 통보는 반드시 이행하여야 한다.

해설 건설기계정비업자는 정비에 필요한 신부품 또

정답 69 ① 70 ① 71 ③ 72 ① 73 ① 74 ④

는 재생품 등을 건설기계의 정비를 의뢰한 자가 선택할 수 있도록 알려야 하며, 중고품 또는 재생품을 사용하여 정비하는 경우에는 그 이상 여부를 확인하여야 한다. 다만, 정비를 의뢰한 자가 정비에 필요한 중고품 또는 재생품을 직접 제공하는 경우에는 그러하지 아니하다.

75. **건설기계대여업을 하고자 하는 자는 누구에게 등록을 하여야 하는가?**

① 고용노동부장관
② 행정안전부장관
③ 국토교통부장관
④ 시 · 도지사

해설 건설기계사업을 영위하고자 하는 자는 시 · 도지사에게 등록하여야 한다.

76. **건설기계대여업 등록신청서에 첨부하여야 할 서류가 아닌 것은?**

① 건설기계 소유사실을 증명하는 서류
② 사무실의 소유권 또는 사용권이 있음을 증명하는 서류
③ 주민등록 등본
④ 주기장 소재지를 관할하는 시장 · 군수 · 구청장이 발급한 주기장시설보유확인서

해설 건설기계대여업 등록신청서에 첨부하여야 할 서류
㉠ 건설기계 소유사실을 증명하는 서류
㉡ 사무실의 소유권 또는 사용권이 있음을 증명하는 서류
㉢ 주기장소재지를 관할하는 시장 · 군수 · 구청장이 발급한 주기장시설보유확인서
㉣ 계약서 사본

77. **건설기계 폐기 인수증명서는 누가 교부하는가?**

① 시 · 도지사
② 국토교통부장관
③ 시장 · 군수
④ 건설기계폐기업자

해설 건설기계 폐기 인수증명서는 건설기계폐기업자가 교부한다.

78. **신개발 건설기계의 시험 · 연구 목적 운행을 제외한 건설기계의 임시운행 기간은 며칠 이내인가?**

① 5일 ② 10일 ③ 15일 ④ 20일

해설 신개발 건설기계의 시험 · 연구 목적 운행을 제외한 건설기계의 임시운행 기간은 15일 이내이다.

79. **건설기계의 등록 전에 임시운행 사유에 해당되지 않는 것은?**

① 건설기계 구입 전 이상 유무를 확인하기 위해 1일간 예비운행을 하는 경우
② 등록신청을 하기 위하여 건설기계를 등록지로 운행하는 경우
③ 수출을 하기 위하여 건설기계를 선적지로 운행하는 경우
④ 신개발 건설기계를 시험 · 연구의 목적으로 운행하는 경우

80. **건설기계관리법상 건설기계의 구조를 변경할 수 있는 범위에 해당되는 것은?**

① 육상작업용 건설기계의 규격을 증가시키기 위한 구조 변경
② 육상작업용 건설기계의 적재함 용량을 증가시키기 위한 구조 변경
③ 원동기의 형식 변경
④ 건설기계의 기종 변경

정답 75 ④ 76 ③ 77 ④ 78 ③ 79 ① 80 ③

해설 건설기계의 구조 변경을 할 수 없는 경우
㉠ 건설기계의 기종 변경
㉡ 육상작업용 건설기계의 규격을 증가시키기 위한 구조 변경
㉢ 육상작업용 건설기계의 적재함 용량을 증가시키기 위한 구조 변경

81. 건설기계의 조종 중에 과실로 사망 1명의 인명피해를 입힌 때 조종사면허 처분기준은?

① 면허취소
② 면허효력정지 60일
③ 면허효력정지 45일
④ 면허효력정지 30일

해설 인명피해에 따른 면허정지 기간
㉠ 사망 1명마다 : 면허효력정지 45일
㉡ 중상 1명마다 : 면허효력정지 15일
㉢ 경상 1명마다 : 면허효력정지 5일

82. 건설기계관리법상 건설기계 운전자의 과실로 경상 6명의 인명피해를 입혔을 때 처분기준은?

① 면허효력정지 10일
② 면허효력정지 20일
③ 면허효력정지 30일
④ 면허효력정지 60일

해설 경상 1명마다 면허효력정지 5일이므로
6명×5일=30일

83. 건설기계의 조종 중에 고의 또는 과실로 가스공급시설을 손괴할 경우 조종사 면허의 처분기준은?

① 면허효력정지 10일
② 면허효력정지 15일
③ 면허효력정지 25일
④ 면허효력정지 180일

해설 건설기계를 조종 중에 고의 또는 과실로 가스공급시설을 손괴한 경우 면허효력정지 180일이다.

84. 건설기계 관리법에서 건설기계 조종사 면허의 취소 처분기준이 아닌 것은?

① 건설기계 조종 중 고의로 1명에게 경상을 입힌 때
② 건설기계 조종 중 고의 또는 과실로 가스 공급 시설의 기능에 장애를 입혀 가스 공급을 방해한 자
③ 거짓 그 밖의 부정한 방법으로 건설기계 조종사 면허를 받은 때
④ 건설기계 조종사 면허의 효력정지 기간 중 건설기계를 조종한 때

85. 건설기계 운전자가 조종 중 고의로 인명피해를 입히는 사고를 일으켰을 때 면허의 처분기준은?

① 면허취소
② 면허효력정지 30일
③ 면허효력정지 20일
④ 면허효력정지 10일

86. 건설기계조종사 면허정지처분기간 중 건설기계를 조종한 경우의 정지처분 내용은?

① 면허취소
② 면허효력정지 60일
③ 면허효력정지 30일
④ 면허효력정지 20일

정답 81 ③ 82 ③ 83 ④ 84 ② 85 ① 86 ①

87. 건설기계조종사 면허의 취소 · 정지처분 기준 중 "경상"의 인명피해를 구분하는 판단 기준으로 가장 옳은 것은?

① 경상 : 1주 미만의 가료를 요하는 진단이 있을 때
② 경상 : 2주 이하의 가료를 요하는 진단이 있을 때
③ 경상 : 3주 미만의 가료를 요하는 진단이 있을 때
④ 경상 : 4주 이하의 가료를 요하는 진단이 있을 때

해설 경상은 3주 미만의 가료를 요하는 진단이 있을 때이다.

88. 건설기계관리법상 2년 이하의 징역 또는 2천만 원 이하의 벌금 처분에 해당되는 사항으로 거리가 먼 것은?

① 등록을 하지 아니하고 건설기계 사업을 하거나 거짓으로 등록한 자
② 정기검사 불합격에 따른 정비명령을 이행하지 아니한 자
③ 시 · 도지사의 지정을 받지 아니하고 등록번호표를 제작하거나 등록번호를 새긴 자
④ 등록되지 아니하거나 등록이 말소된 건설기계를 사용하거나 운행한 자

해설 정기검사 불합격에 따른 정비명령을 이행하지 아니한 자는 100만 원 이하의 벌금

89. 건설기계조종사 면허를 받지 아니하고 건설기계를 조종한 자에 대한 벌칙 기준은?

① 2년 이하의 징역 또는 1천만 원 이하의 벌금
② 1년 이하의 징역 또는 1천만 원 이하의 벌금
③ 200만 원 이하의 벌금
④ 100만 원 이하의 벌금

해설 건설기계조종사 면허를 받지 아니하고 건설기계를 조종한 자는 1년 이하의 징역 또는 1천만 원 이하의 벌금

90. 건설기계조종사 면허가 취소되거나 정지처분을 받은 후 건설기계를 계속 조종한 자에 대한 벌칙으로 옳은 것은?

① 30만 원 이하의 과태료
② 100만 원 이하의 과태료
③ 1년 이하의 징역 또는 1천만 원 이하의 벌금
④ 1년 이하의 징역 또는 100만 원 이하의 벌금

해설 건설기계조종사면허가 취소되거나 정지처분을 받은 후 건설기계를 계속 조종한 자에 대한 벌칙은 1년 이하의 징역 또는 1천만 원 이하의 벌금

91. 폐기 요청을 받은 건설기계를 폐기하지 아니하거나 등록번호표를 폐기하지 아니한 자에 대한 벌칙은?

① 2년 이하의 징역 또는 2천만 원 이하의 벌금
② 1년 이하의 징역 또는 1천만 원 이하의 벌금
③ 2백만 원 이하의 벌금
④ 1백만 원 이하의 벌금

해설 폐기 요청을 받은 건설기계를 폐기하지 아니하거나 등록번호표를 폐기하지 아니한 자의 벌칙은 1년 이하의 징역 또는 1천만 원 이하의 벌금

정답 87 ③ 88 ② 89 ② 90 ③ 91 ②

92. 건설기계관리법령상 건설기계의 소유자가 건설기계를 도로나 타인의 토지에 계속 버려두어 방치한 자에 대해 적용하는 벌칙은?

① 1천만 원 이하의 벌금
② 2천만 원 이하의 벌금
③ 1년 이하의 징역 또는 1천만 원 이하의 벌금
④ 2년 이하의 징역 또는 2천만 원 이하의 벌금

해설 건설기계의 소유자가 건설기계를 도로나 타인의 토지에 계속 버려두어 방치한 경우 1년 이하의 징역 또는 1천만 원 이하의 벌금

93. 건설기계의 정비명령을 이행하지 아니한 자에 대한 벌칙은?

① 1년 이하의 징역 또는 500만 원 이하의 벌금
② 1년 이하의 징역 또는 1000만 원 이하의 벌금
③ 1년 이하의 징역 또는 150만 원 이하의 벌금
④ 30만 원 이하의 과태료

해설 정비명령을 이행하지 아니한 자의 벌칙은 1년 이하의 징역 또는 1천만 원 이하의 벌금

94. 건설기계관리법령상 구조변경검사를 받지 아니한 자에 대한 처벌은?

① 1년 이하의 징역 또는 1000만 원 이하의 벌금
② 1년 이하의 징역 또는 500만 원 이하의 벌금
③ 1년 이하의 징역 또는 300만 원 이하의 벌금
④ 1년 이하의 징역 또는 200만 원 이하의 벌금

해설 구조변경검사 또는 수시검사를 받지 아니한 자의 벌칙은 1년 이하의 징역 또는 1천만 원 이하의 벌금

95. 건설기계 등록번호표를 가리거나 훼손하여 알아보기 곤란하게 한 자 또는 그러한 건설기계를 운행한 자에 대한 벌칙은?

① 100만 원 이하의 과태료
② 50만 원 이하의 과태료
③ 30만 원 이하의 과태료
④ 1년 이하의 징역

해설 건설기계 등록번호표를 가리거나 훼손하여 알아보기 곤란하게 한 자 또는 그러한 건설기계를 운행한 자에 대한 벌칙은 100만 원 이하의 과태료

96. 건설기계의 등록번호를 부착 · 봉인하지 아니하거나 등록번호를 새기지 아니한 자에게 부가하는 법규상의 과태료로 맞는 것은?

① 30만 원 이하의 과태료
② 50만 원 이하의 과태료
③ 100만 원 이하의 과태료
④ 20만 원 이하의 과태료

해설 등록번호표를 부착 · 봉인하지 아니하거나 등록번호를 새기지 아니한 자는 100만 원 이하의 과태료

97. 건설기계를 주택가 주변에 세워 두어 교통소통을 방해하거나 소음 등으로 주민의 생활환경을 침해한 자에 대한 벌칙은?

① 200만 원 이하의 벌금

정답 92 ③ 93 ② 94 ① 95 ① 96 ③ 97 ④

② 100만 원 이하의 벌금
③ 100만 원 이하의 과태료
④ 50만 원 이하의 과태료

해설 건설기계를 주택가 주변에 세워 두어 교통소통을 방해하거나 소음 등으로 주민의 생활환경을 침해한 자에 대한 벌칙은 50만 원 이하의 과태료

98. 정기검사 신청기간 만료일부터 30일을 초과하여 건설기계 정기검사를 받은 경우의 과태료는 얼마인가?

① 1만원 ② 2만원
③ 3만원 ④ 5만원

해설 정기검사를 받지 않은 경우 과태료 2만원(신청기간 만료일부터 30일을 초과하는 경우 3일 초과 시마다 1만원을 가산한다)

99. 과태료 처분에 대하여 불복이 있는 자는 그 처분의 고지를 받은 날로부터 며칠 이내에 이의를 제기하여야 하는가?

① 5일 ② 10일
③ 20일 ④ 30일

해설 과태료 처분에 대하여 불복이 있는 자는 그 처분의 고지를 받은 날로부터 30일 이내에 이의를 제기하여야 한다.

100. 건설기계관리법상 건설기계 형식에 관한 승인을 얻거나 그 형식을 신고한 자(제작자 등)는 당사자 간에 별도의 계약이 없는 경우에 건설기계를 판매한 날로부터 몇 개월 동안 무상으로 건설기계를 정비해주어야 하는가?

① 6개월 ② 12개월
③ 24개월 ④ 36개월

해설 제작자로부터 건설기계를 구입한 자가 무상으로 사후관리를 받을 수 있는 법정 기간은 12개월이다. 다만, 12개월 이내에 건설기계의 주행거리가 20,000km(원동기 및 차동장치의 경우에는 40,000km)를 초과하거나 가동시간이 2,000시간을 초과한 때에는 12개월이 경과한 것으로 본다.

101. 고속도로 통행이 허용되지 않는 건설기계는?

① 콘크리트믹서트럭
② 덤프트럭
③ 지게차
④ 기중기(트럭적재식)

102. 특별표지판 부착대상인 대형 건설기계가 아닌 것은?

① 길이가 15m인 건설기계
② 너비가 2.8m인 건설기계
③ 높이가 6m인 건설기계
④ 총중량 45톤인 건설기계

해설 특별표지판 부착대상 건설기계
㉠ 길이가 16.7m 이상인 경우
㉡ 너비가 2.5m 이상인 경우
㉢ 최소회전 반경이 12m 이상인 경우
㉣ 높이가 4m 이상인 경우
㉤ 총중량이 40톤 이상인 경우
㉥ 축하중이 10톤 이상인 경우

103. 대형건설기계의 특별표지 중 경고 표지판 부착위치는?

① 작업인부가 쉽게 볼 수 있는 곳
② 조종실 내부의 조종사가 보기 쉬운 곳
③ 교통경찰이 쉽게 볼 수 있는 곳
④ 특별번호판 옆

정답 98 ② 99 ④ 100 ② 101 ③ 102 ① 103 ②

해설 대형건설기계에는 조종실 내부의 조종사가 보기 쉬운 곳에 경고 표지판을 부착하여야 한다.

104. 타이어식 건설기계의 최고속도가 최소 몇 km/h 이상일 경우에 조종석 안전띠를 갖추어야 하는가?

① 30km/h ② 40km/h
③ 50km/h ④ 60km/h

해설 30km/h 이상의 속도를 낼 수 있는 타이어식 건설기계에는 좌석 안전띠를 설치해야 한다.

105. 건설기계관리법에 따라 최고주행속도 15km/h 미만의 타이어식 건설기계가 필히 갖추어야 할 조명장치가 아닌 것은?

① 전조등
② 후부반사기
③ 비상점멸 표시등
④ 제동등

해설 최고속도 15km/h 미만 타이어식 건설기계에 갖추어야 하는 조명장치는 전조등, 후부반사기, 제동등이다.

106. 건설기계 운전중량 산정 시 조종사 1명의 체중으로 맞는 것은?

① 50kg ② 55kg
③ 60kg ④ 65kg

해설 운전중량을 산정할 때 조종사 1명의 체중은 65kg으로 한다.

107. 건설기계관리법령상 자동차손해배상보장법에 따른 자동차보험에 반드시 가입하여야 하는 건설기계가 아닌 것은?

① 타이어식 지게차
② 타이어식 굴착기
③ 타이어식 기중기
④ 덤프트럭

해설 **자동차손해배상보장법에 따른 자동차보험에 반드시 가입하여야 하는 건설기계** : 덤프트럭, 타이어식 기중기, 콘크리트믹서트럭, 트럭적재식 콘크리트펌프, 트럭적재식 아스팔트살포기, 타이어식 굴착기, 특수건설기계[트럭지게차, 도로보수트럭, 노면측정장비(노면측정장치를 가진 자주식인 것)]

정답 104 ① 105 ③ 106 ④ 107 ①

제 2 장

교통법규 준수

2-1 도로교통법의 목적

도로에서 일어나는 교통상의 모든 위험과 장해를 방지하고 제거하여 안전하고 원활한 교통을 확보함을 목적으로 한다.

2-2 안전표지의 종류

안전표지의 종류에는 주의표지, 규제표지, 지시표지, 보조표지, 노면표시 등이 있다.

+자형 교차로	T자형 교차로	Y자형 교차로	ㅏ자형 교차로	ㅓ자형 교차로	우선도로	우합류도로
좌합류도로	회전형교차로	철길건널목	우로굽은도로	좌로굽은도로	우좌로 이중굽은도로	좌우로 이중굽은도로
2방향통행	오르막경사	내리막경사	도로폭이 좁아짐	우측차로 없어짐	좌측차로 없어짐	우측방통행
양측방통행	중앙분리대 시작	중앙분리대 끝남	신호기	미끄러운 도로	강변도로	노면 고르지 못함
과속방지턱	낙석도로	횡단보도	어린이보호	자전거	도로공사중	비행기
횡풍	터널	교량	야생동물보호	위험	상습정체구간	

주의표지

통행금지	자동차통행 금지	화물자동차 통행금지	승합자동차 통행금지	이륜자동차및 원동기장치 자전거통행금지	자동차·이륜자동차 및원동기장치 자전거통행금지	경운기 · 트랙터및 손수레통행금지
자전거통행 금지	진입금지	직진금지	우회전금지	좌회전금지	유턴금지	앞지르기금지
정차 · 주차 금지	주차금지	차중량제한	차높이제한	차폭제한	차간거리확보	최고속도제한
최저속도제한	서행	일시정지	양보	보행자보행 금지	위험물적재 차량통행금지	

규제표지

자동차전용 도로	자전거전용 도로	자전거및 보행자 겸용도로	회전교차로	직진	우회전	좌회전
직진 및 우회전	직진 및 좌회전	좌회전 및 유턴	좌우회전	유턴	양측방통행	우측면통행
좌측면통행	진행방향별 통행구분	우회로	자전거 및 보행자 통행구분	자전거 전용차로	주차장	자전거주차장
보행자 전용도로	횡단보도	노인보호 (노인보호구역안)	어린이보호 (어린이보호구역안)	장애인보호 (장애인보호구역안)	자전거횡단도	일방통행
일방통행	일방통행	비보호좌회전	버스전용차로	다인승차량 전용차로	통행우선	자전거나란히 통행허용

지시표지

2-3 이상 기후일 경우의 운행속도

도로의 상태	감속운행속도
• 비가 내려 노면에 습기가 있는 때 • 눈이 20mm 미만 쌓인 때	최고속도의 20/100
• 폭우 · 폭설 · 안개 등으로 가시거리가 100m 이내인 때 • 노면이 얼어붙는 때 • 눈이 20mm 이상 쌓인 때	최고속도의 50/100

2-4 앞지르기 금지장소

교차로, 도로의 구부러진 곳, 비탈길의 고갯마루 부근, 가파른 비탈길의 내리막, 터널 안, 다리 위 등이다.

2-5 주차 및 정차 금지장소

① 화재경보기로부터 3m 이내의 곳
② 교차로의 가장자리 또는 도로의 모퉁이로부터 5m 이내의 곳
③ 횡단보도로부터 10m 이내의 곳
④ 버스여객 자동차의 정류소를 표시하는 기둥이나 판 또는 선이 설치된 곳으로부터 10m 이내의 곳
⑤ 건널목의 가장자리로부터 10m 이내의 곳
⑥ 안전지대가 설치된 도로에서 그 안전지대의 사방으로부터 각각 10m 이내의 곳

참고
• 모든 고속도로에서 건설기계의 최고속도는 80km/h, 최저속도는 50km/h이다.
• 지정 · 고시한 노선 또는 구간의 고속도로에서 건설기계의 최고속도는 90km/h 이내, 최저속도는 50km/h이다.

2-6 교통사고 발생 후 벌점

① 사망 1명마다 90점(사고 발생으로부터 72시간 내에 사망한 때)

② 중상 1명마다 15점(3주 이상의 치료를 요하는 의사의 진단이 있는 사고)

③ 경상 1명마다 5점(3주 미만 5일 이상의 치료를 요하는 의사의 진단이 있는 사고)

④ 부상신고 1명마다 2점(5일 미만의 치료를 요하는 의사의 진단이 있는 사고)

제 3 장 안전운전 준수

3-1 차량 사이의 안전거리 확보

① 모든 차의 운전자는 같은 방향으로 가고 있는 앞차의 뒤를 따르는 때에는 앞차가 갑자기 정지하게 되는 경우 그 앞차와의 충돌을 피할 수 있는 필요한 거리를 확보하여야 한다.
② 모든 차의 운전자는 차의 진로를 변경하고자 하는 경우에 그 변경하고자 하는 방향으로 오고 있는 다른 차의 정상적인 통행에 장애를 줄 우려가 있는 때에는 진로를 변경하여서는 아니 된다.
③ 모든 차의 운전자는 위험 방지를 위한 경우와 그 밖의 부득이한 경우가 아니면 운전하는 차를 갑자기 정지시키거나 속도를 줄이는 등의 급제동을 하여서는 아니 된다.

3-2 철길 건널목 통과 방법

(1) 철길 건널목 통과 방법

① 건널목 앞에서는 일시 정지하여 안전을 확인한 후 통과하여야 한다.
② 신호등이 표시하는 신호에 따르는 경우에는 정지하지 않고 통과할 수 있다.
③ 차단기가 내려져 있거나 내려지려고 할 때 또는 건널목의 경보기가 울리고 있는 동안에는 그 건널목으로 들어가서는 아니 된다.

(2) 철길 건널목에서 차량이 고장 났을 때 조치 사항

① 즉시 승객을 대피시키고 비상 신호기를 이용하거나 그 밖의 방법으로 철도 공무원 또는 경찰 공무원에게 알린다.
② 차량을 건널목 이외의 장소로 이동시킨다.

3-3 도로를 주행할 때 보행자 보호 및 양보운전

① 보행자는 보도와 차도가 구분된 도로에서는 보도로 통행하고, 그 구분이 없는 도로에서는 도로의 좌측 또는 길 가장자리 구역으로 통행하여야 한다. 다만, 도로를 횡단하는 경우, 도로공사 등으로 보도의 통행이 금지된 경우나 그 밖의 부득이한 경우는 그러하지 아니 하다.

② 보행자를 위한 보호운전을 한다.

③ 교통정리가 없는 교차로에서의 양보운전을 한다.

④ 서행하여야 하는 장소

㈎ 교통정리가 행하여지고 있지 아니하는 교차로

㈏ 도로가 구부러진 부근, 비탈길의 고갯마루 부근, 가파른 비탈길의 내리막

㈐ 지방경찰청장이 안전표지에 의하여 지정한 곳

⑤ 일시 정지하여야 할 장소

㈎ 교통정리가 행하여지고 있지 아니하고 좌우를 확인할 수 없거나 교통이 빈번한 교차로

㈏ 지방경찰청장이 안전표지에 의하여 지정한 곳

⑥ 안전거리 확보

㈎ 앞차의 뒤를 따르는 때에는 앞차가 갑자기 정지하게 되는 경우 앞차와의 충돌을 피할 수 있는 필요한 거리를 확보하여야 한다.

㈏ 차의 진로를 변경하고자 하는 경우에 다른 차의 정상적인 통행에 장애를 줄 우려가 있는 때에는 진로를 변경하여서는 아니 된다.

㈐ 운전하는 차를 갑자기 정지시키거나 속도를 줄이는 등의 급제동을 하여서는 아니 된다.

3-4 노면의 장애물 확인 및 안전표지를 준수하여 안전운전

① 물이 고인 곳을 운행하는 때에는 고인 물을 튀게 하여 다른 사람에게 피해를 주는 일이 없도록 할 것

② 도로에서 자동차 등을 세워둔 채로 시비 · 다툼 등의 행위를 함으로써 다른 차마의 통행을 방해하지 아니할 것

③ 운전자가 운전석으로부터 떠나는 때에는 원동기의 발동을 끄고 제동장치를 철저하게 하는 등 차의 정지 상태를 안전하게 유지하고 다른 사람이 함부로 운전하지 못하도록 필요한 조치를 할 것

④ 운전자는 정당한 사유 없이 다른 사람에게 피해를 주는 소음을 발생시키지 아니할 것

⑤ 운전자는 자동차 등의 운전 중에는 휴대용 전화(자동차용 전화를 포함한다)를 사용하지 아니할 것

⑥ 운전자는 자동차의 화물 적재함에 사람을 태우고 운행하지 아니할 것

⑦ 운전자는 자동차를 운전하는 때에는 좌석 안전띠를 매어야 하며, 그 옆 좌석의 승차자에게도 좌석 안전띠(유아인 경우에는 유아 보호용 장구를 장착한 후의 좌석 안전띠)를 매도록 하여야 한다.

지게차 운전기능사

출제 예상 문제

01. 도로교통법의 제정 목적을 바르게 나타낸 것은?

① 도로 운송사업의 발전과 운전자들의 권익보호
② 도로상의 교통사고로 인한 신속한 피해회복과 편익증진
③ 건설기계의 제작, 등록, 판매, 관리 등의 안전 확보
④ 도로에서 일어나는 교통상의 모든 위험과 장해를 방지하고 제거하여 안전하고 원활한 교통을 확보

해설 **도로교통법의 제정 목적** : 도로에서 일어나는 교통상의 모든 위험과 장해를 방지하고 제거하여 안전하고 원활한 교통을 확보함을 목적으로 한다.

02. 도로교통법상 도로에 해당되지 않는 것은?

① 해상도로법에 의한 항로
② 차마의 통행을 위한 도로
③ 유료도로법에 의한 유료도로
④ 도로법에 의한 도로

해설 **도로교통법상의 도로**
㉠ 도로법에 따른 도로
㉡ 유료도로법에 따른 유료도로
㉢ 농어촌도로 정비법에 따른 농어촌도로
㉣ 그 밖에 현실적으로 불특정 다수의 사람 또는 차마(車馬)가 통행할 수 있도록 공개된 장소로서 안전하고 원활한 교통을 확보할 필요가 있는 장소

03. 자동차전용도로의 정의로 가장 적합한 것은?

① 자동차만 다닐 수 있도록 설치된 도로
② 보도와 차도의 구분이 없는 도로
③ 보도와 차도의 구분이 있는 도로
④ 자동차 고속주행의 교통에만 이용되는 도로

04. 도로교통법에서 안전지대의 정의에 관한 설명으로 옳은 것은?

① 버스정류장 표지가 있는 장소
② 자동차가 주차할 수 있도록 설치된 장소
③ 도로를 횡단하는 보행자나 통행하는 차마의 안전을 위하여 안전표지 등으로 표시된 도로의 부분
④ 사고가 잦은 장소에 보행자의 안전을 위하여 설치한 장소

해설 안전지대라 함은 도로를 횡단하는 보행자나 통행하는 차마의 안전을 위하여 안전표지 등으로 표시된 도로의 부분이다.

05. 도로교통법상 건설기계를 운전하여 도로를 주행할 때 서행에 대한 정의로 옳은 것은?

① 매시 60km 미만의 속도로 주행하는 것을 말한다.
② 운전자가 차를 즉시 정지시킬 수 있는 느린 속도로 진행하는 것을 말한다.
③ 정지거리 10m 이내에서 정지할 수 있

정답 01 ④ 02 ① 03 ① 04 ③ 05 ②

는 경우를 말한다.

④ 매시 20km 이내로 주행하는 것을 말한다.

해설 서행이란 운전자가 위험을 느끼고 즉시 차를 정지할 수 있는 느린 속도로 진행하는 것이다.

06. 도로교통법상 정차의 정의에 해당하는 것은?

① 차가 10분을 초과하여 정지

② 운전자가 5분을 초과하지 않고 차를 정지시키는 것으로 주차 외의 정지 상태

③ 차가 화물을 싣기 위하여 계속 정지

④ 운전자가 식사하기 위하여 차고에 세워둔 것

해설 정차란 운전자가 5분을 초과하지 아니하고 차를 정지시키는 것으로서 주차 외의 정지 상태이다.

07. 도로교통법상 앞차와의 안전거리에 대한 설명으로 가장 적합한 것은?

① 일반적으로 5m 이상이다.

② 5~10m 정도이다.

③ 평균 30m 이상이다.

④ 앞차가 갑자기 정지할 경우 충돌을 피할 수 있는 거리이다.

해설 안전거리란 앞차가 갑자기 정지할 경우 충돌을 피할 수 있는 거리이다.

08. 도로교통법령상 교통안전표지의 종류를 올바르게 나열한 것은?

① 교통안전표지는 주의, 규제, 지시, 안내, 교통표지로 되어 있다.

② 교통안전표지는 주의, 규제, 지시, 보조, 노면표시로 되어 있다.

③ 교통안전표지는 주의, 규제, 지시, 안내, 보조표지로 되어 있다.

④ 교통안전표지는 주의, 규제, 안내, 보조, 통행표지로 되어 있다.

해설 교통안전표지의 종류 : 주의표지, 규제표지, 지시표지, 보조표지, 노면표시

09. 다음 그림과 같은 교통안전표지의 뜻은?

① 좌합류 도로가 있음을 알리는 것

② 좌로 굽은 도로가 있음을 알리는 것

③ 우합류 도로가 있음을 알리는 것

④ 철길건널목이 있음을 알리는 것

10. 다음 그림과 같은 교통안전표지의 뜻은?

① 좌합류 도로가 있음을 알리는 것

② 철길건널목이 있음을 알리는 것

③ 회전형 교차로가 있음을 알리는 것

④ 좌로 계속 굽은 도로가 있음을 알리는 것

11. 다음 그림의 교통안전표지로 맞는 것은?

① 우로 이중 굽은 도로

② 좌우로 이중 굽은 도로

③ 좌로 굽은 도로

④ 회전형 교차로

정답 06 ② 07 ④ 08 ② 09 ③ 10 ③ 11 ②

12. 다음의 교통안전표지는 무엇을 의미하는가?

① 차 중량 제한 표지
② 차 높이 제한 표지
③ 차 적재량 제한 표지
④ 차 폭 제한 표지

13. 다음 그림의 교통안전표지는 무엇인가?

① 차간거리 최저 50m이다.
② 차간거리 최고 50m이다.
③ 최저속도 제한 표지이다.
④ 최고속도 제한 표지이다.

14. 다음 교통안전표지에 대한 설명으로 맞는 것은?

① 최고중량 제한 표지
② 차간거리 최저 30m 제한 표지
③ 최고시속 30킬로미터 속도제한 표시
④ 최저시속 30킬로미터 속도제한 표시

15. 다음 그림의 교통안전표지는?

① 좌 · 우회전 표지
② 좌 · 우회전 금지 표지
③ 양측방 일방 통행 표지
④ 양측방 통행 금지 표지

16. 도로교통법상 차로에 대한 설명으로 틀린 것은?

① 차로는 횡단보도나 교차로에는 설치할 수 없다.
② 차로의 너비는 원칙적으로 3m 이상으로 하여야 한다.
③ 일반적인 차로(일방통행도로 제외)의 순위는 도로의 중앙선 쪽에 있는 차로부터 1차로로 한다.
④ 차로의 너비보다 넓은 건설기계는 별도의 신청절차가 필요 없이 경찰청에 전화로 통보만 하면 운행할 수 있다.

해설 차로에 대한 설명
㉠ 지방경찰청장은 도로에 차로를 설치하고자 하는 때에는 노면표시로 표시하여야 한다.
㉡ 차로의 너비는 3m 이상으로 하여야 한다. 다만, 좌회전전용차로의 설치 등 부득이하다고 인정되는 때에는 275cm 이상으로 할 수 있다.
㉢ 차로는 횡단보도 · 교차로 및 철길건널목에는 설치할 수 없다.
㉣ 보도와 차도의 구분이 없는 도로에 차로를 설치하는 때에는 보행자가 안전하게 통행할 수 있도록 그 도로의 양쪽에 길가장자리 구역을 설치하여야 한다.

17. 도로교통관련법상 차마의 통행을 구분하기 위한 중앙선에 대한 설명으로 옳은 것은?

① 흰색 실선 또는 황색 점선으로 되어 있다.
② 흰색 실선 또는 흰색 점선으로 되어 있다.
③ 황색 실선 또는 황색 점선으로 되어 있다.
④ 황색 실선 또는 흰색 점선으로 되어 있다.

해설 노면 표시의 중앙선은 황색의 실선 및 점선으로 되어 있다.

정답 12 ① 13 ④ 14 ④ 15 ① 16 ④ 17 ③

18. **편도 1차로인 도로에서 중앙선이 황색 실선인 경우의 앞지르기 방법으로 맞는 것은?**

① 절대로 안 된다.
② 아무데서나 할 수 있다.
③ 앞차가 있을 때만 할 수 있다.
④ 반대 차로에 차량통행이 없을 때 할 수 있다.

해설 편도 1차로인 도로에서 중앙선이 황색 실선인 경우 절대로 앞지르기를 해서는 안 된다.

19. **도로교통법령상 보도와 차도가 구분된 도로에 중앙선이 설치되어 있는 경우 차마의 통행방법으로 옳은 것은? (단, 도로의 파손 등 특별한 사유는 없다.)**

① 중앙선 좌측 ② 중앙선 우측
③ 보도의 좌측 ④ 보도

해설 도로교통법령상 보도와 차도가 구분된 도로에 중앙선이 설치되어 있는 경우 차마는 중앙선 우측으로 통행하여야 한다.

20. **동일방향으로 주행하고 있는 전 · 후 차 간의 안전운전 방법으로 틀린 것은?**

① 뒤차는 앞차가 급정지할 때 충돌을 피할 수 있는 필요한 안전거리를 유지한다.
② 뒤에서 따라오는 차량의 속도보다 느린 속도로 진행하려고 할 때에는 진로를 양보한다.
③ 앞차가 다른 차를 앞지르고 있을 때에는 더욱 빠른 속도로 앞지른다.
④ 앞차는 부득이한 경우를 제외하고는 급정지 · 급감속을 하여서는 안 된다.

해설 앞차가 다른 차를 앞지르고 있을 때에는 앞지르기를 해서는 안 된다.

21. **다음 중 통행의 우선순위가 맞는 것은?**

① 긴급자동차 → 일반자동차 → 원동기장치 자전거
② 긴급자동차 → 원동기장치 자전거 → 승용자동차
③ 건설기계 → 원동기장치 자전거 → 승합자동차
④ 승합자동차 → 원동기장치 자전거 → 긴급자동차

해설 **통행의 우선순위** : 긴급자동차 → 일반자동차 → 원동기장치 자전거

22. **도로주행의 일반적인 주의사항으로 틀린 것은?**

① 가시거리가 저하될 수 있으므로 터널진입 전 헤드라이트를 켜고 주행한다.
② 고속주행 시 급핸들조작, 급브레이크는 옆으로 미끄러지거나 전복될 수 있다.
③ 야간운전은 주간보다 주의력이 양호하며, 속도감이 민감하여 과속 우려가 없다.
④ 비 오는 날 고속주행은 수막현상이 생겨 제동효과가 감소된다.

해설 야간운전은 주간보다 주의력이 감소하므로 속도감이 둔감하여 과속할 우려가 있다.

23. **도로에서는 차로별 통행 구분에 따라 통행하여야 한다. 위반이 아닌 경우는?**

① 왕복 4차선 도로에서 중앙선을 넘어 추월하는 행위
② 두 개의 차로를 걸쳐서 운행하는 행위
③ 일방통행 도로에서 중앙이나 좌측 부분을 통행하는 행위
④ 여러 차로를 연속적으로 가로지르는 행위

정답 18 ① 19 ② 20 ③ 21 ① 22 ③ 23 ③

해설 일방통행 도로에서는 도로의 중앙이나 좌측 부분을 통행할 수 있다.

24. 도로의 중앙을 통행할 수 있는 행렬로 옳은 것은?

① 학생의 대열
② 말 · 소를 몰고 가는 사람
③ 사회적으로 중요한 행사에 따른 시가행진
④ 군부대의 행렬

해설 사회적으로 중요한 행사에 따른 시가행진의 경우 도로의 중앙을 통행할 수 있다.

25. 편도 4차로의 일반도로에서 건설기계는 어느 차로로 통행해야 하는가?

① 1차로
② 2차로
③ 4차로
④ 1차로 또는 2차로

해설 편도 4차로의 일반도로에서 건설기계는 4차로로 통행해야 한다.

26. 편도 4차로 일반도로에서 4차로가 버스 전용차로일 때, 건설기계는 어느 차로로 통행하여야 하는가?

① 2차로 ② 3차로
③ 4차로 ④ 한가한 차로

해설 편도 4차로 일반도로에서 4차로가 버스전용차로일 때, 건설기계는 3차로로 통행해야 한다.

27. 도로교통법상에서 차마가 도로의 중앙이나 좌측 부분을 통행할 수 있도록 허용한 것은 도로 우측 부분의 폭이 얼마 이하일 때인가?

① 2미터 ② 3미터
③ 5미터 ④ 6미터

해설 차마가 도로의 중앙이나 좌측 부분을 통행할 수 있도록 허용한 것은 도로 우측 부분의 폭이 6m 이하일 때이다.

28. 도로교통법상에서 운전자가 주행방향 변경 시 신호를 하는 방법으로 틀린 것은?

① 방향전환, 횡단, 유턴, 정지 또는 후진 시 신호를 하여야 한다.
② 신호의 시기 및 방법은 운전자가 편리한대로 한다.
③ 진로변경 시에는 손이나 등화로서 신호할 수 있다.
④ 진로변경의 행위가 끝날 때까지 신호를 하여야 한다.

29. 운전자가 진행방향을 변경하려고 할 때 신호를 하여야 할 시기로 옳은 것은? (단, 고속도로 제외)

① 변경하려고 하는 지점의 3m 전에서
② 변경하려고 하는 지점의 10m 전에서
③ 변경하려고 하는 지점의 30m 전에서
④ 특별히 정하여져 있지 않고, 운전자 임의대로

해설 진행방향을 변경하려고 할 때 신호를 하여야 할 시기는 변경하려고 하는 지점의 30m 전이다.

30. 신호등에 녹색등화 시 차마의 통행방법으로 틀린 것은?

① 차마는 다른 교통에 방해되지 않을 때에 천천히 우회전할 수 있다.
② 차마는 직진할 수 있다.
③ 차마는 비보호 좌회전 표시가 있는 곳에서는 언제든지 좌회전을 할 수 있다.

정답 24 ③ 25 ③ 26 ② 27 ④ 28 ② 29 ③ 30 ③

④ 차마는 좌회전을 하여서는 아니 된다.

해설 비보호 좌회전 표시지역에서는 녹색 등화에서만 좌회전을 할 수 있다.

31. 교차로에서 직진하고자 신호대기 중에 있는 차량이 진행신호를 받고 가장 안전하게 통행하는 방법은?

① 진행권리가 부여되었으므로 좌우의 진행차량에는 구애받지 않는다.
② 직진이 최우선이므로 진행신호에 무조건 따른다.
③ 신호와 동시에 출발하면 된다.
④ 좌우를 살피며 계속 보행 중인 보행자와 진행하는 교통의 흐름에 유의하여 진행한다.

해설 교차로에서 직진하고자 신호대기 중에 있는 차량이 진행신호를 받았을 때에는 좌우를 살피며 계속 보행 중인 보행자와 진행하는 교통의 흐름에 유의하여 진행한다.

32. 정지선이나 횡단보도 및 교차로 직전에서 정지하여야 할 신호의 종류로 옳은 것은?

① 녹색 및 황색등화
② 황색등화의 점멸
③ 황색 및 적색등화
④ 녹색 및 적색등화

해설 정지선이나 횡단보도 및 교차로 직전에서 정지하여야 할 신호는 황색 및 적색등화이다.

33. 좌회전을 하기 위하여 교차로에 진입되어 있을 때 황색등화로 바뀌면 어떻게 하여야 하는가?

① 정지하여 정지선으로 후진한다.
② 그 자리에 정지하여야 한다.
③ 신속히 좌회전하여 교차로 밖으로 진행한다.
④ 좌회전을 중단하고 횡단보도 앞 정지선까지 후진하여야 한다.

해설 좌회전을 하기 위하여 교차로에 진입되어 있을 때 황색등화로 바뀌면 신속히 좌회전하여 교차로 밖으로 진행한다.

34. 건설기계를 운전하여 교차로에서 우회전을 하려고 할 때 가장 적합한 것은?

① 우회전은 신호가 필요 없으며, 보행자를 피하기 위해 빠른 속도로 진행한다.
② 신호를 행하면서 서행으로 주행하여야 하며, 교통신호에 따라 횡단하는 보행자의 통행을 방해하여서는 아니 된다.
③ 우회전은 언제 어느 곳에서나 할 수 있다.
④ 우회전 신호를 행하면서 빠르게 우회전한다.

해설 교차로에서 우회전을 하려고 할 때에는 신호를 행하면서 서행으로 주행하여야 하며, 교통신호에 따라 횡단하는 보행자의 통행을 방해하여서는 아니 된다.

35. 편도 4차로의 경우 교차로 30미터 전방에서 우회전을 하려면 몇 차로로 진입 통행해야 하는가?

① 2차로와 3차로로 통행한다.
② 1차로와 2차로로 통행한다.
③ 1차로로 통행한다.
④ 4차로로 통행한다.

해설 편도 4차로의 경우 교차로 30미터 전방에서 우회전을 하려면 4차로로 진입 통행해야 한다.

정답 31 ④ 32 ③ 33 ③ 34 ② 35 ④

36. 신호등이 없는 교차로에 좌회전하려는 버스와 그 교차로에 진입하여 직진하고 있는 건설기계가 있을 때 어느 차가 우선권이 있는가?

① 직진하고 있는 건설기계가 우선
② 좌회전하려는 버스가 우선
③ 사람이 많이 탄 차가 우선
④ 형편에 따라서 우선순위가 정해짐

해설 먼저 진입한 차량에게 우선권이 있다.

37. 주행 중 진로를 변경하고자 할 때 운전자가 지켜야 할 사항으로 틀린 것은?

① 후사경 등으로 주위의 교통상황을 확인한다.
② 신호를 주어 뒤차에게 알린다.
③ 진로를 변경할 때에는 뒤차에 주의할 필요가 없다.
④ 뒤에서 따라오는 차보다 느린 속도로 가려는 경우에는 도로의 우측 가장자리로 피하여 진로를 양보하여야 한다.

해설 진로를 변경(차로 변경)할 때에는 뒤차에 주의하여야 한다.

38. 다음 중 진로변경을 해서는 안 되는 경우는?

① 안전표지(진로변경 제한선)가 설치되어 있을 때
② 시속 50킬로미터 이상으로 주행할 때
③ 교통이 복잡한 도로일 때
④ 3차로의 도로일 때

해설 노면표시의 진로변경 제한선은 흰색 실선이며, 진로변경을 할 수 없다.

39. 일방통행으로 된 도로가 아닌 교차로 또는 그 부근에서 긴급자동차가 접근하였을 때 운전자가 취해야 할 방법으로 옳은 것은?

① 교차로의 우측 가장자리에 일시 정지하여 진로를 양보한다.
② 교차로를 피하여 도로의 우측 가장자리에 일시 정지한다.
③ 서행하면서 앞지르기 하라는 신호를 한다.
④ 그대로 진행방향으로 진행을 계속한다.

해설 교차로 또는 그 부근에서 긴급자동차가 접근하였을 때에는 교차로를 피하여 도로의 우측 가장자리에 일시 정지한다.

40. 도로교통법상 교통안전시설이나 교통정리요원의 신호가 서로 다른 경우에 우선시 되어야 하는 신호는?

① 신호등의 신호
② 안전표시의 지시
③ 경찰공무원의 수신호
④ 경비업체 관계자의 수신호

해설 가장 우선하는 신호는 경찰공무원의 수신호이다.

41. 교차로에서 적색등화 시 진행할 수 있는 경우는?

① 경찰공무원의 진행신호에 따를 때
② 교통이 한산한 야간운행 시
③ 보행자가 없을 때
④ 앞차를 따라 진행할 때

42. 도로교통법상 모든 차의 운전자가 반드시 서행하여야 하는 장소에 해당하지 않

정답 36 ① 37 ③ 38 ① 39 ② 40 ③ 41 ① 42 ③

는 것은?

① 도로가 구부러진 부분
② 비탈길 고갯마루 부근
③ 편도 2차로 이상의 다리 위
④ 가파른 비탈길의 내리막

해설 서행하여야 할 장소
㉠ 교통정리를 하고 있지 아니하는 교차로
㉡ 도로가 구부러진 부근
㉢ 비탈길의 고갯마루 부근
㉣ 가파른 비탈길의 내리막
㉤ 지방경찰청장이 안전표지로 지정한 곳

43. 도로교통법에서 안전운행을 위해 차속을 제한하고 있는데, 악천후 시 최고속도의 100분의 50으로 감속 운행하여야 할 경우가 아닌 것은?

① 노면이 얼어붙은 때
② 폭우, 폭설, 안개 등으로 가시거리가 100m 이내인 때
③ 비가 내려 노면이 젖어 있을 때
④ 눈이 20mm 이상 쌓인 때

해설 최고속도의 50%를 감속하여 운행하여야 할 경우
㉠ 노면이 얼어붙은 때
㉡ 폭우 · 폭설 · 안개 등으로 가시거리가 100m 이내일 때
㉢ 눈이 20mm 이상 쌓인 때

44. 신호등이 없는 철길건널목 통과방법 중 옳은 것은?

① 차단기가 올라가 있으면 그대로 통과해도 된다.
② 반드시 일시정지를 한 후 안전을 확인하고 통과한다.
③ 신호등이 진행신호일 경우에도 반드시 일시정지를 하여야 한다.
④ 일시정지를 하지 않아도 좌우를 살피면서 서행으로 통과하면 된다.

해설 신호등이 없는 철길건널목을 통과할 때에는 반드시 일시정지를 한 후 안전을 확인하고 통과한다.

45. 일시정지를 하지 않고도 철길건널목을 통과할 수 있는 경우는?

① 차단기가 내려져 있을 때
② 경보기가 울리지 않을 때
③ 앞차가 진행하고 있을 때
④ 신호등이 진행신호 표시일 때

해설 일시정지를 하지 않고도 철길건널목을 통과할 수 있는 경우는 신호등이 진행신호 표시이거나 간수가 진행신호를 하고 있을 때이다.

46. 철길건널목 안에서 차가 고장이 나서 운행할 수 없게 된 경우 운전자의 조치사항과 가장 거리가 먼 것은?

① 철도공무 중인 직원이나 경찰공무원에게 즉시 알려 차를 이동하기 위한 필요한 조치를 한다.
② 차를 즉시 건널목 밖으로 이동시킨다.
③ 승객을 하차시켜 즉시 대피시킨다.
④ 현장을 그대로 보존하고 경찰관서로 가서 고장신고를 한다.

해설 철길건널목 안에서 차가 고장이 나서 운행할 수 없게 된 경우에는 승객을 하차시켜 즉시 대피시킨 후 차를 건널목 밖으로 이동시켜야 하며, 철도공무 중인 직원이나 경찰공무원에게 즉시 알려 차를 이동하기 위한 필요한 조치를 한다.

정답 43 ③ 44 ② 45 ④ 46 ④

47. **도로교통법상에서 정의된 긴급자동차가 아닌 것은?**

① 응급전신 · 전화 수리공사에 사용되는 자동차
② 긴급한 경찰업무수행에 사용되는 자동차
③ 위독한 환자의 수혈을 위한 혈액운송 차량
④ 학생운송 전용 버스

48. **고속도로를 제외한 도로에서 위험을 방지하고 교통의 안전과 원활한 소통을 확보하기 위하여 필요 시 구역 또는 구간을 지정하여 자동차의 속도를 제한할 수 있는 자는?**

① 경찰서장
② 국토교통부장관
③ 지방경찰청장
④ 도로교통공단 이사장

해설 지방경찰청장은 도로에서 위험을 방지하고 교통의 안전과 원활한 소통을 확보하기 위하여 필요하다고 인정하는 때에 구역 또는 구간을 지정하여 자동차의 속도를 제한할 수 있다.

49. **승차 또는 적재의 방법과 제한에서 운행상의 안전기준을 넘어서 승차 및 적재가 가능한 경우는?**

① 도착지를 관할하는 경찰서장의 허가를 받은 때
② 출발지를 관할하는 경찰서장의 허가를 받은 때
③ 관할 시 · 군수의 허가를 받은 때
④ 동 · 읍 · 면장의 허가를 받는 때

해설 승차인원 · 적재중량에 관하여 안전기준을 넘어서 운행하고자 하는 경우 출발지를 관할하는 경찰서장의 허가를 받아야 한다.

50. **경찰청장이 최고속도를 따로 지정 · 고시하지 않은 편도 2차로 이상 고속도로에서 건설기계 법정 최고속도는 매시 몇 km인가?**

① 100km/h ② 110km/h
③ 80km/h ④ 60km/h

해설 모든 고속도로에서 건설기계의 최고속도는 80km/h, 최저속도는 50km/h이다.

51. **도로교통법상 4차로 이상 고속도로에서 건설기계의 최저속도는?**

① 30km/h ② 40km/h
③ 50km/h ④ 60km/h

해설 지정 · 고시한 노선 또는 구간의 고속도로에서 건설기계의 최고속도는 90km/h 이내, 최저속도는 50km/h이다.

52. **도로교통법에서는 교차로, 터널 안, 다리 위 등을 앞지르기 금지장소로 규정하고 있다. 그 외 앞지르기 금지장소를 다음 [보기]에서 모두 고르면 어느 것인가?**

보기
A. 도로의 구부러진 곳
B. 비탈길의 고갯마루 부근
C. 가파른 비탈길의 내리막

① A ② A, B
③ B, C ④ A, B, C

해설 **앞지르기 금지장소** : 교차로, 도로의 구부러진 곳, 터널 내, 다리 위, 경사로의 정상부근, 급경사로의 내리막, 앞지르기 금지표지 설치장소

정답 47 ④ 48 ③ 49 ② 50 ③ 51 ③ 52 ④

53. 가장 안전한 앞지르기 방법은?

① 좌 · 우측으로 앞지르기 하면 된다.
② 앞차의 속도와 관계없이 앞지르기를 한다.
③ 반드시 경음기를 울려야 한다.
④ 반대방향의 교통, 전방의 교통 및 후방에 주의를 하고 앞차의 속도에 따라 안전하게 한다.

해설 앞지르기를 할 때에는 반대방향의 교통, 전방의 교통 및 후방에 주의를 하고 앞차의 속도에 따라 안전하게 하여야 한다.

54. 도로교통법에 따라 뒤차에게 앞지르기를 시키려는 때 적절한 신호방법은?

① 오른팔 또는 왼팔을 차체의 왼쪽 또는 오른쪽 밖으로 수평으로 펴서 손을 앞, 뒤로 흔들 것
② 팔을 차체 밖으로 내어 45도 밑으로 펴서 손바닥을 뒤로 향하게 하여 그 팔을 앞, 뒤로 흔들거나 후진등을 켤 것
③ 팔을 차체 밖으로 내어 45도 밑으로 펴거나 제동등을 켤 것
④ 양팔을 모두 차체의 밖으로 내어 크게 흔들 것

해설 뒤차에게 앞지르기를 시키려는 때에는 오른팔 또는 왼팔을 차체의 왼쪽 또는 오른쪽 밖으로 수평으로 펴서 손을 앞, 뒤로 흔들 것

55. 도로에서 정차를 하고자 할 때의 방법으로 옳은 것은?

① 차체의 전단부가 도로 중앙을 향하도록 비스듬히 정차한다.
② 진행방향의 반대방향으로 정차한다.
③ 차도의 우측 가장자리에 정차한다.
④ 일방통행로에서 좌측 가장자리에 정차한다.

해설 도로에서 정차를 하고자 할 때에는 차도의 우측 가장자리에 정차한다.

56. 주차 · 정차가 금지되어 있지 않은 장소는?

① 교차로
② 건널목
③ 횡단보도
④ 경사로의 정상부근

해설 경사로의 정상부근은 서행지역이다.

57. 도로교통법상 주차금지의 장소로 틀린 것은?

① 터널 안 및 다리 위
② 화재경보기로부터 5미터 이내인 곳
③ 소방용 기계 · 기구가 설치된 5미터 이내인 곳
④ 소방용 방화물통이 있는 5미터 이내의 곳

해설 화재경보기로부터 3m 이내의 지점

58. 횡단보도로부터 몇 m 이내에 정차 및 주차를 해서는 안 되는가?

① 3m ② 5m ③ 8m ④ 10m

해설 횡단보도로부터 10m 이내에 정차 및 주차를 해서는 안 된다.

59. 주차 및 정차금지 장소는 건널목 가장자리로부터 몇 m 이내인 곳인가?

① 5m ② 10m ③ 20m ④ 30m

해설 건널목 가장자리로부터 10m 이내에 정차 및 주차를 해서는 안 된다.

정답 53 ④ 54 ① 55 ③ 56 ④ 57 ② 58 ④ 59 ②

60. **도로교통법에 따라 소방용 기계기구가 설치된 곳, 소방용 방화물통, 소화전 또는 소화용 방화물통의 흡수구나 흡수관으로부터 ( ) 이내의 지점에 주차하여서는 아니 된다. ( )에 들어갈 거리는?**

① 10미터 ② 7미터
③ 5미터 ④ 3미터

해설 도로교통법에 따라 소방용 기계기구가 설치된 곳, 소방용 방화물통, 소화전 또는 소화용 방화물통의 흡수구나 흡수관으로부터 5m 이내의 지점에 주차하여서는 안 된다.

61. **도로공사를 하고 있는 경우에 당해 공사구역의 양쪽 가장자리로부터 몇 m 이내의 지점에 주차하여서는 안 되는가?**

① 5m ② 6m
③ 10m ④ 15m

해설 도로공사를 하고 있는 경우에 당해 공사구역의 양쪽 가장자리로부터 5m 이내의 지점에 주차하여서는 안 된다.

62. **도로교통법상 도로의 모퉁이로부터 몇 m 이내의 장소에 정차하여서는 안 되는가?**

① 2m ② 3m
③ 5m ④ 10m

해설 도로의 모퉁이로부터 5m 이내의 곳에서는 정차를 해서는 안 된다.

63. **도로교통법령상 운전자의 준수사항이 아닌 것은?**

① 출석지시서를 받은 때에는 운전하지 아니 할 것
② 자동차의 운전 중에 휴대용 전화를 사용하지 않을 것
③ 자동차의 화물 적재함에 사람을 태우고 운행하지 말 것
④ 물이 고인 곳을 운행할 때에는 고인 물을 튀게 하여 다른 사람에게 피해를 주는 일이 없도록 할 것

해설 자동차의 운전 중에 휴대용 전화 사용 금지, 화물 적재함에 사람을 태우고 운행하지 말 것, 물이 고인 곳을 운행할 때에는 고인 물을 튀게 하여 다른 사람에게 피해를 주는 일이 없도록 할 것

64. **차로가 설치되지 아니한 좁은 도로에서 보행자의 옆을 지나는 경우 가장 올바른 방법은?**

① 보행자 옆을 속도 감속 없이 빨리 주행한다.
② 경음기를 울리면서 주행한다.
③ 안전거리를 두고 서행한다.
④ 보행자가 멈춰 있을 때는 서행하지 않아도 된다.

해설 차로가 설치되지 아니한 좁은 도로에서 보행자의 옆을 지나는 경우에는 안전거리를 두고 서행하여야 한다.

65. **밤에 도로에서 차를 운행하는 경우 등의 등화로 틀린 것은?**

① 견인되는 차 : 미등, 차폭등 및 번호등
② 원동기장치자전거 : 전조등 및 미등
③ 자동차 : 자동차안전기준에서 정하는 전조등, 차폭등, 미등
④ 자동차등 외의 모든 차 : 지방경찰청장이 정하여 고시하는 등화

해설 **자동차** : 전조등, 차폭등, 미등, 번호등과 실내

정답 60 ③ 61 ① 62 ③ 63 ① 64 ③ 65 ③

조명등(실내조명등은 승합자동차와 여객자동차 운송 사업용 승용자동차만 해당)

66. 도로교통법령에 따라 도로를 통행하는 자동차가 야간에 켜야 하는 등화의 구분 중 견인되는 차가 켜야 할 등화는?

① 전조등, 차폭등, 미등
② 미등, 차폭등, 번호등
③ 전조등, 미등, 번호등
④ 전조등, 미등

해설 야간에 견인되는 자동차가 켜야 할 등화는 차폭등, 미등, 번호등이다.

67. 야간에 차가 서로 마주보고 진행하는 경우의 등화조작 방법 중 맞는 것은?

① 전조등, 보호등, 실내조명등을 조작한다.
② 전조등을 켜고 보조등을 끈다.
③ 전조등 불빛을 하향으로 한다.
④ 전조등 불빛을 상향으로 한다.

68. 다음 중 도로교통법에 의거, 야간에 자동차를 도로에서 정차 또는 주차하는 경우에 반드시 켜야 하는 등화는?

① 방향지시등을 켜야 한다.
② 미등 및 차폭등을 켜야 한다.
③ 전조등을 켜야 한다.
④ 실내등을 켜야 한다.

해설 야간에 자동차를 도로에서 정차 또는 주차하는 경우에 반드시 미등 및 차폭등을 켜야 한다.

69. 다음 중 도로교통법을 위반한 경우는?

① 밤에 교통이 빈번한 도로에서 전조등을 계속 하향했다.
② 낮에 어두운 터널 속을 통과할 때 전조등을 켰다.
③ 소방용 방화물통으로부터 10m 지점에 주차하였다.
④ 노면이 얼어붙은 곳에서 최고속도의 20/100을 줄인 속도로 운행하였다.

해설 노면이 얼어붙은 곳에서는 최고속도의 50/100을 줄인 속도로 운행하여야 한다.

70. 횡단보도에서의 보행자 보호의무 위반 시 받는 처분으로 옳은 것은?

① 면허취소
② 즉심회부
③ 통고처분
④ 형사입건

71. 범칙금 납부통고서를 받은 사람은 며칠 이내에 경찰청장이 지정하는 곳에 납부하여야 하는가? (단, 천재지변이나 그 밖의 부득이한 사유가 있는 경우는 제외한다.)

① 5일 ② 10일
③ 15일 ④ 30일

해설 범칙금 납부통고서를 받은 사람은 10일 이내에 경찰청장이 지정하는 곳에 납부하여야 한다.

72. 도로교통법에 의한 통고처분의 수령을 거부하거나 범칙금을 기간 안에 납부하지 못한 자는 어떻게 처리되는가?

① 면허증이 취소된다.
② 즉결심판에 회부된다.
③ 연기신청을 한다.
④ 면허의 효력이 정지된다.

해설 통고처분의 수령을 거부하거나 범칙금을 기간 안에 납부하지 못한 자는 즉결심판에 회부된다.

정답 66 ② 67 ③ 68 ② 69 ④ 70 ③ 71 ② 72 ②

73. 도로교통법령상 총중량 2000kg 미만인 자동차를 총중량이 그의 3배 이상인 자동차로 견인할 때의 속도는? (단, 견인하는 차량이 견인자동차가 아닌 경우이다.)

① 매시 30km 이내
② 매시 50km 이내
③ 매시 80km 이내
④ 매시 100km 이내

해설 총중량 2000kg 미만인 자동차를 총중량이 그의 3배 이상인 자동차로 견인할 때의 속도는 매시 30km 이내이다.

74. 도로교통법상 운전이 금지되는 술에 취한 상태의 기준으로 옳은 것은?

① 혈중 알코올 농도 0.03% 이상일 때
② 혈중 알코올 농도 0.02% 이상일 때
③ 혈중 알코올 농도 0.1% 이상일 때
④ 혈중 알코올 농도 0.2% 이상일 때

해설 도로교통법령상 술에 취한 상태의 기준은 혈중 알코올 농도가 0.03% 이상인 경우이다.

75. 도로교통법에 따르면 운전자는 자동차 등의 운전 중에는 휴대용 전화를 원칙적으로 사용할 수 없다. 예외적으로 휴대용 전화 사용이 가능한 경우로 틀린 것은?

① 자동차 등이 정지하고 있는 경우
② 저속 건설기계를 운전하는 경우
③ 긴급자동차를 운전하는 경우
④ 각종 범죄 및 재해 신고 등 긴급한 필요가 있는 경우

해설 **운전 중 휴대전화 사용이 가능한 경우**
㉠ 자동차 등이 정지해 있는 경우
㉡ 긴급자동차를 운전하는 경우
㉢ 각종 범죄 및 재해신고 등 긴급을 요하는 경우
㉣ 안전운전에 지장을 주지 않는 장치로 대통령령이 정하는 장치를 이용하는 경우

정답 73 ① 74 ① 75 ②

지게차
운전기능사

제 7 편

응급대처

제1장 고장이 발생하였을 때의 응급처지

제2장 교통사고가 발생하였을 때의 대처

제 1 장 고장이 발생하였을 때의 응급처지

1-1 제동장치가 고장 났을 때

브레이크 페달 유격이 크게 되어 제동력이 불량일 경우에는 안전주차하고 후면 안전거리에 고장표시판을 설치 후 고장 내용을 점검하고 아래와 같이 조치한다.

① 브레이크 오일에 공기가 들어 있을 경우의 원인은 브레이크 오일 부족, 오일 파이프 파열, 마스트 실린더 내의 체결 밸브 불량으로 조치방법은 공기빼기를 실시한다.
② 브레이크 라인이 마멸된 경우 정비공장에 의뢰하여 수리 · 교환한다.
③ 브레이크 파이프에서 오일이 누유될 경우 정비공장에 의뢰하여 교환한다.
④ 마스트 실린더 및 휠 실린더가 불량일 경우 정비공장에 의뢰하여 수리 · 교환한다.
⑤ 베이퍼 로크 현상이 일어났을 때에는 엔진 브레이크를 사용한다.
⑥ 페이드 현상이 발생하였을 때에는 엔진 브레이크를 병용한다.

1-2 타이어 펑크 및 주행장치가 고장 났을 때

① 타이어 펑크가 났을 때에는 안전주차하고 후면 안전거리에 고장표시판을 설치 후 정비사에게 지원을 요청한다.
② 주행장치(동력전달장치, 조향장치 등)가 고장 났을 때에는 안전주차하고 후면 안전거리에 고장표시판을 설치 후 견인 조치한다.

1-3 마스트 유압 라인이 고장 났을 때

① '마스트의 전경각'이란 지게차의 기준 무부하 상태에서 지게차의 마스트를 쇠스랑(포크) 쪽으로 가장 기울인 경우 마스트가 수직면에 대하여 이루는 기울기를 말한다.

② '마스트의 후경각'이란 지게차의 기준 무부하 상태에서 지게차의 마스트를 조종실 쪽으로 가장 기울인 경우 마스트가 수직면에 대하여 이루는 기울기를 말한다.

③ 마스트의 전경각 및 후경각은 다음 각 호의 기준에 맞아야 한다. 다만, 철판 코일을 들어 올릴 수 있는 특수한 구조인 경우 또는 안전에 지장이 없도록 안전경보장치 등을 설치한 경우에는 그러하지 아니하다.

1. 카운터밸런스 지게차의 전경각은 6도 이하, 후경각은 12도 이하일 것
2. 사이드 시프트 포크형 지게차의 전경각 및 후경각은 각각 5도 이하일 것

④ 안전주차 후 뒷면에 고장표시판 설치 후 포크를 마스트에 고정한다.

⑤ 주차 브레이크를 푼다.

⑥ 브레이크 페달을 놓는다.

⑦ 시동스위치는 OFF로 한다.

⑧ 전 · 후진 레버를 중립에 위치한다.

⑨ 지게차에 견인 봉을 연결한다.

⑩ 지게차를 서서히 견인한다.

⑪ 주행속도는 2km/h 이하로 유지한다.

1-4 지게차 응급 견인방법

① 견인은 짧은 거리 이동을 위한 비상응급 견인이며 장거리를 이동할 때에는 항상 수송트럭으로 운반하여야 한다.

② 견인되는 지게차에는 운전자가 조향핸들과 제동장치를 조작할 수 없으며 탑승자를 허용해서는 안 된다.

③ 견인하는 지게차는 고장난 지게차보다 커야 한다.

④ 고장난 지게차를 경사로 아래로 이동할 때는 충분한 조정과 제동을 얻기 위해 더 큰 견인 지게차로 견인하거나 또는 몇 대의 지게차를 뒤에 연결할 필요가 있을 때도 있다. 그렇게 하여 예기치 못한 구름을 방지한다.

제 2 장 교통사고가 발생하였을 때의 대처

2-1 인명사고가 발생하였을 때 응급조치 후 긴급구호 요청

① 차의 운전 등 교통으로 인하여 사람을 사상(死傷)하거나 물건을 손괴(이하 '교통사고'라 한다)한 경우에는 그 차의 운전자나 그 밖의 승무원(이하 '운전자 등'이라 한다)은 즉시 정차하여 사상자를 구호하는 등 필요한 조치를 하여야 한다.

② 그 차의 운전자 등은 경찰공무원이 현장에 있을 때에는 그 경찰공무원에게, 경찰공무원이 현장에 없을 때에는 가장 가까운 국가경찰관서(지구대, 파출소 및 출장소를 포함한다. 이하 같다)에 다음 각 호의 사항을 지체 없이 신고하여야 한다. 다만, 운행 중인 차만 손괴된 것이 분명하고 도로에서의 위험방지와 원활한 소통을 위하여 필요한 조치를 한 경우에는 그러하지 아니하다.

1. 사고가 일어난 곳
2. 사상자 수 및 부상 정도
3. 손괴한 물건 및 손괴 정도
4. 그 밖의 조치사항 등

③ 신고를 받은 경찰공무원은 부상자의 구호와 그 밖의 교통위험 방지를 위하여 필요하다고 인정하면 경찰공무원(자치경찰공무원은 제외한다)이 현장에 도착할 때까지 신고한 운전자 등에게 현장에서 대기할 것을 명할 수 있다.

④ 경찰공무원은 교통사고를 낸 차의 운전자 등에 대하여 그 현장에서 부상자의 구호와 교통안전을 위하여 필요한 지시를 명할 수 있다.

⑤ 긴급자동차, 부상자를 운반 중인 차 및 우편물자동차 등의 운전자는 긴급한 경우에는 동승자로 하여금 신고를 하게 하고 운전을 계속할 수 있다.

⑥ 경찰공무원(자치경찰공무원은 제외한다)은 교통사고가 발생한 경우에는 대통령령으로 정하는 바에 따라 필요한 조사를 하여야 한다.

2-2 소화기

화재는 어떤 물질이 산소와 결합하여 연소하면서 열을 방출시키는 산화반응이며, 화재가 발생하기 위해서는 가연성 물질, 산소, 점화원이 반드시 필요하다.

(1) 화재의 분류

① **A급 화재 :** 일반화재(고체연료의 화재) – 연소 후 재를 남긴다.
② **B급 화재 :** 휘발유, 벤젠 등의 유류(기름)화재
③ **C급 화재 :** 전기화재
④ **D급 화재 :** 금속화재

(2) 소화기의 종류

① **이산화탄소 소화기 :** 유류화재, 전기화재 모두 적용 가능하나, 질식작용에 의해 화염을 진화하기 때문에 실내 사용에는 특히 주의를 기울여야 한다.
② **포말 소화기 :** 목재, 섬유 등 일반화재에도 사용되며, 가솔린과 같은 유류나 화학약품의 화재에도 적당하나, 전기화재에는 부적당하다.
③ **분말 소화기 :** 미세한 분말 소화재를 화염에 방사시켜 진화시킨다.
④ **물분무 소화설비 :** 연소물의 온도를 인화점 이하로 냉각시키는 효과가 있다.

(3) 소화기 사용법을 숙지한다.

① 안전핀을 뽑는다. 이때 손잡이를 누른 상태로는 잘 빠지지 않으니 침착하도록 한다.
② 호스걸이에서 호스를 벗겨내어 잡고 끝을 불쪽으로 향한다.
③ 손잡이를 힘껏 잡아 누른다.
④ 불의 아래쪽에서 비를 쓸 듯이 차례로 덮어 나간다.
⑤ 불이 꺼지면 손잡이를 놓는다.

2-3 교통사고가 발생하였을 때 2차사고 예방

(1) 차량의 응급상황을 알리는 삼각대

① 도로 위의 다양한 상황에서 최우선으로 고려해야 할 사항은 운전자와 승객의 안전이다. 한국도로공사 통계에 의하면 2차사고 치사율은 60%로 일반 교통사고의 치사율보다 6배나 높고, 고장으로 정차한 차량의 추돌사고가 전체 2차사고 발생률의 25%를 차지한다. 야간 사고 발생률은 무려 73%나 된다.

② 안전 삼각대는 이러한 2차사고 예방을 위한 필수 물품이므로 반드시 구비해야 한다. 2005년 이후 생산된 모든 국산 차량에는 안전 삼각대가 기본 장비로 포함되어 있으므로 적재된 위치를 미리 파악해 두도록 하고, 구비되어 있지 않거나 파손된 경우, 별도로 구입해야 한다.

③ 안전 삼각대 설치 위반 시에는 과태료가 부과되며, 고속도로에서는 주간 최소 100m, 야간 최소 200m 전에 설치해야 한다.

(2) 소화기 및 비상용 망치, 손전등

① 차량 화재 또는 내부에 갇히게 될 경우에 대비해 소화기와 비상용 망치도 반드시 준비해야 한다. 특히 소화기의 경우 휴대가 간편한 스프레이형 제품도 있으므로 운전자의 안전을 위해 항상 실내에 구비하는 것이 좋다.

② 차량에 고장이 발생하였을 때 하부나 엔진 룸 깊숙한 곳을 살피기 위해서는 주간에도 손전등이 필요하다. 특히 야간에는 응급 상황에 대처하는 데도 도움이 되므로 반드시 준비해 두는 것이 좋다.

(3) 사고 표시용 스프레이

① 교통사고가 발생하였을 때 현장 상황을 보존하는 것은 매우 중요하다. 차량에 사고 표시용 스프레이를 미리 준비해 두면 억울하게 불이익을 당하지 않도록 증거를 남길 수 있다.

② 휴대폰이나 카메라 등을 이용해 사고 상황을 촬영해 두어도 도움이 된다.

2-4 교통사고에 대처하기

(1) 인명사고가 났을 때 긴급구호 요청 방법을 파악한다.

즉시 정차 → 사상자 구호 → 신고 순서로 조치 후 긴급구조 요청을 한다.

(2) 전복되었을 때 생존방법

지게차가 전복될 경우에는 운전자가 운전자 안전장치를 사용하고, 주어진 각 호를 따를 경우에는 중상 또는 사망의 위험이 감소된다.

1. 항상 운전자 안전장치를 사용한다.
2. 뛰어내리지 않는다.
3. 조향핸들을 꽉 잡는다.
4. 발을 힘껏 벌린다.
5. 상체를 전복되는 반대 방향으로 기울인다.
6. 머리와 몸을 앞쪽으로 기울인다.

지게차 운전기능사

출제 예상 문제

01. 도로교통법상 교통사고에 해당되지 않는 것은?

① 도로운전 중 언덕길에서 추락하여 부상한 사고
② 차고에서 적재하던 화물이 전락하여 사람이 부상한 사고
③ 주행 중 브레이크 고장으로 도로변의 전주를 충돌한 사고
④ 도로주행 중에 화물이 추락하여 사람이 부상한 사고

해설 차고에서 적재하던 화물이 전락하여 사람이 부상한 사고는 안전사고이다.

02. 교통사고가 발생하였을 때 운전자가 가장 먼저 취해야 할 조치로 적절한 것은?

① 즉시 보험회사에 신고한다.
② 모범운전자에게 신고한다.
③ 즉시 피해자 가족에게 알린다.
④ 즉시 사상자를 구호하고 경찰에 연락한다.

해설 교통사고가 발생하였을 때 운전자는 즉시 사상자를 구호하고 경찰에 연락하여야 한다.

03. 교통사고로서 중상의 기준에 해당하는 것은?

① 1주 이상의 치료를 요하는 부상
② 2주 이상의 치료를 요하는 부상
③ 3주 이상의 치료를 요하는 부상
④ 4주 이상의 치료를 요하는 부상

해설 중상의 기준은 3주 이상의 치료를 요하는 부상이다.

04. 자동차 운전 중 교통사고를 일으킨 때 사고결과에 따른 벌점기준으로 틀린 것은?

① 부상신고 1명마다 2점
② 사망 1명마다 90점
③ 경상 1명마다 5점
④ 중상 1명마다 30점

해설 **교통사고 발생 후 벌점**
㉠ 사망 1명마다 90점(사고발생으로부터 72시간 내에 사망한 때)
㉡ 중상 1명마다 15점(3주 이상의 치료를 요하는 의사의 진단이 있는 사고)
㉢ 경상 1명마다 5점(3주 미만 5일 이상의 치료를 요하는 의사의 진단이 있는 사고)
㉣ 부상신고 1명마다 2점(5일 미만의 치료를 요하는 의사의 진단이 있는 사고)

05. 화재에 대한 설명으로 틀린 것은?

① 화재는 어떤 물질이 산소와 결합하여 연소하면서 열을 발출시키는 산화반응을 말한다.
② 화재가 발생하기 위해서는 가연성 물질, 산소, 발화원이 반드시 필요하다.
③ 전기에너지가 발화원이 되는 화재를 C급 화재라 한다.
④ 가연성 가스에 의한 화재를 D급 화재라 한다.

해설 가연성 가스에 의한 화재를 B급 화재라 한다.

정답 01 ② 02 ④ 03 ③ 04 ④ 05 ④

06. 화재발생 시 연소 조건이 아닌 것은?

① 점화원
② 산소(공기)
③ 발화시기
④ 가연성 물질

해설 연소 조건은 점화원, 산소(공기), 가연성 물질이다.

07. 화재의 분류기준으로 틀린 것은?

① A급 화재 : 고체연료성 화재
② D급 화재 : 금속화재
③ B급 화재 : 액상 또는 기체상의 연료성 화재
④ C급 화재 : 가스화재

해설 **화재의 분류**
㉠ A급 화재 : 고체연료(나무, 석탄 등) 연소 후 재를 남기는 일반적인 화재
㉡ B급 화재 : 액상 또는 기체연료(휘발유, 벤젠 등)의 유류화재
㉢ C급 화재 : 전기화재
㉣ D급 화재 : 금속화재

08. 목재, 종이, 석탄 등 일반 가연물의 화재는 어떤 화재로 분류하는가?

① A급 화재
② B급 화재
③ C급 화재
④ D급 화재

해설 07번 해설 참조

09. 화재의 분류기준에서 휘발유로 인해 발생한 화재는?

① C급 화재
② A급 화재
③ D급 화재
④ B급 화재

해설 07번 해설 참조

10. B급 화재에 대한 설명으로 옳은 것은?

① 목재, 섬유류 등의 화재로서 일반적으로 냉각소화를 한다.
② 유류 등의 화재로서 일반적으로 질식효과(공기차단)로 소화한다.
③ 전기기기의 화재로서 일반적으로 전기 절연성을 갖는 소화제로 소화한다.
④ 금속나트륨 등의 화재로서 일반적으로 건조사를 이용한 질식효과로 소화한다.

해설 B급 화재란 유류(기름, 가스) 등의 화재이며, 질식효과(공기차단)로 소화한다.

11. 전기시설과 관련된 화재로 분류되는 것은?

① A급 화재
② B급 화재
③ C급 화재
④ D급 화재

해설 07번 해설 참조

12. 화재예방 조치로서 적합하지 않은 것은?

① 가연성 물질을 인화 장소에 두지 않는다.
② 유류취급 장소에는 방화수를 준비한다.
③ 흡연은 정해진 장소에서만 한다.
④ 화기는 정해진 장소에서만 취급한다.

해설 유류취급 장소에는 모래나 소화기를 준비한다.

정답 06 ③ 07 ④ 08 ① 09 ④ 10 ② 11 ③ 12 ②

13. 가스 및 인화성 액체에 의한 화재예방조치 방법으로 틀린 것은?

① 가연성 가스는 대기 중에 자주 방출시킬 것
② 인화성 액체의 취급은 폭발한계의 범위를 초과한 농도로 할 것
③ 배관 또는 기기에서 가연성 증기의 누출 여부를 철저히 점검할 것
④ 화재를 진화하기 위한 방화장치는 위급 상황 시 눈에 잘 띄는 곳에 설치할 것

해설 가연성 가스는 대기 중에 자주 방출시켜서는 안 된다.

14. 소화설비 선택 시 고려하여야 할 사항이 아닌 것은?

① 작업의 성질
② 작업자의 성격
③ 화재의 성질
④ 작업장의 환경

해설 소화설비를 선택할 때에는 작업의 성질, 화재의 성질, 작업장의 환경 등을 고려하여야 한다.

15. 소화설비를 설명한 내용으로 맞지 않는 것은?

① 포말 소화설비는 저온 압축한 질소가스를 방사시켜 화재를 진화한다.
② 분말 소화설비는 미세한 분말 소화제를 화염에 방사시켜 진화시킨다.
③ 물분무 소화설비는 연소물의 온도를 인화점 이하로 냉각시키는 효과가 있다.
④ 이산화탄소 소화설비는 질식작용에 의해 화염을 진화시킨다.

해설 포말 소화기는 외통용기에 탄산수소나트륨, 내통용기에 황산알루미늄을 물에 용해하여 충전하고, 사용할 때는 양 용기의 약제가 화합되어 탄산가스가 발생하며, 거품을 발생시켜 방사하는 것이다.

16. 소화 작업 시 행동요령으로 틀린 것은?

① 카바이드 및 유류에는 물을 뿌린다.
② 가스밸브를 잠그고 전기 스위치를 끈다.
③ 전선에 물을 뿌릴 때는 송전 여부를 확인한다.
④ 화재가 일어나면 화재경보를 한다.

해설 소화 작업의 기본 요소
㉠ 가연물질과 점화원을 제거하고 산소공급을 차단한다.
㉡ 가스밸브를 잠그고 전기 스위치를 끈다.
㉢ 전선에 물을 뿌릴 때는 송전 여부를 확인한다.
㉣ 화재가 일어나면 화재경보를 한다.
㉤ 카바이드 및 유류화재에는 물을 뿌려서는 안 된다.
㉥ 점화원을 발화점 이하의 온도로 낮춘다.

17. 소화 작업의 기본요소가 아닌 것은?

① 가연물질을 제거하면 된다.
② 산소를 차단하면 된다.
③ 점화원을 제거시키면 된다.
④ 연료를 기화시키면 된다.

해설 소화 작업의 기본요소는 가연물질 제거, 산소공급 차단, 점화원 제거이다.

18. 화재 시 소화원리에 대한 설명으로 틀린 것은?

① 기화 소화법은 가연물을 기화시키는 것이다.
② 냉각 소화법은 열원을 발화온도 이하로

정답 13 ① 14 ② 15 ① 16 ① 17 ④ 18 ①

냉각하는 것이다.
③ 질식 소화법은 가연물에 산소공급을 차단하는 것이다.
④ 제거 소화법은 가연물을 제거하는 것이다.

해설 소화방법
㉠ 가연물을 제거한다(제거소화법).
㉡ 산소를 차단한다(질식소화법).
㉢ 산화반응의 진행을 차단한다(억제소화법).
㉣ 화점의 온도를 낮춘다(냉각소화법).
㉤ 유류화재는 유면을 에멀션 시킨다(유화소화법).
㉥ 가연물의 농도를 희석시킨다(희석소화법).

19. 유류화재 시 소화용으로 가장 거리가 먼 것은?

① 물
② 소화기
③ 모래
④ 흙

해설 유류화재에는 소화기, 모래, 흙 등을 사용한다.

20. 작업장에서 휘발유 화재가 일어났을 경우 가장 적합한 소화방법은?

① 물 호스의 사용
② 불의 확대를 막는 덮개의 사용
③ 소다 소화기의 사용
④ 탄산가스 소화기의 사용

해설 유류화재에는 탄산가스(이산화탄소) 소화기를 사용하여야 한다.

21. 전기화재에 적합하며 화재 때 화점에 분사하는 소화기로 산소를 차단하는 소화기는?

① 포말 소화기
② 이산화탄소 소화기
③ 분말 소화기
④ 증발 소화기

해설 이산화탄소 소화기는 유류, 전기화재 모두 적용 가능하나, 산소차단(질식작용)에 의해 화염을 진화하기 때문에 실내에서 사용할 때는 특히 주의를 기울여야 한다.

22. 다음 중 전기설비 화재 시 가장 적합하지 않은 소화기는?

① 포말 소화기
② 이산화탄소 소화기
③ 무상강화액 소화기
④ 할로겐화합물 소화기

해설 전기화재의 소화에 포말 소화기는 사용해서는 안 된다.

23. 금속나트륨이나 금속칼륨 화재의 소화재로서 가장 적합한 것은?

① 물
② 포말 소화기
③ 건조사
④ 이산화탄소 소화기

해설 D급 화재는 금속나트륨, 금속칼륨 등의 화재로서 일반적으로 건조사를 이용한 질식효과로 소화한다.

24. 소화방식의 종류 중 주된 작용이 질식소화에 해당하는 것은?

① 강화액
② 호스방수
③ 에어-폼
④ 스프링클러

정답 19 ① 20 ④ 21 ② 22 ① 23 ③ 24 ③

25. 건설기계에 비치할 가장 적합한 종류의 소화기는?

① A급 화재 소화기
② 포말B 소화기
③ ABC 소화기
④ 포말 소화기

해설 건설기계에는 ABC 소화기를 비치하여야 한다.

26. 화재발생 시 소화기를 사용하여 소화 작업을 하고자 할 때 올바른 방법은?

① 바람을 안고 우측에서 좌측을 향해 실시한다.
② 바람을 등지고 좌측에서 우측을 향해 실시한다.
③ 바람을 안고 아래쪽에서 위쪽을 향해 실시한다.
④ 바람을 등지고 위쪽에서 아래쪽을 향해 실시한다.

해설 소화기를 사용하여 소화 작업을 할 경우에는 바람을 등지고 위쪽에서 아래쪽을 향해 실시한다.

27. 화재발생 시 초기 진화를 위해 소화기를 사용하고자 한다. 다음 [보기]에서 소화기 사용방법에 따른 순서로 맞는 것은?

보기
㉮ 안전핀을 뽑는다.
㉯ 안전핀 걸림장치를 제거한다.
㉰ 손잡이를 움켜잡아 분사한다.
㉱ 노즐을 불이 있는 곳으로 향하게 한다.

① ㉮ → ㉯ → ㉰ → ㉱
② ㉰ → ㉮ → ㉯ → ㉱
③ ㉱ → ㉯ → ㉰ → ㉮
④ ㉯ → ㉮ → ㉱ → ㉰

해설 **소화기 사용 순서** : 안전핀 걸림장치를 제거한다. → 안전핀을 뽑는다. → 노즐을 불이 있는 곳으로 향하게 한다. → 손잡이를 움켜잡아 분사한다.

정답 25 ③ 26 ④ 27 ④

지게차
운전기능사

제 8 편

안전관리

제1장 안전보호구 착용 및 안전장치 확인

제2장 위험 요소 확인

제3장 안전운반 작업

제4장 지게차 안전관리

지게차 운전기능사

제 1 장 안전보호구 착용 및 안전장치 확인

1-1 안전사고 발생의 개요

(1) 사고 발생 원인

사고 발생 원인은 작업자의 불안전한 행동에 의한 경우 80%, 작업자의 불안정한 상태에 의한 경우가 10%, 다른 작업자의 실수에 의한 경우가 8%, 천재지변으로 인한 경우가 2% 정도를 차지한다.

(2) 안전관리 결함

안전관리의 결함으로는 작업자의 인적 요인, 설비적인 요인, 작업적인 요인, 관리적인 요인 등이 있다.

(3) 위험예지 훈련

① **제1단계 :** 현상 파악
② **제2단계 :** 본질 추구
③ **제3단계 :** 대책 수립
④ **제4단계 :** 목표 설정

1-2 안전보호구

1 안전보호구 이해

안전보호구란 산업재해를 예방하기 위하여 작업자가 작업하기 전에 착용하는 기구나 장치이다.

(1) 안전보호구의 구비조건

① 착용이 간단하고 착용 후 작업하기가 쉬울 것
② 유해, 위험요소로부터 보호성능이 충분할 것
③ 품질과 끝마무리가 양호할 것

④ 외관 및 디자인이 양호할 것

(2) 안전보호구를 선택할 때 주의사항

① 사용목적에 적합할 것
② 품질이 좋을 것
③ 사용하기가 쉬울 것
④ 관리하기가 편할 것
⑤ 작업자에게 잘 맞을 것

2 안전보호구의 종류

(1) 안전모

안전모는 작업자가 작업할 때 비래(날아오는)하는 물건이나 낙하하는 물건에 의한 위험성으로부터 머리를 보호한다.

① 안전모의 종류

(가) A형 : 물체의 낙하 및 비래에 의한 위험을 방지 또는 경감시키기 위한 것이며, 재질은 합성수지 또는 금속이다.

(나) AB형 : 물체의 낙하 또는 비래 및 추락에 의한 위험을 방지 또는 경감시키기 위한 것이며, 재질은 합성수지이다.

(다) AE형 : 물체의 낙하 및 비래에 의한 위험을 방지 또는 경감하고, 머리부위 감전에 의한 위험을 방지하기 위한 것이며, 재질은 합성수지이다. 내전압성(7,000V 이하의 전압에 견디는 것)이 크다.

(라) ABE형 : 물체의 낙하 또는 비래 및 추락에 의한 위험을 방지 또는 경감하고, 머리부위 감전에 의한 위험을 방지하기 위한 것이며, 재질은 합성수지이다. 내전압성이 크다.

② 안전모 사용 및 관리방법

(가) 작업내용에 적합한 안전모를 착용한다.
(나) 안전모를 착용할 때 턱 끈을 바르게 한다.
(다) 충격을 받은 안전모나 변형된 안전모는 폐기 처분한다.
(라) 자신의 크기에 맞도록 착장제의 머리 고정대를 조절한다.
(마) 안전모에 구멍을 내지 않도록 한다.
(바) 합성수지는 자외선에 균열 및 노화가 되므로 자동차 뒤 창문 등에 보관을 하지 않는다.

(2) 안전화

안전화는 작업장소의 상태가 나쁘거나, 작업자세가 부적합할 때 발이 미끄러져 넘어져서 발생하는 사고 및 물건의 취급, 운반할 때 취급하고 있는 물품에 발등이 다치는 재해로부터 작업자를 보호하기 위한 신발이다.

① **경 작업용 :** 금속선별, 전기제품 조립, 화학품 선별, 식품가공업 등 경량의 물체를 취급하는 작업장

② **보통 작업용 :** 기계공업, 금속가공업 등 공구품을 손으로 취급하는 작업 및 차량사업장, 기계 등을 조작하는 일반작업장

③ **중 작업용 :** 중량물 운반 작업 및 중량이 큰 물체를 취급하는 작업장

(3) 안전작업복

① **안전작업복의 기본적인 요소 :** 기능성, 심미성, 상징성이 작업복 스타일의 기본적인 3요소이다.

② **안전작업복의 조건 :** 작업복이 갖추어야 할 조건으로는 보건성, 적응성, 내구성이 있어야 한다.

(4) 보안경

보안경은 날아오는 물체로부터 눈을 보호하고 유해광선에 의한 시력 장해를 방지하기 위해 사용한다.

① **유리 보안경 :** 고운 가루, 칩, 기타 비산물체로부터 눈을 보호하기 위한 보안경이다.

② **플라스틱 보안경 :** 고운 가루, 칩, 액체, 약품 등의 비산물체로부터 눈을 보호하기 위한 보안경이다.

③ **도수렌즈 보안경 :** 원시 또는 난시인 작업자가 보안경을 착용해야 하는 작업장에서 유해 물질로부터 눈을 보호하고 시력을 교정하기 위한 보안경이다.

(5) 방음 보호구(귀마개 · 귀덮개)

방음 보호구는 소음이 발생하는 작업장에서 작업자의 청력을 보호하기 위해 사용되는데 소음의 허용기준은 8시간 작업을 할 때 90db이고, 그 이상의 소음 작업장에서는 귀마개나 귀덮개를 착용한다.

(6) 호흡용 보호구

호흡용 보호구는 산소결핍 작업, 분진 및 유독가스 발생 작업장에서 작업할 때 신선한 공기 공급 및 여과를 통하여 호흡기를 보호한다.

1-3 안전장치

안전장치는 작업자의 위해를 방지하거나 기계설비의 손상을 방지하기 위하여 기계적, 전지적인 기능을 구비한 장치이다.

(1) 지게차 전도방지 안전장치

지게차에 화물을 적재하였을 때 앞 타이어가 받침대 역할을 하고 뒷면 평형추(count weight)의 무게에 의해 안정된 상태를 유지할 수 있도록 최대하중 이하로 적재한다.

(2) 지게차의 안정도

안정도는 지게차의 화물 하역, 운반할 때 전도에 대한 안전성을 표시하는 수치로 하중을 높이 올리면 중심이 높아져서 언덕길 등의 경사면에서는 가로위치가 되면 쉽게 전도가 된다.

이 때문에 지게차의 안정도 시험을 하여 규정된 안정도 값을 유지해야 한다.

① **하역작업을 할 때 전후 안정도** : 4%(5t 이상 : 3.5%)
② **주행을 할 때 전후 안정도** : 18%
③ **하역작업을 할 때 좌우 안정도** : 6%
④ **주행할 때 좌우 안정도** : (15+1.1V)% (V : 최고 주행속도 km/h)

(3) 지게차 안전장치

① 주행연동 안전벨트
② 후방접근 경보장치
③ 대형 후사경
④ 룸 미러
⑤ 포크 위치 표시
⑥ 지게차의 식별을 위한 형광테이프 부착
⑦ 경광등 설치
⑧ 출입 안전문 설치
⑨ 포크 받침대
⑩ 오버헤드 가드(over head guard)

제 2 장 위험 요소 확인

2-1 안전표시

안전표시는 작업장에서 작업자가 판단이나 행동의 실수가 발생하기 쉬운 장소나 중대한 재해를 일으킬 우려가 있는 장소에 안전을 확보하기 위해 표시하는 표지이다.

산업안전 표지판 종류

① **금지표지** : 위험한 어떤 일이나 행동 등을 하지 못하도록 제한하는 표지이다.
② **경고표지** : 조심하도록 미리 주의를 주는 표지로 직접적으로 위험한 것, 위험한 장소에 대한 표지이다.
③ **지시표지** : 불안전 행위, 부주의에 의한 위험이 있는 장소를 나타내는 표지이다.
④ **안내표지** : 응급구호표지, 방향표지, 지도표지 등 안내를 나타내는 표지이다.

2-2 안전수칙

① **안전보호구 착용** : 기계, 설비 등 위험 요인으로부터 작업자를 보호하기 위해 작업 조건에 맞는 안전보호구의 착용방법을 숙지하고 착용한다.
② **안전보건표지 부착** : 위험장소 및 작업별로 위험요인에 대한 경각심을 부여하기 위하여 작업장의 눈에 잘 띄는 해당 장소에 안전표지를 부착한다.
③ **안전보건교육 실시** : 작업자 및 사업주에게 안전보건교육을 실시하여 안전의식에 대한 경각심을 고취하고 작업 중 발생할 수 있는 안전사고에 대비한다.
④ **안전작업 절차 준수** : 정비, 보수 등의 비계획적 작업 또는 잠재 위험이 존재하는 작업 공정에서 지켜야 할 작업 단위별 안전작업 절차와 순서를 숙지하여 안전작업을 할 수 있도록 유도한다.

2-3 위험 요소

(1) 화물의 낙하 재해 예방

① 화물의 적재 상태를 확인한다.
② 허용하중을 초과한 적재를 금지한다.
③ 마모가 심한 타이어를 교체한다.
④ 무자격자는 운전을 금지한다.
⑤ 작업장 바닥의 요철을 확인한다.

화물 낙하

(2) 협착 및 충돌 재해 예방

① 지게차 전용 통로를 확보한다.
② 지게차 운행구간별 제한속도 지정 및 표지판을 부착한다.
③ 교차로 등 사각지대에 반사경을 설치한다.
④ 불안전한 화물적재 금지 및 시야를 확보하도록 적재한다.
⑤ 경사진 노면에 지게차를 방치하지 않는다.

전방시야 미확보

(3) 지게차 전도 재해 예방

① 연약한 지반에서는 받침판을 사용하고 작업한다.
② 연약한 지반에서 편하중에 주의하여 작업한다.
③ 지게차의 용량을 무시하고 무리하게 작업하지 않는다.
④ 급선회, 급제동, 오작동 등을 하지 않는다.
⑤ 화물의 적재중량보다 작은 소형 지게차로 작업하지 않는다.

지게차 전도

(4) 추락 재해 예방

① 운전석 이외에 작업자 탑승을 금지한다.
② 난폭운전 금지 및 유도자의 신호에 따라 작업한다.
③ 작업 전 안전띠를 착용하고 작업한다.
④ 지게차를 이용한 고소작업을 금지한다.

지게차 포크 위에 탑승해 이동 중 추락

(5) 작업장 주변 상황 파악

① 작업 지시사항에 따라 정확하고 안전한 작업을 수행하기 위해서는 작업에 투입하는 지게차의 일일점검을 실시해야 하므로 지게차의 주기상태를 육안으로 확인한다.
② 작업할 때 안전사고 예방을 위해 지게차 작업 반경 내의 위험요소를 육안으로 확인한다.
③ 작업 지시사항에 따라 안전한 작업을 수행하기 위해 작업장 주변 구조물의 위치를 육안으로 확인한다.

제 3 장 안전운반 작업

3-1 지게차 사용설명서

지게차 사용설명서는 지게차를 안전하게 사용하기 위한 방법을 상세히 명기하여 사용자에게 주요 기능을 안내하는 책으로, 지게차를 유지 관리하는 사용방법 등에 관한 구체적인 항목이 열거되어 있으며 운전자 매뉴얼, 지게차 사용 매뉴얼, 정비지침서 등이 있다.

3-2 안전운반

(1) 안전운반의 일반적인 사항

① 작업 전 일일점검을 실시한다.
② 정해진 운전자만 운전한다.
③ 작업할 때 적재하중을 초과하여 적재하지 않는다.
④ 작업할 때 규정 주행속도를 준수한다.
⑤ 작업 중 운전석을 이탈할 때에는 시동키를 반드시 휴대한다.
⑥ 작업할 때 안전표지 내용을 준수한다.
⑦ 작업할 때 안전벨트를 착용한다.
⑧ 지게차를 다른 용도로 사용하지 않는다.
⑨ 작업할 때 안전한 경로를 선택해 규정 속도로 주행한다.
⑩ 작업할 때 운전시야를 확보한다.
⑪ 작업할 때 휴대전화를 사용하지 않는다.
⑫ 작업할 때 음주운전을 하지 않는다.

(2) 운반할 때 안전수칙

① 마스트를 뒤로 충분하게 기울인 상태에서 포크 높이를 지면으로부터 20~30cm 유지하며 운반한다.

② 적재한 화물이 운전시야를 가릴 때에는 후진주행이나 유도자를 배치하여 주행한다.
③ 주행할 때 이동방향을 확인하고 작업장 바닥과의 간격을 유지하면서 화물을 운반한다.
④ 혼잡한 지역이나 운전시야가 가려질 때는 장애물과 보행자에 주의하면서 주행속도를 감속하여 주행한다.
⑤ 경사로를 올라가거나 내려올 때는 적재물이 경사로의 위쪽을 향하도록 하고 경사로를 내려오는 경우에는 엔진 브레이크를 사용하여 천천히 내려온다.

3-3 작업안전 및 기타 안전사항

(1) 작업 전 점검사항

① 일상 점검표에 의거 작업 전, 작업 중, 작업 후 점검을 실시한다.
② 연료 누유 및 각종 오일 누유 점검은 작업 전 점검사항으로 주기된 지게차의 지면을 확인하여 연료 및 각종 오일의 누유 여부를 확인한다.
③ 리프트 레버를 작동하여 리프트 실린더의 누유 여부 및 피스톤 로드의 손상을 점검한다.
④ 작업 전 · 후진 레버를 조작하여 레버가 부드럽게 작동하는지 확인한다.
⑤ 브레이크 페달을 밟아 페달 유격이 정상인지 확인한다.
⑥ 주차 브레이크가 원활하게 해제되고 확실히 제동되는지 확인한다.
⑦ 조향핸들을 조작하여 조향핸들에 이상 진동이 느껴지는지 확인하고 유격상태를 점검한다.

(2) 주행할 때 안전수칙

① 작업장 내에서는 제한속도를 준수한다.
② 운전시야가 불량하면 유도자의 지시에 따라 전후좌우를 충분히 관찰 후 운행한다.
③ 진입로, 교차로 등 시야가 제한되는 장소에서는 주행속도를 줄이고 운행한다.
④ 경사로 및 좁은 통로 등에서 급출발, 급정지, 급선회를 하지 않는다.
⑤ 다른 차량과 안전 차간거리를 유지한다.
⑥ 선회할 때 뒷바퀴에 주의하여 천천히 선회하며, 다른 작업자나 구조물과의 충돌에 주의한다.

(3) 적재작업을 할 때 안전수칙

① 적재할 화물의 앞에서 지게차를 안전한 속도로 감속한다.

② 화물 앞에서 정지하여 마스트를 수직으로 조정한다.

③ 화물의 폭에 따라 포크 간격을 조절하여 화물 무게의 중심이 중앙에 오도록 한다.

④ 지게차가 화물에 대해 똑바로 향하고 파렛트 또는 스키드에 포크의 삽입 위치를 확인한 후 포크를 수평으로 유지하여 천천히 삽입한다.

⑤ 포크 삽입 후 포크를 지면으로부터 10cm 들어 올려 화물의 안정 상태와 포크에 대한 편하중을 확인한다.

⑥ 화물에 대한 안정 상태 및 포크에 대한 편하중에 이상이 없음을 확인한 후 마스트를 뒤로 충분하게 기울이고 포크를 지면으로부터 20~30cm 높이를 유지한다.

(4) 하역작업을 할 때 안전수칙

① 화물을 적재할 장소에 도착하면 지게차를 안전한 속도로 감속하여 적재할 장소 앞에 정지한다.

② 적재하고 있는 화물의 붕괴, 파손 등의 위험 여부를 확인한다.

③ 마스트를 수직으로 하고 포크를 수평으로 유지하며, 하역할 위치보다 약간 높은 위치까지 포크를 상승한다.

④ 지게차를 천천히 주행하여 내려놓을 위치를 확인한 후 적재할 장소에 화물을 하역한다.

(5) 주차 및 작업 종료 후 안전수칙

① 포크를 지면에 완전히 내리고 마스트를 앞으로 기울인다.

② 주차 브레이크를 체결하고 전 · 후진 레버를 중립위치에 놓은 상태에서 엔진 시동을 정지하고 시동키는 운전자가 지참하여 관리한다.

③ 작업 후 점검을 실시하여 지게차 이상 유무를 확인한다.

④ 지게차 내 · 외부를 청소하고 더러움이 심할 경우 물로 세척한다.

제 4 장 지게차 안전관리

4-1 지게차 안전관리

지게차 조종면허를 소지한 운전자를 지정하여 운전하도록 하고, 시동키는 별도 관리하도록 한다.

(1) 안전작업 매뉴얼을 준수할 것

① 작업계획서를 작성한다.
② 지게차 작업 장소의 안전한 운행경로를 확보한다.
③ 안전수칙 및 안정도를 준수한다.

(2) 작업할 때 안전수칙을 준수할 것

① 작업 전 일일점검을 실시한다.
② 주행할 때 안전수칙을 준수한다.
③ 운반할 때 안전수칙을 준수한다.
④ 하역작업을 할 때의 안전수칙을 준수한다.
⑤ 주차 및 작업 종료 후 안전수칙을 준수한다.

(3) 작업계획서를 작성할 것

지게차 작업계획서는 작업의 내용, 시작 및 작업시간, 종료시간 등을 세우는 계획서로 운반할 화물의 품명, 중량, 운반수량, 운반거리 및 지게차 제원 등이 포함된다.

① 작업계획서를 확인한다.
② 작업 개요에 대하여 확인한다.
③ 신호수의 배치에 대하여 확인한다.
④ 운반할 화물에 대하여 확인한다.
⑤ 지게차 제원에 대하여 확인한다.
⑥ 보험가입에 대하여 확인한다.
⑦ 조종사의 안전 기구(안전모, 작업복, 안전조끼, 안전화의 착용 여부)를 확인한다.

⑧ 지게차로 작업할 때 준수사항을 확인한다.
 ㉮ 작업장 내 관계자 이외 출입이 통제되었는지 확인한다.
 ㉯ 정격하중 내에서 적재하는지 확인한다.
 ㉰ 지게차를 운전할 때 안전거리에 유의한다.
 ㉱ 지게차로 이동할 때 규정 주행속도를 준수한다.

4-2 일상점검 사항

① 지게차의 외관을 점검한다.
② 엔진오일량, 냉각수량, 유압유량, 연료량 등을 점검한다.
③ 팬벨트 장력을 점검한다.
④ 타이어의 마모 및 공기압을 점검한다.
⑤ 타이어 휠 너트 체결 상태를 점검한다.
⑥ 각종 계기의 작동상태를 점검한다.
⑦ 경음기, 후진경보장치 등의 작동상태를 점검한다.
⑧ 조향장치 작동상태를 점검한다.
⑨ 브레이크 및 인칭페달의 작동상태를 점검한다.
⑩ 주차 브레이크 작동상태를 점검한다.
⑪ 작업장치 작동상태를 점검한다.
⑫ 공기청정기 엘리먼트를 청소한다.
⑬ 축전지 단자의 접속 상태를 점검한다.

4-3 작업요청서

작업요청서는 화물운반 작업을 해당 업체에 의뢰하는 서류로 의뢰인의 작업 요청 내용을 정확하게 파악할 수 있도록 작성한다.

(1) 도로상태 확인

① 내비게이션이 장착된 지게차는 내비게이션을 활용하고, 미디어 매체를 참고하여 도착지점까지 상·하수도 및 가스공사 작업현장을 확인하여 도로가 막힐 경우에는 도로사정에 맞는 우회도로를 선택하여 주행한다.

② 미디어 매체를 참고하여 도착지점까지 지하철 공사현장을 확인한다.

③ 비가 온 후 도로에 물의 흐름이 있으면 수막현상으로 제동능력이 상실되어 제동거리가 길어지므로 감속운행 및 앞 차량과의 차간거리를 충분히 유지한다.

(2) 작업시간 확인

작업요청서의 화물 이름, 규격, 중량, 운반수량, 운반거리 및 작업에 필요한 지게차를 선정하고 출발지 · 도착지 및 작업장 환경을 고려하여 작업시간을 계산한다.

4-4 지게차 안전관리 교육

1 화물을 취급할 때 위험요인을 확인할 것

① 조종사 시야 확보 불량
② 운전 미숙
③ 과속에 의한 충돌
④ 급선회할 때 전도
⑤ 화물 과다 적재
⑥ 화물 편하중 적재
⑦ 무자격자 운전
⑧ 지게차를 용도 이외에 사용

2 위험요인에 대한 안전대책을 수립할 것

① 지게차로 작업할 때 안전통로를 확보한다.
② 지게차 안전장치를 설치한다.
③ 지게차전용 작업구간에 보행자의 출입을 금지시킨다.
④ 작업구역 내 장애물을 제거한다.
⑤ 안전 표지판을 설치하고 안전표지를 부착한다.
⑥ 사각지역에 반사경을 설치한다.
⑦ 지게차 조종사 운전 시야를 확보한다.
⑧ 유자격자만 지게차를 운전한다.
⑨ 주행할 때 포크 높이는 지면으로부터 20~30cm 올린다.

3 화물운반 방법을 숙지할 것

(1) 화물운반 3원칙

① 화물을 들어 올린다.
② 화물을 운반한다.
③ 화물을 안전하게 놓는다.

(2) 화물취급 방법을 숙지할 것

① 인력에 의한 방법
② 운반기구에 의한 방법
③ 동력기계 · 기구에 의한 방법

(3) 제품 및 원자재 적재방법

① 모양을 갖추어서 적재하고, 즉시 사용할 물품은 별도로 보관한다.
② 가벼운 화물은 랙의 상단에, 무거운 화물은 랙의 하단에 적재한다.
③ 큰 것으로부터 작은 것으로 겹쳐서 보관한다.
④ 높이는 밑의 길이보다 3배 이하로 하고, 긴 물건은 옆으로 눕혀 놓는다.
⑤ 화물의 안정성이 나쁜 것은 눕혀 놓는다.
⑥ 화물을 세워서 보관할 때에는 전도방지 조치를 한다.
⑦ 구르기 쉬운 것은 고임대로 받친다.
⑧ 파손되기 쉬운 화물은 별도로 보관한다.

(4) 정리정돈

① 화물이 흐트러지지 않도록 보관한다.
② 정해진 장소에 물건을 보관하고, 필요 없는 물품은 치운다.
③ 안전하게 적재하고, 항상 청소하여 청결하게 유지한다.
④ 품명 · 수량을 알 수 있도록 정확하게 정리 정돈한다.
⑤ 무너지기 쉬운 물품은 고임대를 받치고 정리한다.
⑥ 자주 사용하는 물품은 편리한 곳에 별도로 보관한다.

4-5 기계 · 기구 및 공구에 관한 사항

1 수공구 안전사항

(1) 수공구를 사용할 때 주의사항

① 수공구를 사용하기 전에 이상 유무를 확인한다.
② 작업자는 필요한 보호구를 착용한다.
③ 용도 이외의 수공구는 사용하지 않는다.
④ 사용 전에 공구에 묻은 기름 등은 닦아낸다.
⑤ 수공구 사용 후에는 정해진 장소에 보관한다.
⑥ 작업대 위에서 떨어지지 않게 안전한 곳에 둔다.
⑦ 예리한 공구 등을 주머니에 넣고 작업을 하여서는 안 된다.
⑧ 공구를 던져서 전달해서는 안 된다.

(2) 렌치를 사용할 때 주의사항

① 볼트 및 너트에 맞는 것을 사용, 즉 볼트 및 너트 머리 크기와 같은 조(jaw)의 렌치를 사용한다.
② 볼트 및 너트에 렌치를 깊이 물린다.
③ 렌치를 몸 안쪽으로 잡아당겨 움직이도록 한다.
④ 힘의 전달을 크게 하기 위하여 파이프 등을 끼워서 사용해서는 안 된다.
⑤ 렌치를 해머로 두들겨서 사용하지 않는다.
⑥ 높거나 좁은 장소에서는 몸을 안전하게 한 후 작업한다.
⑦ 해머대용으로 사용하지 않는다.
⑧ 복스렌치를 오픈엔드렌치(스패너)보다 많이 사용하는 이유는 볼트와 너트 주위를 완전히 싸게 되어 있어 사용 중에 미끄러지지 않기 때문이다.

(3) 토크렌치(torque wrench) 사용방법

① 볼트 · 너트 등을 조일 때 조이는 힘을 측정하기(조임력을 규정 값에 정확히 맞도록) 위하여 사용한다.
② 오른손은 렌치 끝을 잡고 돌리며, 왼손은 지지점을 누르고, 눈은 게이지 눈금을 확인한다.

(4) 드라이버(driver)를 사용할 때 주의사항

① 스크루 드라이버의 크기는 손잡이를 제외한 길이로 표시한다.
② 날 끝의 홈의 폭과 길이가 같은 것을 사용한다.
③ 작은 크기의 부품일 경우 바이스(vise)에 고정시키고 작업한다.
④ 전기 작업을 할 때에는 절연된 손잡이를 사용한다.
⑤ 드라이버에 압력을 가하지 말아야 한다.
⑥ 정(chisel) 대용으로 드라이버를 사용해서는 안 된다.
⑦ 자루가 쪼개졌거나 허술한 드라이버는 사용하지 않는다.
⑧ 드라이버의 끝을 항상 양호하게 관리하여야 한다.
⑨ 날 끝이 수평이어야 한다.

(5) 해머작업을 할 때 주의사항

① 해머로 녹슨 것을 때릴 때에는 반드시 보안경을 쓴다.
② 기름이 묻은 손이나 장갑을 끼고 작업하지 않는다.
③ 해머는 작게 시작하여 차차 큰 행정으로 작업한다.
④ 해머 대용으로 다른 것을 사용하지 않는다.
⑤ 타격면은 평탄하고, 손잡이는 튼튼한 것을 사용한다.
⑥ 사용 중에 자루 등을 자주 조사한다.
⑦ 타격 가공하려는 것을 보면서 작업한다.
⑧ 해머를 휘두르기 전에 반드시 주위를 살핀다.
⑨ 좁은 곳에서는 해머작업을 하지 않는다.

2 드릴작업을 할 때의 안전대책

① 구멍을 거의 뚫었을 때 일감 자체가 회전하기 쉽다.
② 드릴의 탈 · 부착은 회전이 멈춘 다음 행한다.
③ 공작물은 단단히 고정시켜 따라 돌지 않게 한다.
④ 드릴 끝이 가공물 관통 여부를 손으로 확인해서는 안 된다.
⑤ 드릴작업은 장갑을 끼고 작업해서는 안 된다.
⑥ 작업 중 쇳가루를 입으로 불어서는 안 된다.
⑦ 드릴작업을 하고자 할 때 재료 밑의 받침은 나무판을 이용한다.

3 그라인더(연삭숫돌) 작업을 할 때의 주의사항

① 숫돌차와 받침대 사이의 표준간격은 2~3mm 정도가 좋다.
② 반드시 보호안경을 착용하여야 한다.
③ 안전커버를 떼고서 작업해서는 안 된다.
④ 숫돌작업은 측면에 서서 숫돌의 정면을 이용하여 연삭한다.
⑤ 숫돌차의 회전은 규정 이상 빠르게 회전시켜서는 안 된다.
⑥ 숫돌차를 고정하기 전에 균열이 있는지 확인한다.

지게차 운전기능사

출제 예상 문제

01. 다음 중 안전의 제일이념에 해당하는 것은?

① 품질향상　② 재산보호
③ 인간존중　④ 생산성 향상

해설 안전제일의 이념은 인간존중, 즉 인명보호이다.

02. 산업안전을 통한 기대효과로 옳은 것은?

① 기업의 생산성이 저하된다.
② 근로자의 생명만 보호된다.
③ 기업의 재산만 보호된다.
④ 근로자와 기업의 발전이 도모된다.

03. 산업안전에서 근로자가 안전하게 작업을 할 수 있는 세부작업 행동지침을 무엇이라고 하는가?

① 안전수칙　② 안전표지
③ 작업지시　④ 작업수칙

해설 안전수칙이란 근로자가 안전하게 작업을 할 수 있는 세부작업 행동지침이다.

04. 산업재해를 예방하기 위한 재해예방 4원칙으로 틀린 것은?

① 대량생산의 원칙
② 예방가능의 원칙
③ 원인계기의 원칙
④ 대책선정의 원칙

해설 **재해예방의 4원칙** : 예방가능의 원칙, 손실우연의 원칙, 원인계기의 원칙, 대책선정의 원칙

05. 하인리히의 사고예방원리 5단계를 순서대로 나열한 것은?

① 조직, 사실의 발견, 평가분석, 시정책의 선정, 시정책의 적용
② 시정책의 적용, 조직, 사실의 발견, 평가분석, 시정책의 선정
③ 사실의 발견, 평가분석, 시정책의 선정, 시정책의 적용, 조직
④ 시정책의 선정, 시정책의 적용, 조직, 사실의 발견, 평가분석

해설 **하인리히의 사고예방원리 5단계 순서** : 조직 → 사실의 발견 → 평가분석 → 시정책의 선정 → 시정책의 적용

06. 하인리히가 말한 안전의 3요소에 속하지 않는 것은?

① 교육적 요소　② 자본적 요소
③ 기술적 요소　④ 관리적 요소

해설 **안전의 3요소** : 관리적 요소, 기술적 요소, 교육적 요소

07. 인간공학적 안전설정으로 페일 세이프에 관한 설명 중 가장 적절한 것은?

① 안전도 검사방법을 말한다.
② 안전통제의 실패로 인하여 원상복귀가 가장 쉬운 사고의 결과를 말한다.
③ 안전사고 예방을 할 수 없는 물리적 불안전 조건과 불안전 인간의 행동을 말한다.

정답 01 ③　02 ④　03 ①　04 ①　05 ①　06 ②　07 ④

④ 인간 또는 기계에 과오나 동작상의 실패가 있어도 안전사고를 발생시키지 않도록 하는 통제책을 말한다.

해설 **페일 세이프(fail safe)** : 인간 또는 기계에 과오나 동작상의 실패가 있어도 안전사고를 발생시키지 않도록 하는 통제방책이다.

08. 근로자 1000명 당 1년간에 발생하는 재해자 수를 나타낸 것은?

① 도수율 ② 강도율
③ 연천인율 ④ 사고율

해설 **연천인율** : 1년 동안 1,000명의 근로자가 작업할 때 발생하는 사상자의 비율

09. 사고를 많이 발생시키는 원인순서로 나열한 것은?

① 불안전 행위>불가항력>불안전 조건
② 불안전 조건>불안전 행위>불가항력
③ 불안전 행위>불안전 조건>불가항력
④ 불가항력>불안전 조건>불안전 행위

해설 **사고를 많이 발생시키는 원인순서** : 불안전 행위>불안전 조건>불가항력

10. 재해의 원인 중 생리적인 원인에 해당되는 것은?

① 작업자의 피로
② 작업복의 부적당
③ 안전장치의 불량
④ 안전수칙의 미준수

해설 생리적인 원인은 작업자의 피로이다.

11. 다음 중 재해발생 원인이 아닌 것은?

① 잘못된 작업방법
② 관리감독 소홀
③ 방호장치의 기능 제거
④ 작업장치 회전반경 내 출입 금지

12. 사고의 직접원인으로 가장 옳은 것은?

① 유전적인 요소
② 사회적 환경요인
③ 성격결함
④ 불안전한 행동 및 상태

해설 사고의 직접적인 원인은 작업자의 불안한 행동 및 상태이다.

13. 불안전한 행동으로 인하여 오는 산업재해가 아닌 것은?

① 불안전한 자세
② 안전구의 미착용
③ 방호장치의 결함
④ 안전장치의 기능 제거

14. 다음 [보기]는 재해발생 시 조치요령이다. 조치순서로 가장 적합하게 이루어진 것은?

보기
㉮ 운전정지
㉯ 관련된 또 다른 재해방지
㉰ 피해자 구조
㉱ 응급처치

① ㉮ → ㉯ → ㉰ → ㉱
② ㉰ → ㉯ → ㉱ → ㉮
③ ㉰ → ㉱ → ㉮ → ㉯
④ ㉮ → ㉰ → ㉱ → ㉯

해설 **재해가 발생하였을 때 조치순서** : 운전정지 → 피해자 구조 → 응급처치 → 2차 재해방지

정답 08 ③ 09 ③ 10 ① 11 ④ 12 ④ 13 ③ 14 ④

15. **보호구의 구비조건으로 틀린 것은?**

① 작업에 방해가 안 되어야 한다.
② 착용이 간편해야 한다.
③ 유해위험 요소에 대한 방호성능이 경미해야 한다.
④ 구조와 끝마무리가 양호해야 한다.

해설 **보호구의 구비조건** : 착용이 간편할 것, 작업에 방해가 되지 않도록 할 것, 유해 위험요소에 대한 방호성능이 충분할 것, 구조와 끝마무리가 양호할 것

16. **다음 중 올바른 보호구 선택방법으로 적합하지 않은 것은?**

① 잘 맞는지 확인하여야 한다.
② 사용목적에 적합하여야 한다.
③ 사용방법이 간편하고 손질이 쉬워야 한다.
④ 품질보다는 식별기능 여부를 우선해야 한다.

해설 보호구는 잘 맞아야 하고, 사용목적에 적합하며, 사용방법이 간편하고 손질이 쉬워야 한다.

17. **다음 중 안전보호구가 아닌 것은?**

① 안전모 ② 안전 가드레일
③ 안전화 ④ 안전장갑

해설 안전 가드레일은 안전시설이다.

18. **낙하 또는 물건의 추락에 의해 머리의 위험을 방지하는 보호구는?**

① 안전대 ② 안전모
③ 안전화 ④ 안전장갑

해설 안전모는 낙하 또는 물건의 추락에 의해 머리의 위험을 방지하는 보호구이다.

19. **낙하, 비래, 추락, 감전으로부터 근로자의 머리를 보호하기 위하여 착용하여야 할 안전모는?**

① A형 ② BC형
③ ABC형 ④ ABE형

해설 ABE형 : 물체의 낙하 또는 비래 및 추락에 의한 위험을 방지 또는 경감하고, 머리부위 감전에 의한 위험을 방지하기 위한 것이며, 재질은 합성수지이다. 내전압성이 크다.

20. **안전모에 대한 설명으로 바르지 못한 것은?**

① 알맞은 규격으로 성능시험에 합격품이어야 한다.
② 구멍을 뚫어서 통풍이 잘되게 하여 착용한다.
③ 각종 위험으로부터 보호할 수 있는 종류의 안전모를 선택해야 한다.
④ 가볍고 성능이 우수하며 머리에 꼭 맞고 충격흡수성이 좋아야 한다.

해설 안전모는 통풍을 목적으로 모체에 구멍을 뚫어서는 안 된다.

21. **안전모의 관리 및 착용방법으로 틀린 것은?**

① 큰 충격을 받은 것은 사용을 피한다.
② 사용 후 뜨거운 스팀으로 소독하여야 한다.
③ 정해진 방법으로 착용하고 사용하여야 한다.
④ 통풍을 목적으로 모체에 구멍을 뚫어서는 안 된다.

해설 안전모는 사용 후 뜨거운 스팀으로 소독하지 않아도 된다.

정답 15 ③ 16 ④ 17 ② 18 ② 19 ④ 20 ② 21 ②

22. 중량물 운반 작업 시 착용하여야 할 안전화로 가장 적절한 것은?

① 중 작업용
② 보통 작업용
③ 경 작업용
④ 절연용

해설 중량물 운반 작업을 할 때에는 중 작업용 안전화를 착용하여야 한다.

23. 작업장에서 작업복을 착용하는 이유로 가장 옳은 것은?

① 작업장의 질서를 확립시키기 위해서
② 작업자의 직책과 직급을 알리기 위해서
③ 재해로부터 작업자의 몸을 보호하기 위해서
④ 작업자의 복장통일을 위해서

해설 작업장에서 작업복을 착용하는 이유는 재해로부터 작업자의 몸을 보호하기 위함이다.

24. 작업복에 대한 설명으로 적합하지 않은 것은?

① 작업복은 몸에 알맞고 동작이 편해야 한다.
② 착용자의 연령 · 성별 등에 관계없이 일률적인 스타일을 선정해야 한다.
③ 작업복은 항상 깨끗한 상태로 입어야 한다.
④ 주머니가 너무 많지 않고, 소매가 단정한 것이 좋다.

해설 작업복은 착용자의 연령 · 성별 등을 고려하여야 한다.

25. 안전한 작업을 하기 위하여 작업 복장을 선정할 때의 유의사항으로 가장 거리가 먼 것은?

① 화기사용 장소에서 방염성 · 불연성의 것을 사용하도록 한다.
② 착용자의 취미 · 기호 등에 중점을 두고 선정한다.
③ 작업복은 몸에 맞고 동작이 편하도록 제작한다.
④ 상의의 소매나 바지자락 끝 부분이 안전하고 작업하기 편리하게 잘 처리된 것을 선정한다.

해설 작업복은 작업 목적에 맞는 것을 선정하여야 한다.

26. 안전작업의 복장상태로 틀린 것은?

① 땀을 닦기 위한 수건이나 손수건을 허리나 목에 걸고 작업해서는 안 된다.
② 옷소매 폭이 너무 넓지 않은 것이 좋고 단추가 달린 것은 되도록 피한다.
③ 물체 추락의 우려가 있는 작업장에서는 안전모를 착용해야 한다.
④ 복장을 단정하게 하기 위해 넥타이를 꼭 매야 한다.

27. 보안경을 사용하는 이유로 틀린 것은?

① 유해약물의 침입을 막기 위하여
② 떨어지는 중량물을 피하기 위하여
③ 비산되는 칩에 의한 부상을 막기 위하여
④ 유해광선으로부터 눈을 보호하기 위하여

해설 보안경은 유해약물의 침입 방지, 비산되는 칩에 의한 부상 방지, 유해광선으로부터 눈을 보호하기 위하여 사용한다.

정답 22 ① 23 ③ 24 ② 25 ② 26 ④ 27 ②

28. 안전관리상 보안경을 사용해야 하는 작업과 가장 거리가 먼 것은?

① 건설기계 밑에서 정비작업을 할 때
② 산소결핍 발생이 쉬운 장소에서 작업을 할 때
③ 철분 또는 모래 등이 날리는 작업을 할 때
④ 전기용접 및 가스용접 작업을 할 때

해설 산소결핍 발생이 쉬운 장소에서 작업을 할 때에는 송풍 마스크를 착용하여야 한다.

29. 연삭작업 시 반드시 착용해야 하는 보호구는?

① 방독면 ② 장갑
③ 보안경 ④ 마스크

해설 연삭작업을 할 때에는 반드시 보안경을 착용하여야 한다.

30. 시력을 교정하고 비산물체로부터 눈을 보호하기 위한 보안경은?

① 고글형 보안경 ② 도수렌즈 보안경
③ 유리 보안경 ④ 플라스틱 보안경

해설 도수렌즈 보안경은 시력을 교정하고 비산물체로부터 눈을 보호할 수 있다.

31. 액체약품 취급 시 비산물체로부터 눈을 보호하기 위한 보안경은?

① 고글형 ② 스펙타클형
③ 프론트형 ④ 일반형

해설 고글형 보안경은 액체약품을 취급할 때 비산물체로부터 눈을 보호하기 위하여 착용한다.

32. 다음 중 사용 구분에 따른 차광 보안경의 종류에 해당하지 않는 것은?

① 자외선용 ② 적외선용
③ 용접용 ④ 비산방지용

해설 차광 보안경의 종류에는 자외선 차단용, 적외선 차단용, 용접용, 복합용이 있다.

33. 용접작업과 같이 불티나 유해광선이 나오는 작업에 착용해야 할 보호구는?

① 차광안경 ② 방진안경
③ 산소마스크 ④ 보호마스크

해설 용접작업과 같이 불티나 유해광선이 나오는 작업에서는 차광안경을 착용해야 한다.

34. 전기용접 작업 시 보안경을 사용하는 이유로 가장 적절한 것은?

① 유해광선으로부터 눈을 보호하기 위하여
② 유해약물로부터 눈을 보호하기 위하여
③ 중량물의 추락 시 머리를 보호하기 위하여
④ 분진으로부터 눈을 보호하기 위하여

해설 전기용접 작업을 할 때 보안경을 사용하는 이유는 유해광선으로부터 눈을 보호하기 위함이다.

35. 작업 시 보안경 착용에 대한 설명으로 틀린 것은?

① 가스용접을 할 때는 보안경을 착용해야 한다.
② 절단하거나 깎는 작업을 할 때는 보안경을 착용해서는 안 된다.
③ 아크용접을 할 때는 보안경을 착용해야 한다.
④ 특수용접을 할 때는 보안경을 착용해야 한다.

해설 절단하거나 깎는 작업을 할 때는 반드시 보안경을 착용해야 한다.

정답 28 ② 29 ③ 30 ② 31 ① 32 ④ 33 ① 34 ① 35 ②

36. 작업안전 상 보호안경을 사용하지 않아도 되는 작업은?

① 건설기계 운전 작업
② 용접작업
③ 연마작업
④ 먼지세척 작업

해설 건설기계 운전 작업에서는 보안경을 착용하지 않아도 된다.

37. 귀마개가 갖추어야 할 조건으로 틀린 것은?

① 내습, 내유성을 가질 것
② 적당한 세척 및 소독에 견딜 수 있을 것
③ 가벼운 귓병이 있어도 착용할 수 있을 것
④ 안경이나 안전모와 함께 착용을 하지 못하게 할 것

해설 귀마개는 안경이나 안전모와 함께 착용할 수 있어야 한다.

38. 방진 마스크를 착용해야 하는 작업장은?

① 온도가 낮은 작업장
② 분진이 많은 작업장
③ 산소가 결핍되기 쉬운 작업장
④ 소음이 심한 작업장

해설 분진(먼지)이 발생하는 장소에서는 방진 마스크를 착용하여야 한다.

39. 다음 중 산소결핍의 우려가 있는 장소에서 착용하여야 하는 마스크의 종류는?

① 방독 마스크 ② 방진 마스크
③ 송기 마스크 ④ 가스 마스크

해설 산소가 결핍되어 있는 장소에서는 송풍(송기) 마스크를 착용하여야 한다.

40. 안전표지의 구성요소가 아닌 것은?

① 모양 ② 색깔
③ 내용 ④ 크기

해설 안전표지의 구성요소는 모양, 색깔, 내용이다.

41. 산업안전보건법상 안전 · 보건표지의 종류가 아닌 것은?

① 위험표지 ② 경고표지
③ 지시표지 ④ 금지표지

해설 산업안전 보건표지의 종류에는 금지표지, 경고표지, 지시표지, 안내표지가 있다.

42. 적색원형으로 만들어지는 안전표지판은?

① 경고표시 ② 안내표시
③ 지시표시 ④ 금지표시

해설 금지표시는 적색원형으로 만들어지는 안전표지판이다.

43. 안전 · 보건표지의 종류별 용도 · 사용 장소 · 형태 및 색채에서 바탕은 흰색, 기본모형은 빨간색, 관련부호 및 그림은 검은색으로 된 표지는?

① 보조표지 ② 지시표지
③ 주의표지 ④ 금지표지

해설 금지표지는 바탕은 흰색, 기본모형은 빨간색, 관련부호 및 그림은 검은색으로 되어 있다.

44. 다음 그림과 같은 안전표지판이 나타내는 것은?

① 비상구 ② 출입 금지
③ 인화성 물질 경고 ④ 보안경 착용

정답 36 ① 37 ④ 38 ② 39 ③ 40 ④ 41 ① 42 ④ 43 ④ 44 ②

45. 산업안전 보건표지에서 그림이 나타내는 것은?

① 비상구 없음 표지 ② 방사선 위험 표지
③ 탑승 금지 표지 ④ 보행 금지 표지

46. 안전 · 보건표지의 종류와 형태에서 그림의 표지로 맞는 것은?

① 차량통행 금지 ② 사용 금지
③ 탑승 금지 ④ 물체이동 금지

47. 안전 · 보건표지의 종류와 형태에서 그림의 안전표지판이 나타내는 것은?

① 사용 금지 ② 탑승 금지
③ 보행 금지 ④ 물체이동 금지

48. 산업안전보건법령상 안전 · 보건표지의 종류 중 다음 그림에 해당하는 것은?

① 산화성 물질 경고
② 인화성 물질 경고
③ 폭발성 물질 경고
④ 급성독성 물질 경고

49. 안전 · 보건표지에서 그림이 표시하는 것으로 맞는 것은?

① 독극물 경고 ② 폭발물 경고
③ 고압전기 경고 ④ 낙하물 경고

50. 안전 · 보건표지의 종류와 형태에서 그림의 안전표지판이 나타내는 것은?

① 폭발물 경고
② 매달린 물체 경고
③ 몸 균형 상실 경고
④ 방화성 물질 경고

51. 산업안전보건표지의 종류에서 지시표지에 해당하는 것은?

① 차량통행 금지 ② 출입 금지
③ 고온 경고 ④ 안전모 착용

해설 지시표지에는 보안경 착용, 방독 마스크 착용, 방지 마스크 착용, 보안면 착용, 안전모 착용, 귀마개 착용, 안전화 착용, 안전장갑 착용, 안전복 착용 등이 있다.

52. 보안경 착용, 방독 마스크 착용, 방진 마스크 착용, 안전모 착용, 귀마개 착용 등을 나타내는 표지의 종류는?

① 금지표지 ② 지시표지
③ 안내표지 ④ 경고표지

53. 다음 그림은 안전표지의 어떠한 내용을 나타내는가?

정답 45 ④ 46 ① 47 ④ 48 ② 49 ③ 50 ② 51 ④ 52 ② 53 ①

① 지시표지 ② 금지표지
③ 경고표지 ④ 안내표지

해설 보안경을 착용하라는 지시표지이다.

54. 안전 · 보건표지의 종류와 형태에서 그림의 표지로 맞는 것은?

① 안전복 착용 ② 안전모 착용
③ 보안면 착용 ④ 출입 금지

55. 안전표지의 종류 중 안내표지에 속하지 않는 것은?

① 녹십자 표지 ② 응급구호 표지
③ 비상구 ④ 출입 금지

해설 안내표지에는 녹십자 표지, 응급구호 표지, 들 것 표지, 세안장치 표지, 비상구 표지가 있다.

56. 안전보건표지에서 안내표지의 바탕색은?

① 녹색 ② 청색 ③ 흑색 ④ 적색

해설 안내표지는 녹색바탕에 흰색으로 안내 대상을 지시하는 표지판이다.

57. 안전 · 보건표지 종류와 형태에서 그림의 안전표지판이 나타내는 것은?

① 병원 표지 ② 비상구 표지
③ 녹십자 표지 ④ 안전지대 표지

58. 안전 · 보건표지의 종류와 형태에서 그림의 표지로 맞는 것은?

① 비상구 ② 안전제일 표지
③ 응급구호 표지 ④ 들 것 표지

59. 산업안전보건법령상 안전 · 보건표지에서 색채와 용도가 다르게 짝지어진 것은?

① 파란색 : 지시
② 녹색 : 안내
③ 노란색 : 위험
④ 빨간색 : 금지, 경고

해설 **노란색** : 주의(충돌, 추락, 전도 및 그 밖의 비슷한 사고의 방지를 위해 물리적 위험성을 표시)

60. 안전표지의 색채 중에서 대피장소 또는 비상구의 표지에 사용되는 것으로 맞는 것은?

① 빨간색 ② 주황색
③ 녹색 ④ 청색

해설 녹색은 안전표지의 색채 중에서 대피장소 또는 비상구의 표지에 사용된다.

61. 지게차 사용 시 다음 중 맞는 것은?

① 운전 중 운전자 이외에는 승차시켜서는 안 된다.
② 포크에 적재한 화물은 작업능률을 위하여 빠르게 내린다.
③ 교통법규는 상황에 따라 무시할 수 있다.
④ 운전자는 반드시 면허증 소지자가 아니라도 무방하다.

정답 54 ② 55 ④ 56 ① 57 ③ 58 ③ 59 ③ 60 ③ 61 ①

62. 지게차를 운전하여 화물운반 시 주의사항으로 적합하지 않는 것은?

① 경사지를 운전 시 화물을 위쪽으로 한다.
② 화물운반 거리는 5m 이내로 한다.
③ 노면이 좋지 않을 때는 저속으로 운행한다.
④ 노면에서 포크를 약 20~30cm 상승시킨 후 이동한다.

해설 지게차의 화물운반 거리는 일반적으로 100m 이내로 한다.

63. 지게차의 화물운반 방법 중 틀린 것은?

① 화물운반 중에는 마스트를 뒤로 4° 가량 경사시킨다.
② 화물을 적재하고 운반할 때에는 항상 후진으로 운행한다.
③ 경사지에서 화물을 운반할 때 내리막에서는 후진으로, 오르막에서는 전진으로 운행한다.
④ 운행 중 포크를 지면에서 20~30cm 정도 유지한다.

해설 화물의 부피가 커 전방시야를 가리거나 경사지에서 화물을 싣고 내려올 때에는 후진을 하도록 한다.

64. 지게차 포크에 화물을 적재하고 주행할 때 포크와 지면과의 간격으로 가장 적합한 것은?

① 50~55cm
② 80~85cm
③ 지면에 밀착
④ 20~30cm

해설 화물을 적재하고 주행할 때 포크와 지면과의 간격은 20~30cm가 좋다.

65. 지게차 주행 시 포크는 어떤 위치로 하는 것이 좋은가?

① 포크를 하강시켜 지면에 닿지 않도록 하고 주행한다.
② 포크를 중간위치로 들고 주행한다.
③ 포크를 보행자 머리 위로 상승시키고 주행한다.
④ 포크를 상승시키면서 빠른 속도로 주행한다.

해설 지게차가 주행할 때에는 포크를 하강시켜 지면에 닿지 않도록 하고 주행한다.

66. 지게차로 화물을 운반하는 방법을 설명한 것 중 가장 적합한 것은?

① 화물을 적재하고 내리막길을 내려 갈 때에는 화물이 위로가게 하고 후진으로 내려간다.
② 화물을 싣지 않고 비탈길을 내려갈 때에는 카운터 웨이트가 내려가는 쪽에 위치하도록 한다.
③ 지게차는 운전 중에는 조향핸들이 무거워져야 한다.
④ 화물을 언덕 위로가게 하고 후진하면 매우 위험하다.

해설 지게차에 화물을 적재하고 내리막길을 내려갈 때에는 화물이 위로가게 하고 후진으로 내려간다.

67. 지게차에 정해진 용량 이상의 화물을 적재하고 운행할 경우 미치는 영향으로 관계가 없는 것은?

① 주위 사람들에게 위험을 느끼게 한다.
② 화물에 피해를 줄 수 있다.

정답 62 ② 63 ② 64 ④ 65 ① 66 ① 67 ④

③ 지게차의 손상 원인이 된다.
④ 인칭페달 고장의 원인이 된다.

해설 지게차에 정해진 용량 이상의 화물을 적재하고 운행할 경우에는 주위 사람들에게 위험을 느끼게 하고, 화물에 피해를 줄 수 있으며, 지게차의 손상 원인이 된다.

68. 지게차에서 화물취급 방법으로 틀린 것은?

① 포크를 지면에서 약 800mm 정도 올려서 주행해야 한다.
② 화물을 적재하고 경사지를 주행할 때에는 화물이 언덕 위쪽으로 향하도록 한다.
③ 포크는 화물의 파렛트 속에 정확히 들어갈 수 있도록 조작한다.
④ 운반 중 마스트를 뒤로 약 6° 정도 경사시킨다.

해설 지게차로 화물을 운반할 때에는 포크를 지면으로부터 20~30cm 정도 들고 운행하여야 한다.

69. 지게차 포크의 간격은 파렛트 폭의 어느 정도로 하는 것이 가장 적당한가?

① 파렛트 폭의 1/2~1/3
② 파렛트 폭의 1/3~2/3
③ 파렛트 폭의 1/2~2/3
④ 파렛트 폭의 1/2~3/4

해설 포크의 간격은 파렛트 폭의 1/2~3/4 정도가 좋다.

70. 지게차로 파렛트의 화물을 이동시킬 때 주의할 점으로 틀린 것은?

① 적재 장소에 물건 등이 있는지 살핀다.
② 포크를 파렛트에 평행하게 넣는다.
③ 작업 시 클러치 페달을 밟고 작업한다.
④ 포크를 적당한 높이까지 올린다.

해설 지게차로 파렛트의 화물을 이동시킬 때에는 적재 장소에 물건 등이 있는지 살피고, 포크는 파렛트에 평행하게 넣어야 하며, 포크를 적당한 높이까지 올려야 한다.

71. 지게차로 가파른 경사지에서 화물을 운반할 때에는 어떤 방법이 좋은가?

① 기어의 변속을 저속 상태로 놓고 후진으로 내려온다.
② 지그재그로 회전하여 내려온다.
③ 화물을 앞으로 하여 천천히 내려온다.
④ 기어의 변속을 중립에 놓고 내려온다.

해설 화물을 포크에 적재하고 경사지를 내려올 때는 기어변속을 저속 상태로 놓고 후진으로 내려온다.

72. 경사지에서의 지게차 운전방법으로 틀린 것은?

① 경사지를 올라갈 때에는 포크의 끝부분 또는 파렛트 앞부분이 지면에 닿지 않도록 한다.
② 고갯길의 경사면을 따라 내려갈 때에는 옆으로 기울어진 상태로 주행한다.
③ 급한 경사지를 화물을 싣고 내려갈 때에는 후진을 한다.
④ 내리막길에서는 전·후진 레버를 중립에 놓고 엔진의 시동을 끈 상태로 타력으로 내려가서는 절대 안 된다.

해설 고갯길의 경사면을 따라 내려갈 때에는 옆으로 기울어진 상태로 주행하면 전복되기 쉽다.

정답 68 ① 69 ④ 70 ③ 71 ① 72 ②

73. 지게차를 경사면에서 화물을 싣고 내려올 때 화물의 방향은?

① 운전에 편리하도록 화물의 방향을 정한다.
② 화물의 크기에 따라 방향이 정해진다.
③ 화물이 언덕 위쪽으로 가도록 한다.
④ 화물이 언덕 아래쪽으로 가도록 한다.

해설 경사면에서 화물을 싣고 내려올 때에는 화물이 언덕 위쪽으로 가도록 한다.

74. 지게차로 야간작업 시 주의사항으로 틀린 것은?

① 전조등과 작업등을 이용하여 현장을 밝게 하고 작업한다.
② 야간에는 주위에 차량이 별로 없으므로 고속으로 주행한다.
③ 항상 운전석의 각종 계기들이 정확하게 작동하는지를 확인한다.
④ 원근감이나 땅의 고저가 불명확하므로 장애물을 주의 깊게 확인하며 작업한다.

해설 지게차로 야간작업을 할 때에는 저속으로 조심스럽게 작업하여야 한다.

75. 다음은 지게차 운전 전 관리를 나타낸 것이다. 틀린 것은?

① 라디에이터 내의 냉각수량 확인 및 부족 시 보충
② 엔진오일량 확인 및 부족 시 보충
③ V-벨트 상태 확인 및 장력부족 시 조정
④ 배출가스의 상태 확인

해설 배출가스의 상태 확인은 운전 중 점검사항이다.

76. 지게차에서 작업 전 점검사항으로 맞지 않는 것은?

① 포크의 작동상태를 점검한다.
② 엔진오일은 1주일에 한 번씩 점검한다.
③ 유압 실린더와 파이프의 오일누출 상태를 점검한다.
④ 연료량을 점검하고 연료탱크 내의 수분을 배출한다.

해설 엔진오일의 양은 매일 운전 전에 점검한다.

77. 지게차의 운전을 종료했을 때 취해야 할 안전사항이 아닌 것은?

① 연료를 빼낸다.
② 주차 브레이크를 작동시킨다.
③ 각종 레버는 중립에 둔다.
④ 전원 스위치를 차단시킨다.

해설 지게차의 운전을 종료하면 각종 레버를 중립에 위치시키고, 전원 스위치를 차단시킨 다음 주차 브레이크를 작동시킨다.

78. 지게차 운전 종료 후 점검사항과 가장 거리가 먼 것은?

① 타이어의 손상 여부
② 연료보유량
③ 각종 게이지
④ 오일 누설 부위

해설 각종 게이지는 엔진을 시동한 후에 점검한다.

79. 지게차의 작업이 끝난 후 점검사항과 관계가 없는 것은?

① 연료점검 후 사용량을 보충한다.
② 유압 파이프에서의 오일 누출 여부를 점검한다.
③ 타이어 공기압을 점검한다.
④ 릴리프 밸브의 작동상태를 점검한다.

정답 73 ③ 74 ② 75 ④ 76 ② 77 ① 78 ③ 79 ④

해설 작업이 끝난 후에는 연료점검 후 사용량을 보충하고, 유압 파이프에서의 오일 누출 여부를 점검하여야 하며, 타이어 공기압을 점검한다.

80. 기계취급에 관한 안전수칙 중 잘못된 것은?

① 기계운전 중에는 자리를 지킨다.
② 기계의 청소는 작동 중에 수시로 한다.
③ 기계운전 중 정전 시는 즉시 주 스위치를 끈다.
④ 기계공장에서는 반드시 작업복과 안전화를 착용한다.

해설 기계의 청소는 작업이 완료된 후에 한다.

81. 기계 및 기계장치 취급 시 사고발생 원인이 아닌 것은?

① 불량한 공구를 사용할 때
② 안전장치 및 보호장치가 잘되어 있지 않을 때
③ 정리정돈 및 조명장치가 잘되어 있지 않을 때
④ 기계 및 기계장치가 넓은 장소에 설치되어 있을 때

해설 기계 및 기계장치가 좁은 장소에 설치되어 있을 때 사고가 발생하기 쉽다.

82. 기계운전 및 작업 시 안전사항으로 맞는 것은?

① 작업의 속도를 높이기 위해 레버 조작을 빨리 한다.
② 장비 승·하차 시에는 장비에 장착된 손잡이 및 발판을 사용한다.
③ 장비의 무게는 무시해도 된다.
④ 작업도구나 적재물이 장애물에 걸려도 동력에 무리가 없으므로 그냥 작업한다.

해설 ㉠ 작업의 속도를 높이기 위해 레버 조작을 빨리해서는 안 된다.
㉡ 장비의 무게는 무시해서는 안 된다.
㉢ 작업도구나 적재물이 장애물에 걸리면 기계의 작동을 정지시킨 후 제거하여야 한다.

83. 기계운전 중 안전 측면에서 설명으로 옳은 것은?

① 빠른 속도로 작업 시는 일시적으로 안전장치를 제거한다.
② 기계장비의 이상으로 정상 가동이 어려운 상황에서는 중속 회전상태로 작업한다.
③ 기계운전 중 이상한 냄새, 소음, 진동이 날 때는 정지하고, 전원을 끈다.
④ 작업의 속도 및 효율을 높이기 위해 작업범위 이외의 기계도 동시에 작동한다.

해설 ㉠ 빠른 속도로 작업을 해서는 안 된다.
㉡ 기계장비의 이상으로 정상 가동이 어려운 상황에서는 작동을 정지시킨 후 점검 정비를 하여야 한다.
㉢ 작업의 속도 및 효율을 높이기 위해 작업범위 이외의 기계를 동시에 작동시켜서는 안 된다.

84. 기계의 보수점검 시 운전 상태에서 해야 하는 작업은?

① 체인의 장력 상태 확인
② 베어링의 급유 상태 확인
③ 벨트의 장력 상태 확인
④ 클러치의 상태 확인

해설 클러치의 상태 확인은 기계 운전 중에 하여야 한다.

정답 80 ② 81 ④ 82 ② 83 ③ 84 ④

85. 동력 공구 사용 시 주의사항으로 틀린 것은?

① 보호구는 사용하지 않아도 무방하다.
② 압축공기 중의 수분을 제거하여 준다.
③ 규정 공기압력을 유지한다.
④ 에어 그라인더는 회전수에 유의한다.

해설 동력 공구를 사용할 때에는 반드시 보호구를 착용하여야 한다.

86. 공기(air) 기구 사용 작업에서 적당치 않은 것은?

① 공기 기구의 섭동 부위에 윤활유를 주유하면 안 된다.
② 규정에 맞는 토크를 유지하면서 작업한다.
③ 공기를 공급하는 고무호스가 꺾이지 않도록 한다.
④ 공기 기구의 반동으로 생길 수 있는 사고를 미연에 방지한다.

해설 공기 기구의 섭동 부위(미끄럼 운동 부위)에는 윤활유를 주유하여야 한다.

87. 공구 및 장비 사용에 대한 설명으로 틀린 것은?

① 공구는 사용 후 공구상자에 넣어 보관한다.
② 볼트와 너트는 가능한 소켓렌치로 작업한다.
③ 토크렌치는 볼트와 너트를 푸는 데 사용한다.
④ 마이크로미터를 보관할 때는 직사광선에 노출시키지 않는다.

해설 토크렌치는 볼트와 너트를 규정 토크로 조일 때만 사용하여야 한다.

88. 안전하게 공구를 취급하는 방법으로 적합하지 않은 것은?

① 공구를 사용한 후 제자리에 정리하여 둔다.
② 끝 부분이 예리한 공구 등을 주머니에 넣고 작업을 하여서는 안 된다.
③ 공구를 사용 전에 손잡이에 묻은 기름 등은 닦아내어야 한다.
④ 숙달이 되면 옆 작업자에게 공구를 던져서 전달하여 작업능률을 올린다.

89. 공구 사용 시 주의해야 할 사항으로 틀린 것은?

① 강한 충격을 가하지 않을 것
② 손이나 공구에 기름을 바른 다음에 작업할 것
③ 주위환경에 주의해서 작업할 것
④ 해머작업 시 보호안경을 쓸 것

해설 공구를 사용할 때 손이나 공구에 기름이 묻었으면 깨끗이 닦아내고 작업하여야 한다.

90. 수공구 사용 시 안전수칙으로 바르지 못한 것은?

① 톱 작업은 밀 때 절삭되게 작업한다.
② 줄 작업으로 생긴 쇳가루는 브러시로 털어낸다.
③ 해머작업은 미끄러짐을 방지하기 위해서 반드시 면장갑을 끼고 작업한다.
④ 조정렌치는 조정조가 있는 부분에 힘을 받지 않게 하여 사용한다.

해설 해머작업을 할 때 장갑을 껴서는 안 된다.

91. 수공구를 사용할 때 유의사항으로 맞지 않는 것은?

정답 85 ① 86 ① 87 ③ 88 ④ 89 ② 90 ③ 91 ②

① 무리한 공구 취급을 금한다.
② 토크렌치는 볼트를 풀 때 사용한다.
③ 수공구는 사용법을 숙지하여 사용한다.
④ 공구를 사용하고 나면 일정한 장소에 관리 보관한다.

해설 토크렌치는 볼트 및 너트를 조일 때 규정 토크로 조이기 위하여 사용한다.

92. 다음 중 수공구인 렌치를 사용할 때 지켜야 할 안전사항으로 옳은 것은?

① 볼트를 풀 때는 지렛대 원리를 이용하여, 렌치를 밀어서 힘이 받도록 한다.
② 볼트를 조일 때는 렌치를 해머로 쳐서 조이면 강하게 조일 수 있다.
③ 렌치작업 시 큰 힘으로 조일 경우 연장대를 끼워서 작업한다.
④ 볼트를 풀 때는 렌치 손잡이를 당길 때 힘을 받도록 한다.

해설 ㉠ 볼트를 풀 때는 렌치를 당겨서 풀어야 한다.
㉡ 볼트를 조일 때는 렌치를 해머로 쳐서 조여서는 안 된다.
㉢ 렌치작업을 할 때 큰 힘으로 조일 경우 연장대를 끼우고 작업해서는 안 된다.

93. 작업장에서 수공구 재해예방 대책으로 잘못된 사항은?

① 결함이 없는 안전한 공구 사용
② 공구의 올바른 사용과 취급
③ 공구는 항상 오일을 바른 후 보관
④ 작업에 알맞은 공구 사용

해설 공구를 사용할 때 손이나 공구에 기름이 묻었으면 깨끗이 닦아내고 작업하여야 한다.

94. 작업에 필요한 수공구의 보관방법으로 적합하지 않은 것은?

① 공구함을 준비하여 종류와 크기별로 보관한다.
② 사용한 공구는 파손된 부분 등의 점검 후 보관한다.
③ 사용한 수공구는 녹슬지 않도록 손잡이 부분에 오일을 발라 보관하도록 한다.
④ 날이 있거나 뾰족한 물건은 위험하므로 뚜껑을 씌워둔다.

해설 사용한 수공구는 오일 등을 깨끗이 닦은 후 보관하도록 한다.

95. 볼트 등을 조일 때 조이는 힘을 측정하기 위하여 사용하는 렌치는?

① 복스렌치 ② 오픈엔드렌치
③ 소켓렌치 ④ 토크렌치

해설 토크렌치는 볼트 등을 조일 때 조이는 힘을 측정하기 위하여 사용한다.

96. 렌치의 사용이 적합하지 않은 것은?

① 둥근 파이프를 죌 때 파이프렌치를 사용하였다.
② 렌치는 적당한 힘으로 볼트, 너트를 죄고 풀어야 한다.
③ 오픈렌치로 파이프 피팅 작업에 사용하였다.
④ 토크렌치의 용도는 큰 토크를 요할 때만 사용한다.

97. 스패너 사용 시 주의사항으로 잘못된 것은?

① 스패너의 입이 폭과 맞는 것을 사용한다.
② 필요 시 두 개를 이어서 사용할 수 있다.
③ 스패너를 너트에 정확하게 장착하여 사용한다.

정답 92 ④ 93 ③ 94 ③ 95 ④ 96 ④ 97 ②

④ 스패너의 입이 변형된 것은 폐기한다.

해설 스패너를 사용할 때 두 개를 이어서 사용해서는 안 된다.

98. 스패너 작업 시 유의할 사항으로 틀린 것은?

① 스패너의 입이 너트의 치수에 맞는 것을 사용해야 한다.
② 스패너의 자루에 파이프를 이어서 사용해서는 안 된다.
③ 스패너와 너트 사이에 쐐기를 넣고 사용하는 것이 편리하다.
④ 너트에 스패너를 깊이 물리도록 하여 조금씩 앞으로 당기는 방식으로 풀고 조인다.

해설 스패너와 너트 사이에 쐐기를 넣고 사용해서는 안 된다.

99. 볼트머리나 너트의 크기가 명확하지 않을 때나 가볍게 조이고 풀 때 사용하며 크기는 전체 길이로 표시하는 렌치는?

① 소켓렌치 ② 조정렌치
③ 복스렌치 ④ 파이프렌치

해설 조정렌치는 볼트머리나 너트의 크기가 명확하지 않을 때나 가볍게 조이고 풀 때 사용하며 크기는 전체 길이로 표시한다.

100. 조정렌치 사용상 안전 및 주의사항으로 맞는 것은?

① 렌치를 사용할 때는 밀면서 사용한다.
② 렌치를 잡아당기며 작업한다.
③ 렌치를 사용할 때는 반드시 연결대 등을 사용한다.
④ 렌치를 사용할 때는 규정보다 큰 공구를 사용한다.

101. 6각 볼트 · 너트를 조이고 풀 때 가장 적합한 공구는?

① 바이스 ② 플라이어
③ 드라이버 ④ 복스렌치

해설 6각 볼트 · 너트를 조이고 풀 때 가장 적합한 공구는 복스렌치(box wrench)이다.

102. 복스렌치가 오픈엔드렌치보다 비교적 많이 사용되는 이유로 옳은 것은?

① 두 개를 한 번에 조일 수 있다.
② 마모율이 적고 가격이 저렴하다.
③ 다양한 볼트 너트의 크기를 사용할 수 있다.
④ 볼트와 너트 주위를 감싸 힘의 균형 때문에 미끄러지지 않는다.

해설 복스렌치를 오픈엔드렌치보다 비교적 많이 사용하는 이유는 볼트와 너트 주위를 감싸 힘의 균형 때문에 미끄러지지 않기 때문이다.

103. 볼트 · 너트를 가장 안전하게 조이거나 풀 수 있는 공구는?

① 조정렌치 ② 스패너
③ 6각 소켓렌치 ④ 파이프렌치

104. 볼트나 너트를 조이고 풀 때 사항으로 틀린 것은?

① 볼트와 너트는 규정 토크로 조인다.
② 토크렌치는 볼트를 풀 때만 사용한다.
③ 한 번에 조이지 말고, 2~3회 나누어 조인다.
④ 규정된 공구를 사용하여 풀고, 조이도록 한다.

정답 98 ③ 99 ② 100 ② 101 ④ 102 ④ 103 ③ 104 ②

해설 토크렌치는 볼트나 너트를 조일 때만 사용한다.

105. 다음 중 드라이버 사용방법으로 틀린 것은?

① 날 끝 홈의 폭과 깊이가 같은 것을 사용한다.
② 전기 작업 시 자루는 모두 금속으로 되어 있는 것을 사용한다.
③ 날 끝이 수평이어야 하며 둥글거나 빠진 것은 사용하지 않는다.
④ 작은 공작물이라도 한손으로 잡지 않고 바이스 등으로 고정하고 사용한다.

해설 전기 작업을 할 때 손잡이 전체가 절연되어야 한다.

106. 드라이버 사용 시 주의할 점으로 틀린 것은?

① 규격에 맞는 드라이버를 사용한다.
② 드라이버는 지렛대 대신으로 사용하지 않는다.
③ 클립(clip)이 있는 드라이버는 옷에 걸고 다녀도 무방하다.
④ 잘 풀리지 않는 나사는 플라이어를 이용하여 강제로 뺀다.

해설 잘 풀리지 않는 나사를 플라이어를 이용하여 강제로 빼면 나사 머리 부분이 변형되거나 파손되기 쉽다.

107. 줄 작업 시 주의사항으로 틀린 것은?

① 줄은 반드시 자루를 끼워서 사용한다.
② 줄은 반드시 바이스 등에 올려놓아야 한다.
③ 줄은 부러지기 쉬우므로 절대로 두드리거나 충격을 주어서는 안 된다.
④ 줄은 사용하기 전에 균열 유무를 충분히 점검하여야 한다.

해설 줄을 바이스 등에 올리다가 떨어지면 파손되기 쉽다.

108. 안전한 해머 작업을 위한 해머상태로 옳은 것은?

① 머리가 깨어진 것
② 쐐기가 없는 것
③ 타격면에 홈이 있는 것
④ 타격면이 평탄한 것

해설 해머는 타격면이 평탄한 것을 사용하여야 한다.

109. 해머 작업 시 틀린 것은?

① 장갑을 끼지 않는다.
② 작업에 알맞은 무게의 해머를 사용한다.
③ 해머는 처음부터 힘차게 때린다.
④ 자루가 단단한 것을 사용한다.

해설 해머는 처음에는 작은 힘으로 치다가 차차 크게 치도록 한다.

110. 해머 사용 시의 주의사항이 아닌 것은?

① 쐐기를 박아서 자루가 단단한 것을 사용한다.
② 기름 묻은 손으로 자루를 잡지 않는다.
③ 타격면이 닳아 경사진 것은 사용하지 않는다.
④ 처음에는 크게 휘두르고 차차 작게 휘두른다.

111. 정 작업 시 안전수칙으로 부적합한 것은?

① 차광안경을 착용한다.
② 기름을 깨끗이 닦은 후에 사용한다.

정답 105 ② 106 ④ 107 ② 108 ④ 109 ③ 110 ④ 111 ①

③ 머리가 벗겨진 것은 사용하지 않는다.
④ 담금질한 재료를 정으로 처서는 안 된다.

해설 정 작업을 할 때에는 반드시 보안경을 착용하여야 한다.

112. 연삭기에서 연삭 칩의 비산을 막기 위한 안전방호장치는?

① 안전덮개
② 광전식 안전방호장치
③ 급정지 장치
④ 양수조작식 방호장치

해설 연삭기에는 연삭 칩의 비산을 막기 위하여 안전덮개를 부착하여야 한다.

113. 연삭기의 안전한 사용방법으로 틀린 것은?

① 숫돌 측면 사용 제한
② 숫돌덮개 설치 후 작업
③ 보안경과 방진 마스크 착용
④ 숫돌과 받침대 간격을 가능한 넓게 유지

해설 연삭기의 숫돌 받침대와 숫돌과의 틈새는 2~3mm 이내로 조정한다.

114. 연삭작업 시 주의사항으로 틀린 것은?

① 숫돌 측면을 사용하지 않는다.
② 작업은 반드시 보안경을 쓰고 작업한다.
③ 연삭작업은 숫돌차의 정면에 서서 작업한다.
④ 연삭숫돌에 일감을 세게 눌러 작업하지 않는다.

해설 연삭작업은 숫돌차의 측면에 서서 작업한다.

115. 드릴 작업 시 주의사항으로 틀린 것은?

① 칩을 털어낼 때는 칩 털이를 사용한다.
② 작업이 끝나면 드릴을 척에서 빼놓는다.
③ 드릴이 움직일 때는 칩을 손으로 치운다.
④ 재료는 힘껏 조이든가 정지구로 고정한다.

해설 드릴의 칩은 작업이 끝난 후 솔로 치우도록 한다.

116. 드릴 작업의 안전수칙이 아닌 것은?

① 일감은 견고하게 고정시키고 손으로 잡고 구멍을 뚫지 않는다.
② 칩을 제거할 때는 회전을 정지시킨 상태에서 솔로 제거한다.
③ 장갑을 끼고 작업하지 않는다.
④ 드릴을 끼운 후에 척 렌치는 그대로 둔다.

해설 드릴을 끼운 후 척 렌치는 분리하여야 한다.

117. 마이크로미터를 보관하는 방법으로 틀린 것은?

① 습기가 없는 곳에 보관한다.
② 직사광선에 노출되지 않도록 한다.
③ 앤빌과 스핀들을 밀착시켜 둔다.
④ 측정 부분이 손상되지 않도록 보관함에 보관한다.

해설 마이크로미터를 보관할 때 앤빌과 스핀들을 밀착시켜서는 안 된다.

118. 지렛대 사용 시 주의사항이 아닌 것은?

① 손잡이가 미끄럽지 않을 것
② 화물 중량과 크기에 적합한 것
③ 화물 접촉면을 미끄럽게 할 것
④ 둥글고 미끄러지기 쉬운 지렛대는 사용하지 말 것

해설 지렛대를 사용할 때 화물 접촉면을 미끄럽게 해서는 안 된다.

정답 112 ① 113 ④ 114 ③ 115 ③ 116 ④ 117 ③ 118 ③

지게차
운전기능사

부록

모의고사

지게차
운전기능사

모의고사 1

01. 유압장치에 사용되는 오일 실의 종류 중 O-링이 갖추어야 할 조건은?

① 체결력이 작을 것
② 작동 시 마모가 클 것
③ 오일의 누설이 클 것
④ 탄성이 양호하고 압축변형이 적을 것

02. 건설기계관리법상 건설기계가 국토교통부장관이 실시하는 검사에 불합격하여 정비명령을 받았음에도 불구하고, 건설기계 소유자가 이 명령을 이행하지 않았을 때의 벌칙은?

① 1년 이하의 징역 또는 500만 원 이하의 벌금
② 1년 이하의 징역 또는 100만 원 이하의 벌금
③ 1년 이하의 징역 또는 300만 원 이하의 벌금
④ 1년 이하의 징역 또는 1000만 원 이하의 벌금

03. 플런저 펌프의 특징으로 가장 거리가 먼 것은?

① 구조가 간단하고 값이 싸다.
② 펌프효율이 높다.
③ 베어링에 부하가 크다.
④ 일반적으로 토출압력이 높다.

04. 건설기계관리법령상 건설기계 사업의 종류가 아닌 것은?

① 건설기계 매매업
② 건설기계 대여업
③ 건설기계 폐기업
④ 건설기계 제작업

05. 유압유의 점도에 대한 설명으로 틀린 것은?

① 점성계수를 밀도로 나눈 값이다.
② 온도가 상승하면 점도는 낮아진다.
③ 점성의 정도를 표시하는 값이다.
④ 온도가 내려가면 점도는 높아진다.

06. 지게차로 화물을 싣고 경사지에서 주행할 때 안전상 올바른 운전방법은?

① 포크를 높이 들고 주행한다.
② 내려갈 때에는 저속 후진한다.
③ 내려갈 때에는 변속 레버를 중립에 놓고 주행한다.
④ 내려갈 때에는 시동을 끄고 타력으로 주행한다.

07. 유압장치의 작동원리는 어느 이론에 바탕을 둔 것인가?

① 파스칼의 원리
② 에너지 보존의 법칙
③ 보일의 원리
④ 열역학 제1법칙

08. 건설기계관리법령상 특별표지판을 부착하여야 할 건설기계의 범위에 해당하지 않는 것은?

① 높이가 4미터를 초과하는 건설기계

② 길이가 10미터를 초과하는 건설기계
③ 총중량이 40톤을 초과하는 건설기계
④ 최소회전반경이 12미터를 초과하는 건설기계

09. 유량제어밸브를 실린더와 병렬로 연결하여 실린더의 속도를 제어하는 회로는?

① 블리드 오프 회로
② 블리드 온 회로
③ 미터인 회로
④ 미터아웃 회로

10. 다음 그림의 유압기호가 나타내는 것은?

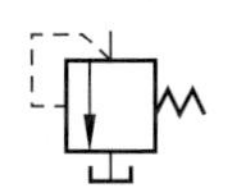

① 릴리프 밸브(relief valve)
② 무부하 밸브(unloader valve)
③ 감압 밸브(reducing valve)
④ 순차 밸브(sequence valve)

11. 건설기계관리법에서 정의한 건설기계 형식이 가장 옳은 것은?

① 엔진 구조 및 성능을 말한다.
② 형식 및 규격을 말한다.
③ 성능 및 용량을 말한다.
④ 구조 · 규격 및 성능 등에 관하여 일정하게 정한 것을 말한다.

12. 유압장치에서 내구성이 강하고 작동 및 움직임이 있는 곳에 사용하기 적합한 호스는?

① 플렉시블 호스
② 구리 파이프
③ PVC 호스
④ 강 파이프

13. 도로교통법을 위반한 경우는?

① 밤에 교통이 빈번한 도로에서 전조등을 계속 하향했다.
② 낮에 어두운 터널 속을 통과할 때 전조등을 켰다.
③ 노면이 얼어붙은 곳에서 최고속도의 20/100을 줄인 속도로 운행하였다.
④ 소방용 방화물통으로부터 10m 지점에 주차하였다.

14. 정비작업 시 안전에 가장 위배되는 것은?

① 연료를 비운 상태에서 연료통을 용접한다.
② 가연성 물질을 취급 시 소화기를 준비한다.
③ 회전 부분에 옷이나 손이 닿지 않도록 한다.
④ 깨끗하고 먼지가 없는 작업환경을 조정한다.

15. 유압 회로 내의 압력이 설정압력에 도달하면 펌프에서 토출된 오일을 전부 탱크로 회송시켜 펌프를 무부하로 운전시키는 데 사용하는 밸브는?

① 언로드 밸브
② 카운터 밸런스 밸브
③ 체크 밸브
④ 시퀀스 밸브

16. 안전 · 보건표지에서 그림이 표시하는 것으로 맞는 것은?

① 독극물 경고　② 폭발물 경고
③ 고압전기 경고　④ 낙하물 경고

17. **지게차로 화물을 운반할 때 포크의 높이는 얼마 정도가 안전하고 적합한가?**

① 높이 관계없이 편리하게 한다.
② 지면으로부터 20~30cm 정도 높이를 유지한다.
③ 지면으로부터 60~80cm 정도 높이를 유지한다.
④ 지면으로부터 100cm 이상 높이를 유지한다.

18. **작업안전 상 보호안경을 사용하지 않아도 되는 작업은?**

① 건설기계 운전 작업
② 먼지세척 작업
③ 용접 작업
④ 연마 작업

19. **지게차를 운행할 때 주의사항으로 틀린 것은?**

① 급유 중은 물론 운전 중에도 화기를 가까이 하지 않는다.
② 적재 시 급제동을 하지 않는다.
③ 내리막길에서는 브레이크 페달을 밟으면서 서서히 주행한다.
④ 적재 시에는 최고속도로 주행한다.

20. **엔진에서 완전연소 시 배출되는 가스 중에서 인체에 가장 해가 없는 가스는?**

① NOx　　② HC
③ CO　　④ CO_2

21. **작업 전 지게차의 워밍업 운전 및 점검사항으로 틀린 것은?**

① 시동 후 작동유의 유온을 정상범위 내에 도달하도록 고속으로 전 · 후진 주행을 2~3회 실시
② 엔진 시동 후 5분간 저속운전 실시
③ 틸트 레버를 사용하여 전 행정으로 전후 경사 운동 2~3회 실시
④ 리프트 레버를 사용하여 상승, 하강 운동을 전 행정으로 2~3회 실시

22. **제동장치의 마스터 실린더 조립 시 무엇으로 세척하는 것이 좋은가?**

① 브레이크액　　② 석유
③ 솔벤트　　④ 경유

23. **지게차에서 지켜야 할 안전수칙으로 틀린 것은?**

① 후진 시는 반드시 뒤를 살필 것
② 전진에서 후진변속 시는 지게차가 정지된 상태에서 행할 것
③ 주 · 정차 시는 반드시 주차 브레이크를 작동시킬 것
④ 이동 시는 포크를 반드시 지상에서 높이 들고 이동할 것

24. **화재에 대한 설명으로 틀린 것은?**

① 화재가 발생하기 위해서는 가연성 물질, 산소, 발화원이 반드시 필요하다.
② 가연성 가스에 의한 화재를 D급 화재라 한다.
③ 전기에너지가 발화원이 되는 화재를 C급 화재라 한다.
④ 화재는 어떤 물질이 산소와 결합하여 연소하면서 열을 방출시키는 산화반응을 말한다.

25. **깨지기 쉬운 화물이나 불안전한 화물의 낙하를 방지하기 위하여 포크 상단에 상하 작동할 수 있는 압력판을 부착한 지게차는?**

① 하이 마스트
② 3단 마스트
③ 사이드 시프트 마스트
④ 로드 스태빌라이저

26. 재해발생 원인 중 직접원인이 아닌 것은?

① 불량공구 사용
② 교육훈련 미숙
③ 기계배치의 결함
④ 작업조명의 불량

27. 지게차의 운전방법으로 틀린 것은?

① 화물운반 시 내리막길은 후진으로, 오르막길은 전진으로 주행한다.
② 화물운반 시 포크는 지면에서 20~30cm 가량 띄운다.
③ 화물운반 시 마스트를 뒤로 4° 가량 경사시킨다.
④ 화물운반은 항상 후진으로 주행한다.

28. 점검주기에 따른 안전점검의 종류에 해당되지 않는 것은?

① 정기점검
② 구조점검
③ 특별점검
④ 수시점검

29. 동력전달장치에서 토크 컨버터에 대한 설명 중 틀린 것은?

① 조작이 용이하고 엔진에 무리가 없다.
② 기계적인 충격을 흡수하여 엔진의 수명을 연장한다.
③ 부하에 따라 자동적으로 변속한다.
④ 일정 이상의 과부하가 걸리면 엔진이 정지한다.

30. 유압 모터와 유압 실린더의 설명으로 옳은 것은?

① 유압 모터는 회전운동, 유압 실린더는 직선운동을 한다.
② 둘 다 왕복운동을 한다.
③ 둘 다 회전운동을 한다.
④ 유압 모터는 직선운동, 유압 실린더는 회전운동을 한다.

31. 지게차 운전 종료 후 점검사항과 가장 거리가 먼 것은?

① 각종 게이지
② 타이어의 손상 여부
③ 연료보유량
④ 오일 누설 부위

32. 벨트를 풀리(pulley)에 장착 시 엔진의 상태로 옳은 것은?

① 고속으로 회전상태
② 저속으로 회전상태
③ 중속으로 회전상태
④ 회전을 중지한 상태

33. 지게차의 작업장치에 속하지 않는 것은?

① 사이드 시프트
② 로테이팅 클램프
③ 힌지드 버킷
④ 브레이커

34. 일반적으로 장갑을 착용하고 작업을 하게 되는데, 안전을 위해서 오히려 장갑을 사용하지 않아야 하는 작업은?

① 오일 교환 작업
② 타이어 교환 작업
③ 전기용접 작업
④ 해머 작업

35. 지게차를 주차시킬 때 포크의 위치로 가장 적합한 것은?

① 지면에서 약간 올려놓는다.
② 지면에서 약 20~30cm 정도 올린다.
③ 지면에서 약 40~50cm 정도 올린다.
④ 지면에 완전히 내린다.

36. 안전제일에서 가장 먼저 선행되어야 하는 이념으로 옳은 것은?

① 재산보호
② 생산성 향상
③ 신뢰성 향상
④ 인명보호

37. 지게차 운전 시 유의사항으로 적합하지 않은 것은?

① 내리막길에서는 급회전을 하지 않는다.
② 화물적재 후 최고속 주행을 하여 작업능률을 높인다.
③ 운전석에는 운전자 이외는 승차하지 않는다.
④ 면허소지자 이외는 운전하지 못하도록 한다.

38. 유압장치에 사용되는 펌프 형식이 아닌 것은?

① 베인 펌프
② 플런저 펌프
③ 분사 펌프
④ 기어 펌프

39. 지게차 주행 시 주의해야 할 사항 중 틀린 것은?

① 짐을 싣고 주행할 때는 절대로 속도를 내서는 안 된다.
② 노면 상태에 따라 충분한 주의를 하여야 한다.
③ 적하장치에 사람을 태워서는 안 된다.
④ 포크의 끝은 밖으로 경사지게 한다.

40. 그림과 같이 12V용 축전지 2개를 사용하여 24V용 지게차를 시동하고자 할 때 연결 방법으로 옳은 것은?

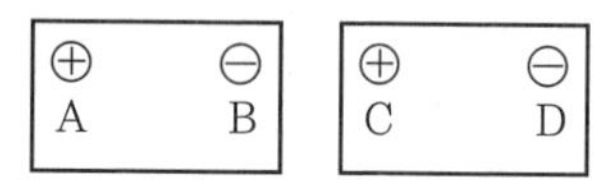

① B – D
② A – C
③ A – B
④ B – C

41. 지게차에 화물을 적재하고 주행할 때의 주의사항으로 틀린 것은?

① 급한 고갯길을 내려갈 때는 변속 레버를 중립에 두거나 엔진 시동을 끄고 타력으로 내려간다.
② 포크나 카운터 웨이트 등에 사람을 태우고 주행해서는 안 된다.
③ 전방시야가 확보되지 않을 때는 후진으로 진행하면서 경적을 울리며 천천히 주행한다.
④ 험한 땅, 좁은 통로, 고갯길 등에서는 급발진, 급제동, 급선회하지 않는다.

42. 건설기계의 충전장치에서 가장 많이 사용하고 있는 발전기는?

① 단상 교류발전기
② 3상 교류발전기
③ 직류발전기
④ 와전류 발전기

43. 자동차 1종 대형면허로 조종할 수 없는 건설기계는?

① 아스팔트피니셔
② 콘크리트믹서트럭
③ 아스팔트살포기
④ 덤프트럭

44. 지게차 화물취급 작업 시 준수하여야 할 사항으로 틀린 것은?

① 화물 앞에서 일단 정지해야 한다.
② 화물의 근처에 왔을 때에는 가속페달을 살짝 밟는다.
③ 파렛트에 실려 있는 물체의 안전한 적재 여부를 확인한다.
④ 지게차를 화물 쪽으로 반듯하게 향하고 포크가 파렛트를 마찰하지 않도록 주의한다.

45. 라디에이터 캡의 스프링이 파손되었을 때 가장 먼저 나타나는 현상은?

① 냉각수 비등점이 높아진다.
② 냉각수 비등점이 낮아진다.
③ 냉각수 순환이 불량해진다.
④ 냉각수 순환이 빨라진다.

46. 평탄한 노면에서의 지게차를 운전하여 하역작업 시 올바른 방법이 아닌 것은?

① 파렛트에 실은 화물이 안정되고 확실하게 실려 있는가를 확인한다.
② 포크를 삽입하고자 하는 곳과 평행하게 한다.
③ 불안정한 적재의 경우에는 빠르게 작업을 진행시킨다.
④ 화물 앞에서 정지한 후 마스트가 수직이 되도록 기울여야 한다.

47. 라이너식 실린더에 비교한 일체식 실린더의 특징으로 틀린 것은?

① 라이너 형식보다 내마모성이 높다.
② 부품 수가 적고 중량이 가볍다.
③ 강성 및 강도가 크다.
④ 냉각수 누출 우려가 적다.

48. 건설기계에서 기동전동기가 회전하지 않을 경우 점검할 사항이 아닌 것은?

① 타이밍 벨트의 이완 여부
② 축전지의 방전 여부
③ 배터리 단자의 접촉 여부
④ 배선의 단선 여부

49. 지게차의 동력조향장치에 사용되는 유압 실린더로 가장 적합한 것은?

① 단동실린더 플런저형
② 다단실린더 텔레스코픽형
③ 복동실린더 싱글 로드형
④ 복동실린더 더블 로드형

50. 디젤엔진 연료장치 내에 있는 공기를 배출하기 위하여 사용하는 펌프는?

① 인젝션 펌프
② 연료 펌프
③ 프라이밍 펌프
④ 공기 펌프

51. 지게차에 대한 설명으로 틀린 것은?

① 화물을 싣기 위해 마스트를 약간 전경시키고 포크를 끼워 물건을 싣는다.
② 틸트 레버는 앞으로 밀면 마스트가 앞으로 기울고 따라서 포크가 앞으로 기운다.
③ 포크를 상승시킬 때는 리프트 레버를 뒤쪽으로, 하강시킬 때는 앞쪽으로 민다.
④ 목적지에 도착 후 물건을 내리기 위해 틸트 실린더를 후경시켜 전진한다.

52. 축전지의 방전은 어느 한도 내에서 단자 전압이 급격히 저하하며 그 이후는 방전 능력이 없어지게 된다. 이때의 전압을 무엇이라고 하는가?

① 충전 전압
② 방전 전압
③ 방전종지 전압
④ 누전 전압

53. 지게차의 화물 운반방법 중 틀린 것은?

① 운반 중 마스트를 뒤로 4° 가량 경사시킨다.
② 경사지에서 화물을 운반할 때 내리막에서는 후진으로, 오르막에서는 전진으로 운행한다.
③ 운전 중 포크를 지면에서 20~30cm 정도 유지한다.
④ 화물을 적재하고 운반할 때에는 항상 후진으로 운행한다.

54. 건설기계 조종사 면허를 받은 자가 면허의 효력이 정지된 때에는 며칠 이내 관할 행정청에 그 면허증을 반납해야 하는가?

① 10일 이내
② 60일 이내
③ 30일 이내
④ 100일 이내

55. 현재 가장 많이 사용되고 있는 수온조절기의 형식은?

① 펠릿형
② 바이메탈형
③ 벨로즈형
④ 블래더형

56. 도로교통법규상 주차금지장소가 아닌 곳은?

① 소방용 기계기구가 설치된 곳으로부터 15m 이내
② 터널 안
③ 소방용 방화물통으로부터 5m 이내
④ 화재경보기로부터 3m 이내

57. 엔진의 배기가스 색이 회백색이라면 고장 예측으로 가장 적절한 것은?

① 소음기의 막힘
② 피스톤 링 마모
③ 공기청정기의 막힘
④ 분사노즐의 막힘

58. 차마가 도로의 중앙이나 좌측 부분을 통행할 수 있는 경우는 도로 우측 부분의 폭이 몇 미터에 미달하는 도로에서 앞지르기를 할 때인가?

① 2미터 ② 3미터
③ 5미터 ④ 6미터

59. 엔진 윤활유의 기능이 아닌 것은?

① 방청작용 ② 연소작용
③ 냉각작용 ④ 윤활작용

60. 교통안전시설이 표시하고 있는 신호와 경찰공무원의 수신호가 다른 경우 통행 방법으로 옳은 것은?

① 신호기 신호를 우선적으로 따른다.
② 수신호는 보조신호이므로 따르지 않아도 좋다.
③ 경찰공무원의 수신호에 따른다.
④ 자기가 판단하여 위험이 없다고 생각되면 아무 신호에 따라도 좋다.

지게차
운전기능사

모의고사 2

01. 건설기계 등록번호표 중 관용에 해당하는 것은?

① 5001~8999 ② 6001~8999
③ 9001~9999 ④ 1001~4999

02. 건설기계관리법상 건설기계의 등록신청은 누구에게 하여야 하는가?

① 사용본거지를 관할하는 시 · 군 · 구청장
② 사용본거지를 관할하는 시 · 도지사
③ 사용본거지를 관할하는 검사대행장
④ 사용본거지를 관할하는 경찰서장

03. 기어 펌프에 비해 플런저 펌프의 특징이 아닌 것은?

① 효율이 높다.
② 최고 토출압력이 높다.
③ 구조가 복잡하다.
④ 수명이 짧다.

04. 건설기계 조종사 면허의 취소사유에 해당되지 않는 것은?

① 고의로 1명에게 경상을 입힌 때
② 등록된 건설기계를 조종한 때
③ 과실로 7명 이상에게 중상을 입힌 때
④ 면허정지 처분을 받은 자가 그 정지 기간 중에 건설기계를 조종한 때

05. 유압장치의 계통 내에 슬러지 등이 생겼을 때 이것을 용해하여 깨끗이 하는 작업은?

① 코킹 ② 플러싱
③ 트램핑 ④ 서징

06. 건설기계 조종사의 적성검사 기준으로 거리가 먼 것은?

① 두 눈을 동시에 뜨고 잰 시력이 0.7 이상이고, 두 눈의 시력이 각각 0.3 이상일 것
② 교정시력의 경우는 시력이 2.0 이상일 것
③ 언어분별력이 80% 이상일 것
④ 시각은 150도 이상일 것

07. 그림과 같은 실린더의 명칭은?

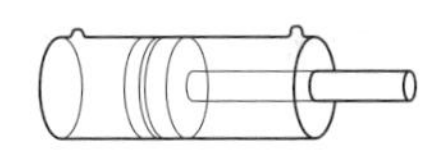

① 복동실린더 ② 단동다단실린더
③ 단동실린더 ④ 복동다단실린더

08. 지게차의 포크를 내리는 역할을 하는 부품은?

① 틸트 실린더 ② 리프트 실린더
③ 볼 실린더 ④ 조향 실린더

09. 축전지와 전동기를 동력원으로 하는 지게차는?

① 전동 지게차 ② 유압 지게차
③ 엔진 지게차 ④ 수동 지게차

10. 압력의 단위가 아닌 것은?

① cal ② kgf/cm^2
③ mmHg ④ psi

11. 산업안전보건법상 산업재해의 정의로 옳은 것은?

① 고의로 물적 시설을 파손한 것을 말한다.
② 운전 중 본인의 부주의로 교통사고가 발생된 것을 말한다.
③ 일상 활동에서 발생하는 사고로서 인적 피해에 해당하는 부분을 말한다.
④ 근로자가 업무에 관계되는 건설물 · 설비 · 원재료 · 가스 · 증기 · 분진 등에 의하거나 작업 또는 그 밖의 업무로 인하여 사망 또는 부상하거나 질병에 걸리게 되는 것을 말한다.

12. 축압기의 용도로 적합하지 않은 것은?

① 충격흡수
② 유압에너지 저장
③ 압력보상
④ 유량분배 및 제어

13. 드릴 작업 시 주의사항으로 틀린 것은?

① 칩을 털어낼 때는 칩털이를 사용한다.
② 드릴이 움직일 때는 칩을 손으로 치운다.
③ 작업이 끝나면 드릴을 척에서 빼놓는다.
④ 공작물은 움직이지 않게 고정한다.

14. 둥근 목재나 파이프 등을 작업하는 데 적합한 지게차의 작업장치는?

① 하이 마스트　② 로 마스트
③ 사이드 시프트　④ 힌지드 포크

15. 작동유 온도가 과열되었을 때 유압 계통에 미치는 영향으로 틀린 것은?

① 오일의 점도 저하에 의해 누유되기 쉽다.
② 유압 펌프의 효율이 높아진다.
③ 온도 변화에 의해 유압 기기가 열변형되기 쉽다.
④ 오일의 열화를 촉진한다.

16. 화재의 분류 기준에서 휘발유로 인해 발생한 화재는?

① C급 화재　② A급 화재
③ D급 화재　④ B급 화재

17. 유압으로 작동되는 작업장치에서 작업 중 힘이 떨어질 때의 원인과 가장 관계가 있는 밸브는?

① 메인 릴리프 밸브
② 체크(check) 밸브
③ 방향 전환 밸브
④ 메이크업 밸브

18. 유압 모터의 일반적인 특징으로 가장 적합한 것은?

① 넓은 범위의 무단변속이 용이하다.
② 각도에 제한 없이 왕복 각운동을 한다.
③ 운동량을 자동으로 직선 조작을 할 수 있다.
④ 직선운동 시 속도조절이 용이하다.

19. 해머 작업에 대한 주의사항으로 틀린 것은?

① 작업자가 서로 마주보고 두드린다.
② 작게 시작하여 차차 큰 행정으로 작업하는 것이 좋다.
③ 타격 범위에 장애물이 없도록 한다.
④ 녹슨 재료 사용 시 보안경을 사용한다.

20. 유압장치의 정상적인 작동을 위한 일상 점검 방법으로 옳은 것은?

① 오일 냉각기의 점검 및 세척
② 컨트롤 밸브의 세척 및 교환
③ 오일량 점검 및 필터 교환

④ 유압 펌프의 점검 및 교환

21. 지게차의 조향방법으로 옳은 것은?

① 전자조향 ② 배력조향
③ 전륜조향 ④ 후륜조향

22. 지게차가 자동차와 다르게 현가 스프링을 사용하지 않는 이유를 설명한 것으로 옳은 것은?

① 현가장치가 있으면 조향이 어렵기 때문에
② 앞차축이 구동축이기 때문에
③ 화물에 충격을 줄여주기 위해
④ 롤링이 생기면 적하물이 떨어질 수 있기 때문에

23. 볼트 너트를 가장 안전하게 조이거나 풀 수 있는 공구는?

① 조정렌치 ② 스패너
③ 6각 소켓렌치 ④ 파이프렌치

24. 지게차가 무부하 상태에서 최대조향각으로 운행 시 가장 바깥쪽 바퀴의 접지자국 중심점이 그리는 원의 반경을 무엇이라고 하는가?

① 최대선회반지름
② 최소회전반지름
③ 최소직각 통로 폭
④ 윤간거리

25. 벨트를 풀리(pulley)에 장착 시 작업방법에 대한 설명으로 옳은 것은?

① 고속으로 회전시키면서 건다.
② 저속으로 회전시키면서 건다.
③ 회전을 중지시킨 후 건다.
④ 중속으로 회전시키면서 건다.

26. 지게차 하역작업 시 안전한 방법이 아닌 것은?

① 무너질 위험이 있는 경우 화물 위에 사람이 올라간다.
② 가벼운 것은 위로, 무거운 것은 밑으로 적재한다.
③ 굴러갈 위험이 있는 물체는 고임목으로 고인다.
④ 허용적재 하중을 초과하는 화물의 적재는 금한다.

27. 지게차의 틸트 레버를 운전자 쪽으로 당기면 마스트는 어떻게 되는가?

① 지면 방향 아래쪽으로 내려온다.
② 운전자 쪽으로 기운다.
③ 지면에서 위쪽으로 올라간다.
④ 운전자 쪽에서 반대방향으로 기운다.

28. 동력전달장치에 사용되는 차동기어장치에 대한 설명으로 틀린 것은?

① 선회할 때 좌 · 우 구동바퀴의 회전속도를 다르게 한다.
② 선회할 때 바깥쪽 바퀴의 회전속도를 증대시킨다.
③ 보통 차동기어장치는 노면의 저항을 작게 받는 구동바퀴가 더 많이 회전하도록 한다.
④ 엔진의 회전력을 크게 하여 구동바퀴에 전달한다.

29. 사고의 원인 중 불안전한 행동이 아닌 것은?

① 작업 중 안전장치 기능 제거
② 사용 중인 공구에 결함 발생
③ 부적당한 속도로 기계장치 운전
④ 허가 없이 기계장치 운전

30. 지게차에 화물을 적재하고 주행할 때의 주의사항으로 틀린 것은?

① 급한 고갯길을 내려갈 때는 변속 레버를 중립에 두거나 엔진을 끄고 타력으로 내려간다.
② 포크나 카운터 웨이트 등에 사람을 태우고 주행해서는 안 된다.
③ 전방시야가 확보되지 않을 때는 후진으로 진행하면서 경적을 울리며 천천히 주행한다.
④ 험한 땅, 좁은 통로, 고갯길 등에서는 급발진, 급제동, 급선회하지 않는다.

31. 일반적으로 지게차의 자체중량에 포함되지 않는 것은?

① 윤활유 ② 운전자
③ 냉각수 ④ 연료

32. 공기구 사용에 대한 사항으로 틀린 것은?

① 공구를 사용 후 공구상자에 넣어 보관한다.
② 볼트와 너트는 가능한 소켓렌치로 작업한다.
③ 마이크로미터를 보관할 때는 직사광선에 노출시키지 않는다.
④ 토크렌치는 볼트와 너트를 푸는 데 사용한다.

33. 제동장치의 페이드 현상 방지책으로 틀린 것은?

① 브레이크 드럼의 냉각 성능을 크게 한다.
② 온도 상승에 따른 마찰계수 변화가 큰 라이닝을 사용한다.
③ 브레이크 드럼의 열팽창률이 적은 형상으로 한다.
④ 브레이크 드럼은 열팽창률이 적은 재질을 사용한다.

34. 감전재해 사고 발생 시 취해야 할 행동으로 틀린 것은?

① 전원을 끄지 못했을 때는 고무장갑이나 고무장화를 착용하고 피해자를 구출한다.
② 설비의 전기 공급원 스위치를 내린다.
③ 피해자 구출 후 상태가 심할 경우 인공호흡 등 응급조치를 한 후 작업을 직접 마무리 하도록 도와준다.
④ 피해자가 지닌 금속체가 전선 등에 접촉되었는가를 확인한다.

35. 지게차 클러치의 용량은 엔진 회전력의 몇 배이며 이보다 클 때 나타나는 현상은?

① 1.5~2.5배 정도이며 클러치가 엔진 플라이휠에서 분리될 때 충격이 오기 쉽다.
② 1.5~2.5배 정도이며 클러치가 엔진 플라이휠에 접속될 때 엔진이 정지되기 쉽다.
③ 3.5~4.5배 정도이며 압력판이 엔진 플라이휠에 접속될 때 엔진이 정지되기 쉽다.
④ 3.5~4.5배 정도이며 압력판이 엔진 플라이휠에서 분리될 때 엔진이 정지되기 쉽다.

36. 화물을 적재하고 주행할 때 포크와 지면과의 간격으로 가장 적당한 것은?

① 80~85cm ② 지면에 밀착
③ 20~30cm ④ 50~55cm

37. 교통안전시설이 표시하고 있는 신호와 경찰공무원의 수신호가 다른 경우 통행 방법으로 옳은 것은?

① 경찰공무원의 수신호에 따른다.

② 신호기 신호를 우선적으로 따른다.
③ 수신호는 보조신호이므로 따르지 않아도 좋다.
④ 자기가 판단하여 위험이 없다고 생각되면 아무 신호에 따라도 좋다.

38. 지게차의 유압 복동실린더에 대하여 설명한 것 중 틀린 것은?

① 싱글 로드형이 있다.
② 더블 로드형이 있다.
③ 수축은 자중이나 스프링에 의해서 이루어진다.
④ 피스톤의 양방향으로 유압을 받아 늘어난다.

39. 지게차의 리프트 실린더 작동회로에 사용되는 플로 레귤레이터(슬로 리턴) 밸브의 역할은?

① 포크 상승 시 작동유의 압력을 높여준다.
② 포크가 상승하다가 리프트 실린더 중간에서 정지 시 실린더 내부 누유를 방지한다.
③ 포크의 하강속도를 조절하여 포크가 천천히 내려오도록 한다.
④ 짐을 하강할 때 신속하게 내려오도록 한다.

40. AC 발전기에서 다이오드의 역할로 가장 적합한 것은?

① 교류를 정류하고, 역류를 방지한다.
② 전압을 조정한다.
③ 여자전류를 조정하고, 역류를 방지한다.
④ 전류를 조정한다.

41. 기계의 회전 부분(기어, 벨트, 체인)에 덮개를 설치하는 이유는?

① 회전 부분의 속도를 높이기 위하여
② 좋은 품질의 제품을 얻기 위하여
③ 제품의 제작 과정을 숨기기 위하여
④ 회전 부분과 신체의 접촉을 방지하기 위하여

42. 지게차에 대한 설명으로 틀린 것은?

① 히터시그널은 연소실 글로 플러그의 가열 상태를 표시한다.
② 오일압력 경고등은 시동 후 워밍업되기 전에 점등되어야 한다.
③ 암페어미터의 지침은 방전되면 (−)쪽을 가리킨다.
④ 연료탱크에 연료가 비어 있으면 연료게이지는 “E”를 가리킨다.

43. 유압장치에서 방향 제어 밸브 설명으로 틀린 것은?

① 유압유의 흐름 방향을 한쪽으로만 허용한다.
② 액추에이터의 속도를 제어한다.
③ 유압 실린더나 유압 모터의 작동 방향을 바꾸는 데 사용된다.
④ 유압유의 흐름 방향을 변환한다.

44. 진공식 제동 배력장치의 설명 중에서 옳은 것은?

① 진공밸브가 새면 브레이크가 전혀 듣지 않는다.
② 하이드롤릭 피스톤의 체크 볼이 밀착 불량이면 브레이크가 듣지 않는다.
③ 릴레이 밸브 피스톤 컵이 파손되어도 브레이크는 듣는다.
④ 릴레이 밸브의 다이어프램이 파손되면 브레이크는 듣지 않는다.

45. **엔진에서 팬벨트 및 발전기 벨트의 장력이 너무 강할 경우에 발생될 수 있는 현상은?**

① 발전기 베어링이 손상될 수 있다.
② 엔진의 밸브장치가 손상될 수 있다.
③ 충전부족 현상이 생긴다.
④ 엔진이 과열된다.

46. **지게차의 앞바퀴 얼라인먼트 역할이 아닌 것은?**

① 방향 안정성을 준다.
② 타이어 마모를 최소로 한다.
③ 브레이크의 수명을 길게 한다.
④ 조향핸들의 조작을 작은 힘으로 쉽게 할 수 있다.

47. **열기관이란 어떤 에너지를 어떤 에너지로 바꾸어 유효한 일을 할 수 있도록 한 기계인가?**

① 열에너지를 기계적 에너지로
② 전기적 에너지를 기계적 에너지로
③ 위치 에너지를 기계적 에너지로
④ 기계적 에너지를 열에너지로

48. **퓨즈의 접촉이 나쁠 때 나타나는 현상으로 옳은 것은?**

① 연결부의 저항이 떨어진다.
② 전류의 흐름이 높아진다.
③ 연결부가 끊어진다.
④ 연결부가 튼튼해진다.

49. **실린더 헤드와 블록 사이에 삽입하여 압축과 폭발가스의 기밀을 유지하고 냉각수와 엔진오일이 누출되는 것을 방지하는 역할을 하는 것은?**

① 헤드 워터재킷
② 헤드 볼트
③ 헤드 오일 통로
④ 헤드 개스킷

50. **급속충전을 할 때 주의사항으로 옳지 않은 것은?**

① 충전시간은 가급적 짧아야 한다.
② 충전 중인 축전지에 충격을 가하지 않는다.
③ 통풍이 잘되는 곳에서 충전한다.
④ 축전지가 차량에 설치된 상태로 충전한다.

51. **지게차 조향바퀴 정렬의 요소가 아닌 것은?**

① 캐스터(caster)
② 부스터(booster)
③ 캠버(camber)
④ 토인(toe–in)

52. **디젤엔진의 냉간 시 시동을 돕기 위해 설치된 부품으로 옳은 것은?**

① 히트레인지(예열플러그)
② 발전기
③ 디퓨저
④ 과급장치

53. **도로에서 위험을 방지하고 교통의 안전과 원활한 소통을 확보하기 위하여 필요하다고 인정하는 때에 구역 또는 구간을 지정하여 자동차의 속도를 제한할 수 있는 자는? (단, 고속도로를 제외한 도로)**

① 지방경찰청장
② 시 · 도지사
③ 경찰서장
④ 교통안전공단 이사장

54. 오일 팬에 있는 오일을 흡입하여 엔진의 각 운동 부분에 압송하는 오일펌프로 가장 많이 사용되는 것은?

① 피스톤 펌프, 나사 펌프, 원심 펌프
② 로터리 펌프, 기어 펌프, 베인 펌프
③ 기어 펌프, 원심 펌프, 베인 펌프
④ 나사 펌프, 원심 펌프, 기어 펌프

55. 건설기계조종사면허에 관한 설명으로 옳은 것은?

① 기중기면허를 소지하면 굴착기도 조종할 수 있다.
② 건설기계조종사면허는 국토교통부장관이 발급한다.
③ 콘크리트믹서트럭을 조종하고자 하는 자는 자동차 제1종 대형면허를 받아야 한다.
④ 기중기로 도로를 주행하고자 할 때는 자동차 제1종 대형면허를 받아야 한다.

56. 엔진 연소실의 구비조건으로 가장 거리가 먼 것은?

① 압축 끝에서 혼합기의 와류를 형성하는 구조이어야 한다.
② 연소실 내의 표면적은 최대가 되도록 한다.
③ 화염전파거리가 짧아야 한다.
④ 돌출부가 없어야 한다.

57. 성능이 불량하거나 사고가 자주 발생하는 건설기계의 안전성 등을 점검하기 위하여 실시하는 검사와 건설기계 소유자의 신청을 받아 실시하는 검사는?

① 정기검사 ② 수시검사
③ 구조변경검사 ④ 예비검사

58. 도로교통법의 제정 목적을 바르게 나타낸 것은?

① 도로운송사업의 발전과 운전자들의 권익 보호
② 도로상의 교통사고로 인한 신속한 피해회복과 편익 증진
③ 건설기계의 제작, 등록, 판매, 관리 등의 안전 확보
④ 도로에서 일어나는 교통상의 모든 위험과 장해를 방지하고 제거하여 안전하고 원활한 교통을 확보

59. 커먼레일 디젤엔진의 압력제한밸브에 대한 설명 중 틀린 것은?

① 연료압력이 높으면 연료의 일부분이 연료탱크로 되돌아간다.
② 커먼레일과 같은 라인에 설치되어 있다.
③ 기계식 밸브가 많이 사용된다.
④ 운전조건에 따라 커먼레일의 압력을 제어한다.

60. 진로변경을 해서는 안 되는 경우는?

① 안전표지(진로 변경 제한선)가 설치되어 있을 때
② 시속 50km 이상으로 주행할 때
③ 교통이 복잡한 도로일 때
④ 3차로의 도로일 때

지게차 운전기능사

모의고사 3

01. 지게차의 조종 레버 명칭이 아닌 것은?

① 리프트 레버
② 밸브 레버
③ 변속 레버
④ 틸트 레버

02. 동력전달장치를 다루는 데 필요한 안전 수칙으로 틀린 것은?

① 커플링은 키 나사가 돌출되지 않도록 사용한다.
② 풀리가 회전 중일 때 벨트를 걸지 않도록 한다.
③ 벨트의 장력은 정지 중일 때 확인하지 않도록 한다.
④ 회전중인 기어에는 손을 대지 않도록 한다.

03. 운전 중 좁은 장소에서 지게차를 방향 전환시킬 때 가장 주의할 점은?

① 뒷바퀴 회전에 주의하여 방향 전환한다.
② 포크 높이를 높게 하여 방향 전환한다.
③ 앞바퀴 회전에 주의하여 방향 전환한다.
④ 포크가 땅에 닿게 내리고 방향 전환한다.

04. 타이어에서 고무로 피복된 코드를 여러 겹으로 겹친 층에 해당되며, 타이어 골격을 이루는 부분은?

① 카커스(carcass) 부분
② 트레드(tread) 부분
③ 숄더(should) 부분
④ 비드(bead) 부분

05. 축전지 격리판의 구비조건으로 틀린 것은?

① 기계적 강도가 있을 것
② 다공성이고 전해액에 부식되지 않을 것
③ 극판에 좋지 않은 물질을 내뿜지 않을 것
④ 전도성이 좋으며 전해액의 확산이 잘될 것

06. 벨트를 풀리에 걸 때는 어떤 상태에서 걸어야 하는가?

① 고속 상태　② 중속 상태
③ 저속 상태　④ 정지 상태

07. 안전한 작업을 하기 위하여 작업 복장을 선정할 때의 유의사항으로 가장 거리가 먼 것은?

① 화기사용 장소에서 방염성 · 불연성의 것을 사용하도록 한다.
② 착용자의 취미 · 기호 등에 중점을 두고 선정한다.
③ 작업복은 몸에 맞고 동작이 편하도록 제작한다.
④ 상의의 소매나 바지자락 끝 부분이 안전하고 작업하기 편리하게 잘 처리된 것을 선정한다.

08. 지게차의 하중을 지지하는 것은?

① 마스터 실린더
② 구동차축
③ 차동장치
④ 최종구동장치

09. 유압장치에서 릴리프 밸브가 설치되는 위치는?

① 유압 펌프와 오일 탱크 사이
② 오일 여과기와 오일 탱크 사이
③ 유압 펌프와 제어 밸브 사이
④ 유압 실린더와 오일 여과기 사이

10. 철길건널목 안에서 차가 고장이 나서 운행할 수 없게 된 경우 운전자의 조치사항과 가장 거리가 먼 것은?

① 철도공무 중인 직원이나 경찰공무원에게 즉시 알려 차를 이동하기 위한 필요한 조치를 한다.
② 차를 즉시 건널목 밖으로 이동시킨다.
③ 승객을 하차시켜 즉시 대피시킨다.
④ 현장을 그대로 보존하고 경찰관서로 가서 고장신고를 한다.

11. 액추에이터(actuator)의 작동속도와 가장 관계가 깊은 것은?

① 압력 ② 온도
③ 유량 ④ 점도

12. 줄 작업 시 주의사항으로 틀린 것은?

① 줄은 반드시 자루를 끼워서 사용한다.
② 줄은 반드시 바이스 등에 올려놓아야 한다.
③ 줄은 부러지기 쉬우므로 절대로 두드리거나 충격을 주어서는 안 된다.
④ 줄은 사용하기 전에 균열 유무를 충분히 점검하여야 한다.

13. 브레이크에서 하이드로 백에 관한 설명으로 틀린 것은?

① 대기압과 흡기다기관 부압과의 차이를 이용하였다.
② 하이드로 백에 고장이 나면 브레이크가 전혀 작동하지 않는다.
③ 외부에 누출이 없는데도 브레이크 작동이 나빠지는 것은 하이드로 백 고장일 수도 있다.
④ 하이드로 백은 브레이크 계통에 설치되어 있다.

14. 건설기계 형식신고의 대상 기계가 아닌 것은?

① 불도저
② 무한궤도식 굴착기
③ 리프트
④ 아스팔트피니셔

15. 지게차의 주된 구동방식은?

① 앞바퀴 구동
② 뒷바퀴 구동
③ 전후 구동
④ 중간차축 구동

16. 건설기계등록번호표에 대한 설명으로 틀린 것은?

① 모든 번호표의 규격은 동일하다.
② 재질은 철판 또는 알루미늄판이 사용된다.
③ 굴착기일 경우 기종별 기호표시는 02로 한다.
④ 번호표에 표시되는 문자 및 외곽선은 1.5mm 튀어나와야 한다.

17. 건설기계에 비치할 가장 적합한 종류의 소화기는?

① A급 화재 소화기
② 포말 B 소화기
③ ABC 소화기
④ 포말 소화기

18. 디젤엔진에 과급기를 부착하는 주된 목적은?
① 출력의 증대
② 냉각효율의 증대
③ 배기효율의 증대
④ 윤활성의 증대

19. 지게차의 구성품이 아닌 것은?
① 마스트
② 블레이드
③ 틸트 실린더
④ 밸런스 웨이트

20. 자동차 1종 대형 면허소지자가 조종할 수 없는 건설기계는?
① 지게차
② 콘크리트펌프
③ 아스팔트살포기
④ 노상안정기

21. 교류(AC)발전기의 특성이 아닌 것은?
① 저속에서도 충전성능이 우수하다.
② 소형 경량이고 출력도 크다.
③ 소모 부품이 적고 내구성이 우수하며 고속회전에 견딘다.
④ 전압조정기, 전류조정기, 컷 아웃 릴레이로 구성된다.

22. 현장에서 오일의 열화를 찾아내는 방법이 아닌 것은?
① 색깔의 변화나 수분, 침전물의 유무 확인
② 흔들었을 때 생기는 거품이 없어지는 양상 확인
③ 자극적인 악취 유무 확인
④ 오일을 가열하였을 때 냉각되는 시간 확인

23. 디젤엔진 노즐(nozzle)의 연료분사 3대 요건이 아닌 것은?
① 무화　② 관통력
③ 착화　④ 분포

24. 공구 사용 시 주의사항이 아닌 것은?
① 결함이 없는 공구를 사용한다.
② 작업에 적당한 공구를 선택한다.
③ 공구의 이상 유무를 사용 후 점검한다.
④ 공구를 올바르게 취급하고 사용한다.

25. 디젤엔진에서 회전속도에 따라 연료의 분사시기를 조절하는 장치는?
① 과급기　② 기화기
③ 타이머　④ 조속기

26. 동절기에 주로 사용하는 것으로, 디젤엔진에 흡입된 공기온도를 상승시켜 시동을 원활하게 하는 장치는?
① 고압 분사장치
② 연료장치
③ 충전장치
④ 예열장치

27. 유압유의 압력, 유량 또는 방향을 제어하는 밸브의 총칭은?
① 안전밸브　② 제어밸브
③ 감압 밸브　④ 축압기

28. 유압유의 온도가 상승할 경우 나타날 수 있는 현상이 아닌 것은?
① 오일 누설 저하
② 오일 점도 저하
③ 펌프 효율 저하
④ 작동유의 열화 촉진

29. **안전 · 보건표지의 종류와 형태에서 그림의 표지로 옳은 것은?**

① 차량통행 금지
② 사용 금지
③ 탑승 금지
④ 물체이동 금지

30. **제동장치의 기능을 설명한 것으로 틀린 것은?**

① 속도를 감속시키거나 정지시키기 위한 장치이다.
② 독립적으로 작동시킬 수 있는 2계통의 제동장치가 있다.
③ 급제동 시 노면으로부터 발생되는 충격을 흡수하는 장치이다.
④ 경사로에서 정지된 상태를 유지할 수 있는 구조이다.

31. **건설기계등록번호표의 색칠 기준으로 틀린 것은?**

① 자가용 : 녹색 판에 흰색 문자
② 영업용 : 주황색 판에 흰색 문자
③ 관용 : 흰색 판에 검은색 문자
④ 수입용 : 적색 판에 흰색 문자

32. **산업안전의 중요성에 대한 설명으로 틀린 것은?**

① 직장의 신뢰도를 높여 준다.
② 기업의 투자경비가 많이 소용된다.
③ 이직률이 감소된다.
④ 근로자의 생명과 건강을 지킬 수 있다.

33. **지게차 운전 시 유의사항으로 적합하지 않은 것은?**

① 내리막길에서는 급회전을 하지 않는다.
② 화물적재 후 최고속 주행을 하여 작업 능률을 높인다.
③ 운전석에는 운전자 이외는 승차하지 않는다.
④ 면허소지자 이외는 운전하지 못하도록 한다.

34. **지게차 스프링 장치에 대한 설명으로 옳은 것은?**

① 탠덤 드라이브 장치이다.
② 코일 스프링 장치이다.
③ 판 스프링 장치이다.
④ 스프링 장치가 없다.

35. **엔진에서 실린더 마모가 가장 큰 부분은?**

① 실린더 아랫부분
② 실린더 윗부분
③ 실린더 중간부분
④ 실린더 연소실 부분

36. **엔진의 피스톤 링에 대한 설명 중 틀린 것은?**

① 압축 링과 오일 링이 있다.
② 기밀유지의 역할을 한다.
③ 연료분사를 좋게 한다.
④ 열전도 작용을 한다.

37. **변속기에서 기어의 이중 물림을 방지하는 역할을 하는 것은?**

① 인터로크 볼
② 로크 핀
③ 실렉터
④ 로킹 볼

38. 화재예방 조치로서 적합하지 않은 것은?

① 가연성 물질을 인화 장소에 두지 않는다.
② 유류취급 장소에는 방화수를 준비한다.
③ 흡연은 정해진 장소에서만 한다.
④ 화기는 정해진 장소에서만 취급한다.

39. 유해한 작업환경요소가 아닌 것은?

① 화재나 폭발의 원인이 되는 환경
② 신선한 공기가 공급되도록 환풍장치 등의 설비
③ 소화기와 호흡기를 통하여 흡수되어 건강장애를 일으키는 물질
④ 피부나 눈에 접촉하여 자극을 주는 물질

40. 지게차의 화물운반 작업 중 가장 적당한 것은?

① 댐퍼를 뒤로 3° 정도 경사시켜서 운반한다.
② 마스트를 뒤로 6° 정도 경사시켜서 운반한다.
③ 샤퍼를 뒤로 6° 정도 경사시켜서 운반한다.
④ 바이브레이터를 뒤로 8° 정도 경사시켜서 운반한다.

41. 지게차의 적재방법으로 틀린 것은?

① 화물을 올릴 때에는 포크를 수평으로 한다.
② 적재한 장소에 도달했을 때 천천히 정지한다.
③ 포크로 물건을 찌르거나 물건을 끌어서 올리지 않는다.
④ 화물이 무거우면 사람이나 중량물로 밸런스 웨이트를 삼는다.

42. 지게차의 운전장치를 조작하는 동작의 설명으로 틀린 것은?

① 전 · 후진 레버를 앞으로 밀면 후진이 된다.
② 틸트 레버를 뒤로 당기면 마스트는 뒤로 기운다.
③ 리프트 레버를 앞으로 밀면 포크가 내려간다.
④ 전 · 후진 레버를 뒤로 당기면 후진이 된다.

43. 유압 회로에서 메인 유압보다 낮은 압력으로 유압 액추에이터를 동작시키고자 할 때 사용하는 밸브는?

① 감압 밸브
② 릴리프 밸브
③ 시퀀스 밸브
④ 카운터 밸런스 밸브

44. 유압장치에서 작동유압 에너지에 의해 연속적으로 회전운동 함으로써 기계적인 일을 하는 것은?

① 유압 모터
② 유압 실린더
③ 유압 제어 밸브
④ 유압 탱크

45. 건설기계의 등록번호를 부착 또는 봉인하지 아니하거나 등록번호를 새기지 아니한 자에게 부가하는 법규상의 과태료로 옳은 것은?

① 30만 원 이하의 과태료
② 50만 원 이하의 과태료
③ 100만 원 이하의 과태료
④ 20만 원 이하의 과태료

46. 오일 여과기의 여과입도가 너무 조밀하였을 때 가장 발생하기 쉬운 현상은?

① 오일누출 현상
② 공동현상
③ 맥동 현상
④ 블로바이 현상

47. 등화장치 설명 중 내용이 잘못된 것은?

① 후진등은 변속기 시프트 레버를 후진위치로 넣으면 점등된다.
② 방향지시등은 방향지시등의 신호가 운전석에서 확인되지 않아도 된다.
③ 번호등은 단독으로 점멸되는 회로가 있어서는 안 된다.
④ 제동등은 브레이크 페달을 밟았을 때 점등된다.

48. 도로교통법상 폭우 · 폭설 · 안개 등으로 가시거리가 100m 이내일 때 최고속도의 감속으로 옳은 것은?

① 20%
② 50%
③ 60%
④ 80%

49. 지게차의 좌우 포크 높이가 다를 경우에 조정하는 부위는?

① 리프트 밸브로 조정한다.
② 리프트 체인의 길이로 조정한다.
③ 틸트 레버로 조정한다.
④ 틸트 실린더로 조정한다.

50. 건설기계 소유자가 정비업소에 건설기계 정비를 의뢰한 후 정비업자로부터 정비완료통보를 받고 며칠 이내에 찾아가지 않을 때 보관 · 관리 비용을 지불하는가?

① 5일
② 10일
③ 15일
④ 20일

51. 도로교통법규상 4차로 이상 고속도로에서 건설기계의 최저속도는?

① 30km/h
② 40km/h
③ 50km/h
④ 60km/h

52. 엔진에서 오일의 온도가 상승되는 원인이 아닌 것은?

① 과부하 상태에서 연속작업
② 오일 냉각기의 불량
③ 오일의 점도가 부적당할 때
④ 유량의 과다

53. 지게차의 작업장치 중 석탄, 소금, 비료, 모래 등 비교적 흘러내리기 쉬운 화물 운반에 이용되는 장치는?

① 블록 클램프
② 사이드 시프트
③ 로테이팅 포크
④ 힌지드 버킷

54. 지게차의 마스트를 기울일 때 갑자기 시동이 정지되면 어떤 밸브가 작동하여 그 상태를 유지하는가?

① 틸트 로크 밸브
② 스로틀 밸브
③ 리프트 밸브
④ 틸트 밸브

55. 지게차 포크를 하강시키는 방법으로 가장 적합한 것은?

① 가속페달을 밟고 리프트 레버를 앞으로 민다.
② 가속페달을 밟고 리프트 레버를 뒤로 당긴다.
③ 가속페달을 밟지 않고 리프트 레버를 뒤로 당긴다.
④ 가속페달을 밟지 않고 리프트 레버를 앞으로 민다.

56. 유압 펌프의 작동유 유출 여부 점검방법에 해당하지 않는 것은?

① 정상작동 온도로 난기운전을 실시하여 점검하는 것이 좋다.
② 고정 볼트가 풀린 경우에는 추가 조임을 한다.
③ 작동유 유출점검은 운전자가 관심을 가지고 점검하여야 한다.
④ 하우징에 균열이 발생되면 패킹을 교환한다.

57. 다음 유압 도면기호의 명칭은?

① 스트레이너
② 유압 모터
③ 유압 펌프
④ 압력계

58. 지게차에서 틸트 실린더의 역할은?

① 차체 수평 유지
② 포크의 상하 이동
③ 마스트 앞 · 뒤 경사 조정
④ 차체 좌우 회전

59. 지게차에서 적재 상태의 마스트 경사로 적합한 것은?

① 뒤로 기울어지도록 한다.
② 앞으로 기울어지도록 한다.
③ 진행 좌측으로 기울어지도록 한다.
④ 진행 우측으로 기울어지도록 한다.

60. 횡단보도로부터 몇 m 이내에 정차 및 주차를 해서는 안 되는가?

① 3m
② 5m
③ 8m
④ 10m

지게차 운전기능사

모의고사 정답 및 해설

모의고사 1

01. ④
O-링은 탄성이 양호하고 압축변형이 적어야 한다.

02. ④
정비명령을 이행하지 아니한 자에 대한 벌칙은 1년 이하의 징역 또는 1000만 원 이하의 벌금

03. ①
플런저 펌프는 토출압력이 높고, 펌프효율이 높으나 구조가 복잡해 값이 비싸며, 베어링에 부하가 큰 단점이 있다.

04. ④
건설기계 사업의 종류에는 매매업, 대여업, 폐기업, 정비업이 있다.

05. ①

06. ②
화물을 싣고 경사지에서 내려갈 때에는 저속 후진한다.

07. ①
유압장치는 파스칼의 원리를 이용한다.

08. ②
특별표지판 부착 대상 건설기계 : 길이가 16.7m 이상인 경우, 너비가 2.5m 이상인 경우, 최소회전반경이 12m 이상인 경우, 높이가 4m 이상인 경우, 총중량이 40톤 이상인 경우, 축하중이 10톤 이상인 경우

09. ①
블리드 오프(bleed off) 회로는 유량제어밸브를 실린더와 병렬로 연결하여 실린더의 속도를 제어한다.

10. ①

11. ④
건설기계 형식이란 구조 · 규격 및 성능 등에 관하여 일정하게 정한 것이다.

12. ①
플렉시블 호스는 내구성이 강하고 작동 및 움직임이 있는 곳에 사용하기 적합하다.

13. ③
노면이 얼어붙은 곳에서는 최고속도의 50/100을 줄인 속도로 운행하여야 한다.

14. ①
연료통을 용접하면 폭발할 우려가 있다.

15. ①
언로드 밸브(unloader valve)는 유압 회로 내의 압력이 설정압력에 도달하면 펌프에서 토출된 오일을 전부 탱크로 회송시켜 펌프를 무부하로 운전시키는 데 사용한다.

16. ③

17. ②

18. ①

19. ④

20. ④
엔진에서 배출되는 유해가스는 일산화탄소(CO), 탄화수소(HC), 질소산화물(NOx)이다.

21. ①

지게차의 난기운전(워밍업) 방법

㉠ 엔진을 시동 후 5분 정도 공회전시킨다.
㉡ 리프트 레버를 사용하여 포크의 상승 · 하강운동을 실린더 전체 행정으로 2~3회 실시한다.
㉢ 포크를 지면으로부터 20cm 정도 올린 후 틸트 레버를 사용하여 전체 행정으로 포크를 앞뒤로 2~3회 작동시킨다.

22. ①

마스터 실린더를 조립할 때 부품의 세척은 브레이크액이나 알코올로 한다.

23. ④

24. ②

가연성 가스에 의한 화재를 B급 화재(유류화재)라 한다.

25. ④

로드 스태빌라이저는 깨지기 쉬운 화물이나 불안전한 화물의 낙하를 방지하기 위하여 포크 상단에 상하 작동할 수 있는 압력판을 부착한 지게차이다.

26. ③

27. ④

28. ②

안전점검에는 일상점검, 정기점검, 수시점검, 특별점검 등이 있다.

29. ④

토크 컨버터를 장착한 경우에는 일정 이상의 과부하가 걸려도 엔진의 가동이 정지하지 않는다.

30. ①

31. ①

각종 게이지 점검은 운전 중에 점검한다.

32. ④

33. ④

하이 마스트, 3단 마스트, 사이드 시프트 마스트, 로드 스태빌라이저, 로테이팅 클램프, 블록 클램프, 힌지드 버킷, 힌지드 포크 등이 있다.

34. ④

35. ④

지게차를 주차시킬 때에는 포크의 선단이 지면에 닿도록 내린 후 마스트를 전방으로 약간 경사시킨다.

36. ④

37. ②

38. ③

유압 펌프의 종류에는 기어 펌프, 베인 펌프, 피스톤(플런저) 펌프, 나사 펌프, 트로코이드 펌프 등이 있다.

39. ④

포크의 끝을 안으로 경사지게 한다.

40. ④

직렬연결이란 전압과 용량이 동일한 축전지 2개 이상을 (+)단자와 연결대상 축전지의 (–)단자에 서로 연결하는 방식이다.

41. ①

화물을 적재하고 급한 고갯길을 내려갈 때는 변속 레버를 저속으로 하고 후진으로 천천히 내려가야 한다.

42. ②

건설기계에서는 주로 3상 교류발전기를 사용한다.

43. ①

제1종 대형 운전면허로 조종할 수 있는 건설기계

: 덤프트럭, 아스팔트살포기, 노상안정기, 콘크리트믹서트럭, 콘크리트펌프, 트럭적재식 천공기

44. ②

화물의 근처에 왔을 때에는 브레이크 페달을 가볍게 밟아 정지할 준비를 한다.

45. ②

라디에이터 캡의 스프링이 파손되면 냉각수의 비등점이 낮아져 엔진이 과열되기 쉽다.

46. ③

47. ①

일체식 실린더는 강성 및 강도가 크고 냉각수 누출 우려가 적으며, 부품 수가 적고 중량이 가볍다.

48. ①

타이밍 벨트가 이완되면 밸브 개폐시기가 틀려진다.

49. ④

50. ③

프라이밍 펌프(priming pump)는 디젤엔진 연료계통의 공기를 배출할 때 사용한다.

51. ④

52. ③

방전종지 전압이란 축전지의 방전은 어느 한도 내에서 단자 전압이 급격히 저하하며, 그 이후는 방전능력이 없어지게 되는 전압이다.

53. ④

54. ①

건설기계 조종사 면허가 취소되었을 경우 그 사유가 발생한 날로부터 10일 이내에 면허증을 반납해야 한다.

55. ①

수온조절기는 주로 펠릿형을 사용한다.

56. ①

소방용 기계기구가 설치된 곳으로부터 5m 이내

57. ②

배기가스 색이 회백색이라면 피스톤 링이 마모되거나 실린더 간극이 커진 경우이다.

58. ④

차마가 도로의 중앙이나 좌측 부분을 통행할 수 있는 경우는 도로 우측 부분의 폭이 6미터에 미달하는 도로에서 앞지르기를 할 때이다.

59. ②

윤활유의 주요 기능 : 기밀작용, 방청작용(부식방지작용), 냉각작용, 마찰 및 마멸방지작용, 응력분산작용, 세척작용

모의고사 2

60. ③

가장 우선하는 신호는 경찰공무원의 수신호이다.

01. ③

자가용 : 1001～4999, 영업용 : 5001～8999, 관용 : 9001～9999

02. ②

건설기계 등록신청은 소유자의 주소지 또는 건설기계 사용본거지를 관할하는 시 · 도지사에게 한다.

03. ④

플런저 펌프는 효율이 높고, 최고 토출압력이 높으며, 수명이 긴 장점이 있으나 구조가 복잡한 단점이 있다.

04. ②

05. ②

플러싱(flashing)이란 유압계통의 오일장치 내에 슬러지 등이 생겼을 때 이것을 용해하여 장치 내

를 깨끗이 하는 작업이다.

06. ②

적성검사 기준 : 두 눈의 시력이 각각 0.3 이상일 것(교정시력 포함), 두 눈을 동시에 뜨고 잰 시력이 0.7 이상일 것(교정시력 포함), 시각은 150도 이상일 것, 55데시벨(보청기를 사용하는 사람은 40데시벨)의 소리를 들을 수 있을 것, 언어분별력이 80% 이상일 것

07. ①

08. ②

리프트 실린더(lift cylinder)는 포크를 상승 · 하강시키는 기능을 한다.

09. ①

10. ①

압력의 단위에는 kgf/cm^2, PSI, atm, Pa(kPa, MPa), mmHg, bar, atm, mAq 등이 있다.

11. ④

산업재해란 근로자가 업무에 관계되는 건설물 · 설비 · 원재료 · 가스 · 증기 · 분진 등에 의하거나 작업 또는 그 밖의 업무로 인하여 사망 또는 부상하거나 질병에 걸리게 되는 것을 말한다.

12. ④

축압기의 용도 : 압력보상, 체적변화 보상, 유압에너지 축적, 유압회로 보호, 맥동감쇠, 충격압력 흡수, 일정압력 유지, 보조동력원으로 사용

13. ②

14. ④

힌지드 포크 : 둥근 목재, 파이프 등의 화물을 운반 및 적재하는 데 적합하다.

15. ②

작동유가 과열되면 작동유의 점도 저하에 의해 누유되기 쉽고, 온도 변화에 의해 유압 기기가 열변형되기 쉽다. 또한, 작동유의 열화를 촉진하며, 유압장치의 작동불량 현상을 초래한다.

16. ④

화재의 분류 : A급 화재 : 고체연료의 화재, B급 화재 : 유류화재, C급 화재 : 전기화재, D급 화재 : 금속화재

17. ①

메인 릴리프 밸브의 조정이 불량하면 작업장치에서 작업 중 힘이 떨어진다.

18. ①

유압 모터는 넓은 범위의 무단변속이 용이한 장점이 있다.

19. ①

20. ③

21. ④

지게차의 조향방식은 후륜(뒷바퀴)조향이다.

22. ④

지게차에서 현가 스프링을 사용하지 않는 이유는 롤링(rolling, 좌우 진동)이 생기면 적하물이 떨어지기 때문이다.

23. ③

24. ②

지게차가 무부하 상태에서 최대조향각으로 운행할 때 가장 바깥쪽 바퀴의 접지자국 중심점이 그리는 원의 반경을 최소회전반지름이라 한다.

25. ③

26. ①

27. ②

틸트 레버를 당기면 운전자 쪽으로 기운다.

28. ④

차동기어장치는 선회할 때 좌 · 우 구동바퀴의 회전속도를 다르게 하여 선회할 때 바깥쪽 바퀴의 회전속도를 증대시킨다. 또한 보통 차동기어장치는 노면의 저항을 작게 받는 구동바퀴가 더 많이 회전하도록 한다.

29. ②

30. ①

화물을 적재하고 급한 고갯길을 내려갈 때는 변속 레버를 저속으로 하고 후진으로 천천히 내려가야 한다.

31. ②

건설기계의 자체중량과 운전중량

㉠ 자체중량 : 연료, 냉각수 및 윤활유 등을 가득 채우고 휴대공구, 작업용구 및 예비타이어(예비타이어를 장착하도록 한 건설기계에만 해당한다)를 싣거나 부착하고, 즉시 작업할 수 있는 상태에 있는 건설기계의 중량을 말한다. 이 경우 조종사의 체중은 제외하며, 타워크레인은 자립고 상태에서의 중량으로 한다.

㉡ 운전중량 : 자체중량에 건설기계의 조종에 필요한 최소의 조종사가 탑승한 상태의 중량을 말하며, 조종사 1명의 체중은 65kg으로 본다.

32. ④

토크렌치는 볼트와 너트를 규정 값으로 조일 때 사용한다.

33. ②

페이드 현상을 방지하려면 : 브레이크 드럼의 냉각 성능을 크게 하고, 온도 상승에 따른 마찰계수 변화가 작은 라이닝을 사용한다. 드럼은 열팽창률이 적은 재질을 사용하고, 열팽창률이 적은 형상으로 한다.

34. ③

35. ②

클러치의 용량은 엔진 회전력의 1.5~2.5배 정도이며, 클러치가 엔진 플라이휠에 접속될 때 엔진이 정지되기 쉽다.

36. ③

지게차 포크에 화물을 적재하고 주행할 때 포크와 지면과 간격은 20~30cm가 좋다.

37. ①

38. ③

단동실린더는 자중이나 스프링에 의해서 수축이 이루어지는 방식이다.

39. ③

지게차의 리프트 실린더 작동회로에 플로 레귤레이터(슬로 리턴) 밸브를 사용하는 이유는 포크를 천천히 하강시키도록 하기 위함이다.

40. ①

AC 발전기 다이오드의 역할은 교류를 정류하고, 역류를 방지한다.

41. ④

42. ②

오일압력 경고등은 시동스위치를 ON으로 하면 점등되었다가 엔진 시동 후에는 즉시 소등되어야 한다.

43. ②

액추에이터의 속도 제어는 유량 제어 밸브로 한다.

44. ③

진공 제동 배력장치는 배력장치에 고장이 발생하여도 일반적인 유압 브레이크로 작동한다.

45. ①

팬벨트의 장력이 너무 강하면 발전기 베어링이 손상되기 쉽다.

46. ③

앞바퀴 얼라인먼트(정렬)의 역할 : 조향핸들의 조작을 확실하게 하고 안전성 부여, 조향핸들에 복원성을 부여, 조향핸들의 조작력을 가볍게 함, 타이어 마멸을 최소로 함

47. ①

엔진(열기관)이란 열에너지(연료의 연소)를 기계적 에너지(크랭크축의 회전)로 바꾸어 유효한 일을 할 수 있도록 하는 장치이다.

48. ③

49. ④

헤드 개스킷은 실린더 헤드와 블록 사이에 삽입하여 압축과 폭발가스의 기밀을 유지하고 냉각수와 엔진오일이 누출되는 것을 방지한다.

50. ④

급속충전을 할 때에는 축전지의 접지케이블을 분리한 후 충전한다.

51. ②

조향바퀴 얼라인먼트의 요소에는 캠버, 토인, 캐스터, 킹핀 경사각 등이 있다.

52. ①

시동보조장치에는 예열장치, 흡기가열장치(흡기히터와 히트레인지), 실린더 감압장치, 연소촉진제 공급장치 등이 있다.

53. ①

지방경찰청장은 도로에서 위험을 방지하고 교통의 안전과 원활한 소통을 확보하기 위하여 필요하다고 인정하는 때에 구역 또는 구간을 지정하여 자동차의 속도를 제한할 수 있다.

54. ②

오일펌프의 종류에는 기어 펌프, 베인 펌프, 로터리 펌프, 플런저 펌프가 있다.

55. ③

56. ②

연소실의 구비조건 : 연소실 내의 표면적을 최소화시킬 것, 압축 끝에서 혼합기의 와류를 형성하는 구조일 것, 화염전파거리가 짧을 것, 돌출부가 없을 것

57. ②

수시검사는 성능이 불량하거나 사고가 자주 발생하는 건설기계의 안전성 등을 점검하기 위하여 수시로 실시하는 검사와 건설기계 소유자의 신청을 받아 실시하는 검사이다.

58. ④

도로교통법의 제정 목적은 도로에서 일어나는 교통상의 모든 위험과 장해를 방지하고 제거하여 안전하고 원활한 교통을 확보함을 목적으로 한다.

59. ③

압력제한밸브는 커먼레일과 같은 라인에 설치되어 커먼레일 내의 연료 압력이 규정 값보다 높아지면 연료의 일부를 연료탱크로 복귀시킨다.

60. ①

진로변경 제한선(흰색 실선)이 설치되어 있는 곳에서는 진로변경을 할 수 없다.

모의고사 3

01. ②

02. ③

벨트의 장력은 반드시 회전이 정지된 상태에서 점검해야 한다.

03. ①

좁은 장소에서 지게차를 방향 전환시킬 때에는 뒷바퀴 회전에 주의하여야 한다.

04. ①

카커스 부분은 고무로 피복된 코드를 여러 겹 겹친 층에 해당되며, 타이어 골격을 이룬다.

05. ④

격리판의 구비조건

㉠ 비전도성일 것

㉡ 다공성이어서 전해액의 확산이 잘될 것

ⓒ 기계적 강도가 있고, 전해액에 부식되지 않을 것
ⓓ 극판에 좋지 못한 물질을 내뿜지 않을 것

06. ④

07. ②

08. ②
지게차의 하중을 지지하는 것은 구동차축이다.

09. ③
릴리프 밸브는 유압 펌프 출구와 제어 밸브 입구 사이에 설치된다.

10. ④

11. ③
유량이 부족하면 작업장치의 작동속도가 느려진다.

12. ②

13. ②
진공 제동 배력 장치(하이드로 백)는 흡기다기관 진공과 대기압과의 차이를 이용한 것이므로 배력 장치에 고장이 발생하여도 일반적인 유압 브레이크로 작동할 수 있도록 하고 있다.

14. ③
형식신고의 대상 건설기계 : 불도저, 굴착기(무한궤도식), 로더(무한궤도식), 지게차, 스크레이퍼, 기중기(무한궤도식), 롤러, 노상안정기, 콘크리트뱃칭플랜트, 콘크리트피니셔, 콘크리트살포기, 아스팔트믹싱플랜트, 아스팔트피니셔, 골재살포기, 쇄석기, 공기압축기, 천공기(무한궤도식), 항타 및 항발기, 자갈채취기, 준설선, 특수건설기계, 타워크레인

15. ①
지게차는 앞바퀴 구동, 뒷바퀴 조향이다.

16. ①
덤프트럭, 콘크리트믹서트럭, 콘크리트펌프, 타워크레인의 번호표 규격은 가로 600mm, 세로 280mm이고, 그 밖의 건설기계 번호표 규격은 가로 400mm, 세로 220mm이다. 덤프트럭, 아스팔트살포기, 노상안정기, 콘크리트믹서트럭, 콘크리트펌프, 천공기(트럭적재식)의 번호표 재질은 알루미늄이다.

17. ③

18. ①
과급기는 엔진의 출력과 토크를 증대시키기 위한 장치이다.

19. ②

20. ①
제1종 대형 운전면허로 조종할 수 있는 건설기계
: 덤프트럭, 아스팔트살포기, 노상안정기, 콘크리트믹서트럭, 콘크리트펌프, 트럭적재식 천공기

21. ④
교류발전기의 장점
㉠ 속도변화에 따른 적용범위가 넓고 소형 · 경량이다.
㉡ 저속에서도 충전 가능한 출력전압이 발생한다.
㉢ 실리콘 다이오드로 정류하므로 전기적 용량이 크다.
㉣ 브러시 수명이 길고, 전압조정기만 있으면 된다.
㉤ 정류자를 두지 않아 풀리비를 크게 할 수 있다.
㉥ 출력이 크고, 고속회전에 잘 견딘다.
㉦ 실리콘 다이오드를 사용하기 때문에 정류특성이 좋다.

22. ④
작동유의 열화를 판정하는 방법 : 점도상태로 확인, 색깔의 변화나 수분, 침전물의 유무 확인, 자극적인 악취 유무 확인(냄새로 확인), 흔들었을 때 생기는 거품이 없어지는 양상 확인

23. ③
연료분사의 3대 요소 : 무화(안개화), 분포(분산), 관통력

24. ③

25. ③
타이머(timer)는 엔진의 회전속도에 따라 자동적으로 분사시기를 조정하여 운전이 안정되게 한다.

26. ④
예열장치는 한랭한 상태에서 엔진을 시동할 때 시동을 원활히 하기 위해 사용한다.

27. ②

28. ①
작동유가 과열하면 : 작동유의 열화 촉진, 작동유의 점도 저하에 의해 누출 발생, 유압장치의 효율 저하, 온도변화에 의해 유압 기기의 열변형 발생, 유압장치의 작동 불량, 기계적인 마모 발생

29. ①

30. ③
제동장치는 속도를 감속시키거나 정지시키기 위한 장치이며, 독립적으로 작동시킬 수 있는 2계통의 제동장치가 있다. 또 경사로에서 정지된 상태를 유지할 수 있는 구조이다.

31. ④
등록번호표의 색칠 기준 : 자가용 건설기계 : 녹색 판에 흰색 문자, 영업용 건설기계 : 주황색 판에 흰색 문자, 관용 건설기계 : 흰색 판에 흑색 문자

32. ②

33. ②

34. ④
지게차에서 현가 스프링을 사용하지 않는 이유는 롤링(rolling, 좌우 진동)이 생기면 적하물이 떨어지기 때문이다.

35. ②
실린더 벽의 마멸은 상사점 부근(윗부분)이 가장 크다.

36. ③
피스톤 링에는 압축가스가 새는 것을 방지하는 압축 링과 엔진오일을 실린더 벽에서 긁어내리는 작용을 하는 오일 링이 있다.

37. ①
인터로크 장치는 변속 중 기어가 이중으로 물리는 것을 방지하고, 로킹 볼은 기어가 빠지는 것을 방지한다.

38. ②

39. ②

40. ②

41. ④

42. ①

43. ①
감압(리듀싱) 밸브는 회로 일부의 압력을 릴리프 밸브의 설정압력(메인 유압) 이하로 하고 싶을 때 사용한다.

44. ①
유압 모터는 유압 에너지에 의해 연속적으로 회전운동 함으로써 기계적인 일을 하는 장치이다.

45. ③
등록번호를 부착 또는 봉인하지 아니하거나 등록번호를 새기지 아니한 자는 100만 원 이하의 과태료

46. ②
오일 여과기의 여과입도 수(mesh)가 너무 높으면(여과입도가 너무 조밀하면) 오일공급 불충분으로 공동(캐비테이션)현상이 발생한다.

47. ②
방향지시등의 신호를 운전석에서 확인할 수 있는 파일럿램프가 설치되어 있다.

48. ②

최고속도의 50%를 감속하여 운행하여야 할 경우 : 노면이 얼어붙은 때, 폭우 · 폭설 · 안개 등으로 가시거리가 100미터 이내일 때, 눈이 20mm 이상 쌓인 때

49. ②

50. ①

건설기계 소유자가 정비업소에 건설기계 정비를 의뢰한 후 정비업자로부터 정비완료통보를 받고 5일 이내에 찾아가지 않을 때 보관 · 관리 비용을 지불하여야 한다.

51. ③

모든 고속도로에서 건설기계의 최저속도는 50km/h이다.

52. ④

엔진오일의 온도가 상승하는 원인 : 과부하 상태에서 연속작업, 오일 냉각기의 불량, 오일의 점도가 부적당할 때(점도가 높을 때), 오일량이 부족할 때 등이다.

53. ④

힌지드 버킷(hinged bucket)은 석탄, 소금, 비료, 모래 등 흘러내리기 쉬운 화물의 운반용이다.

54. ①

틸트 로크 밸브(tilt lock valve)는 마스트를 기울일 때 갑자기 엔진의 시동이 정지되면 작동하여 그 상태를 유지시키는 작용을 한다. 즉 틸트 레버를 움직여도 마스트가 경사되지 않도록 한다.

55. ④

포크를 하강시킬 때에는 가속페달을 밟지 않고 리프트 레버를 앞으로 민다.

56. ④

57. ③

58. ③

틸트 실린더(tilt cylinder)는 마스트 앞 · 뒤로 경사시키는 장치이다.

59. ①

적재 상태에서 마스트는 뒤로 기울어지도록 한다.

60. ④

횡단보도로부터 10m 이내의 곳에는 정차 및 주차를 해서는 안 된다.

지게차 운전기능사

2020년 1월 10일 인쇄
2020년 1월 15일 발행

저자 : 박광암
펴낸이 : 이정일

펴낸곳 : 도서출판 **일진사**
www.iljinsa.com

(우)04317 서울시 용산구 효창원로 64길 6
대표전화 : 704-1616, 팩스 : 715-3536
등록번호 : 제1979-000009호(1979.4.2)

값 14,000원

ISBN : 978-89-429-1596-5